IN◊TE◊GRA◊IS

VOLUME 1 **TÉCNICAS DE INTEGRAÇÃO**

GILSON HENRIQUE JUNIOR

IN◊TE◊GRA◊IS

VOLUME 1

TÉCNICAS DE INTEGRAÇÃO

2024

1ª Edição

Direção editorial: Victor Pereira Marinho e José Roberto Marinho

Capa: Fabrício Ribeiro

Edição revisada segundo o Novo Acordo Ortográfico da Língua Portuguesa

Dados Internacionais de Catalogação na publicação (CIP)
(Câmara Brasileira do Livro, SP, Brasil)

Henrique Junior, Gilson
Integrais: técnicas de integração: volume 1 / Gilson Henrique Junior. –
São Paulo: LF Editorial, 2024.

Bibliografia.
ISBN 978-65-5563-449-5

1. Cálculo integral - Estudo e ensino 2. Matemática - Estudo e ensino I. Título.

24-204863 CDD-510.7

Índices para catálogo sistemático:
1. Matemática: Estudo e ensino 510.7

Eliane de Freitas Leite - Bibliotecária - CRB 8/8415

LF Editorial
www.livrariadafisica.com.br
www.lfeditorial.com.br
(11) 2648-6666 | Loja do Instituto de Física da USP
(11) 3936-3413 | Editora

a meu pai,

Gilson Henrique,

Minha companheira,

Maria Claudia

e a meus avós,

paterno e materno,

Aquilles Henrique e
Carlos Cattony

Pela paciência, incentivo e inspiração.

Prefácio

Este trabalho é um fruto de uma quarentena devida ao Covid19 e de uma necessidade de síntese que me acompanha ao longo de toda uma vida como professor. Desde os tempos de faculdade, conservo o hábito de me manter atualizado em relação aos avanços nos campos da Matemática e da Física que me interessam, isso implica na leitura de publicações acadêmicas, revistas de divulgação, livros técnicos e mesmo sites de divulgação, onde se incluem, alguns canais do Youtube que também se dedicam ao assunto. No final de 2020, em um desses estudos de atualização, me vi obrigado a utilizar recursos não convencionais para resolver uma integral necessária à resolução do problema que estava engajado, e me dei conta o quanto dessas técnicas deixam de serem aprendidas por nossos universitários e jovens pesquisadores. Desde então, fiquei com a ideia de escrever um texto abordando o assunto. Ao consultar muitos dos materiais disponíveis, infelizmente, quase nenhum em nossa língua natal, percebi que muitos deles parecem tentar afastar de modo quase proposital o aluno curioso, seja de que nível for, pela sua complexidade e falta de didática. Lembrei de um professor do tempo de faculdade que descrevia, em tom de brincadeira, um matemático como sendo alguém que pesquisa um assunto por muito tempo, escreve muitas e muitas páginas e após chegar a uma conclusão, sintetiza toda a sua descoberta em uma única expressão, omitindo todo o trabalho de pesquisa anterior que possibilitou sua descoberta e as pessoas olham para aquela expressão e não fazem a menor ideia de onde aquilo surgiu. Foi o que vi em muitos textos, eu mesmo, apesar de alguma experiência em alguns tópicos, confesso que tive dificuldade em entender algumas passagens consideradas "óbvias" por alguns autores. Isso posto, mais a ideia de reapresentar algumas técnicas não tão conhecidas atualmente, me compeliram a começar a escrever, tendo o compromisso de procurar escrever de modo claro e didático, mantendo aquelas passagens consideradas desnecessárias por alguns colegas, procurando manter o rigor, sem contudo deixar que as justificativas de algumas passagens pertencentes mais a um texto de análise real ou complexa, obscurecessem o raciocínio principal. Após um extenso trabalho de pesquisa, fico feliz em dizer que algumas deduções ou conclusões complicadas, que outrora somente poderiam ser encontradas de forma sucinta em textos obscuros, eu pude encontrar de modo claro e objetivo na internet, em sites de divulgação e canais de YouTube, colocadas lá por colegas com o real intuito de divulgar o conhecimento e tentar lançar uma luz sobre coisas que foram sintetizadas muito tempo atrás e pertencem apenas ao domínio de poucos. Não sei se posso, no entanto, caracterizar esse texto como técnico, acredito que ele esteja no meio termo, entre um trabalho de divulgação matemática de nível técnico e o técnico propriamente dito.

Neste volume, começamos com o conceito de limite (incluindo exemplos de cálculos, seja pela definição ou não), continuidade e algumas aplicações, na sequência, o conceito de integral, na forma de Soma de Riemann, com aplicações da definição, como a Integral Multiplicativa de Vito Volterra e a Integral de Newton (que nos permitiu uma melhor aproximação do valor de π), definimos ainda Integral de Steieltjes, a Integral de Lebesgue (junto como o Teorema da Convergência Dominada), tendo o cuidado de incluir, mesmo que no apêndice, o material necessário e suficiente à compreensão do desenvolvimento. Em seguida abordamos diversas técnicas de integração, entre elas, Por Partes (incluindo o método DI), Substituição, Substituição e Redução Trigonométricas, Funções Racionais e Frações Parciais (incluindo a Regra de Heaviside), a Regra do Rei, a Regra da Rainha, Substituição de Euler e de Euler-Wierstrass, Integral da Função Inversa, entre outras, todas com exemplos suficientes para abranger a grande maioria dos problemas encontrados na literatura especializada. O conteúdo abordado, nos leva a questionarmos quais funções podem ou não possuir uma integral definida em termos de funções elementares, o que nos conduz aos Teoremas de Liouville e ao Teorema de Chebyshev, seguidos de exemplos de aplicação. Continuamos com a integração sob o sinal da integral, de Leibniz, e na versão de Feynman, o que nos permite resolver diversas integrais, como a integral de Ahmed, Coxeter, Froullani, Serret entre outras, para finalmente, concluímos com o desenvolvimento e aplicações da Transformada de Laplace.

Espero realmente que esse texto possa ser útil tanto aos curiosos, como àqueles que trabalham com o assunto, seja por mero diletantismo ou na busca de esclarecer algumas passagens "óbvias" que se encontram nos textos disponíveis. Desde já me desculpo por (muito) possíveis erros cometidos e fico grato se puderem indicá-los para mim a fim de que possam ser reparados.

Gilson Henrique Junior (aka Ike Orrico) São Paulo, outubro de 2021

Tabela de Derivadas

1) $y = x^n$	$y' = nx^{n-1}$
2) $y = \frac{1}{x^n}$	$y' = -\frac{n}{x^{n+1}}$
3) $y = \sqrt{x}$	$y' = \frac{1}{2\sqrt{x}}$
4) $y = a^x$	$y' = a^x \ln a,\ a > 0,\ a \neq 1$
5) $y = e^x$	$y' = e^x$
6) $y = \log_b x$	$y' = \frac{1}{b}\log_b e$
7) $y = \operatorname{sen} x$	$y' = \cos x$
8) $y = \cos x$	$y' = -\operatorname{sen} x$
9) $y = \operatorname{tg} x$	$y' = \sec^2 x$
10) $y = \sec x$	$y' = \sec x \operatorname{tg} x$
11) $y = \operatorname{cossec} x$	$y' = -\operatorname{cossec} x \operatorname{cotg} x$
12) $y = \operatorname{cotg} x$	$y' = -\operatorname{cossec}^2 x$
13) $y = \operatorname{sen}^{-1} x$	$y' = \frac{1}{\sqrt{1-x^2}}$
14) $y = \cos^{-1} x$	$y' = \frac{-1}{\sqrt{1-x^2}}$
15) $y = \operatorname{tg}^{-1} x$	$y' = \frac{1}{1+x^2}$
16) $y = \sec^{-1} x,\ \lvert x \rvert \geq 1$	$y' = \frac{1}{\lvert x \rvert \sqrt{x^2-1}},\ \lvert x \rvert > 1$
17) $y = \operatorname{cossec}^{-1} x,\ \lvert x \rvert \geq 1$	$y' = \frac{-x}{\lvert x \rvert \sqrt{x^2-1}},\ \lvert x \rvert > 1$
18) $y = f(x)^{g(x)}$	$y' = g(x) f(x)^{g(x)-1} f'(x) + f(x)^{g(x)} g'(x) \ln f(x)$
19) $y = f(x) g(x)$	$y' = f'(x) g(x) + f(x) g'(x)$
20) $y = \frac{f(x)}{g(x)}$	$y' = \frac{f'(x) g(x) - f(x) g'(x)}{\left[g(x)\right]^2}$
21) $y = \frac{1}{f(x)}$	$y' = \frac{-f'(x)}{\left[f(x)\right]^2}$
22) $y = \frac{a f(x) + b}{c f(x) + d}$	$y' = \frac{f'(x)(ad - bc)}{c f(x) + d}$
23) $z = f(x, y)$	$\frac{dy}{dx} = -\frac{\frac{\partial f}{\partial x}}{\frac{\partial f}{\partial y}}$

Tabela de Integrais

1) $\int dx = x + C$

2) $\int x^n dx = \dfrac{x^{n+1}}{n} + C$

3) $\int \sqrt{x}\, dx = \dfrac{2}{3} x^{\frac{3}{2}} + C$

4) $\int \sqrt[n]{x^m}\, dx = \int x^{\frac{m}{n}}\, dx = \left(\dfrac{n}{m+n}\right) x^{\left(\frac{m+n}{n}\right)} + C$

5) $\int \dfrac{1}{x} dx = \ln|x| + C$

6) $\int \dfrac{1}{x^2} dx = -\dfrac{1}{x} + C$

7) $\int \dfrac{1}{x^n} dx = \dfrac{x^{-n+1}}{(-n+1)} + C$

8) $\int a^x dx = \dfrac{a^x}{\ln a} + C$

9) $\int e^x dx = e^x + C$

10) $\int \log_b x\, dx = \dfrac{x}{\ln b}(\ln x - 1) + C = x \log_b x - \dfrac{x}{\ln b} + C$

11) $\int \ln x\, dx = x(\ln x - 1) + C$

12) $\int \operatorname{sen} x\, dx = -\cos x + C$

13) $\int \cos x\, dx = \operatorname{sen} x + C$

14) $\int \operatorname{tg} x\, dx = \ln|\sec x| + C$

15) $\int \sec x\, dx = \ln|\sec x + \operatorname{tg} x| + C$

16) $\int \operatorname{cossec} x\, dx = \ln|\operatorname{cossec} x - \operatorname{cotg} x| + C$

17) $\int \operatorname{cotg} x\, dx = \ln|\operatorname{sen} x| + C$

18) $\int \dfrac{1}{x^2 + a^2} dx = \dfrac{1}{a} \operatorname{tg}^{-1}\left(\dfrac{x}{a}\right) + C =$

19) $\int \dfrac{1}{x^2 - a^2} dx = \dfrac{1}{2a} \ln\left|\dfrac{x-a}{x+a}\right| + C = -\dfrac{1}{a} \operatorname{tgh}^{-1}\left(\dfrac{x}{a}\right) + C'$

20) $\int \dfrac{1}{a^2 - x^2} dx = \dfrac{1}{a} \operatorname{tgh}^{-1}\left(\dfrac{x}{a}\right) + C,\ x^2 < a^2$

21) $\int \dfrac{1}{a^2 - x^2} dx = \dfrac{1}{a} \operatorname{cotgh}^{-1}\left(\dfrac{x}{a}\right) + C,\ x^2 > a^2$

22) $\int \dfrac{1}{\sqrt{x^2 + a^2}} dx = \ln\left|x + \sqrt{x^2 + a^2}\right| + C_1 = \operatorname{senh}^{-1}\left(\dfrac{x}{a}\right) + C_2$

23) $\int \dfrac{1}{\sqrt{x^2 - a^2}} dx = \ln\left|x + \sqrt{x^2 - a^2}\right| + C_1 = \cosh^{-1}\left(\dfrac{x}{a}\right) + C_2$

24)	$\int \frac{1}{\sqrt{a^2 - x^2}} dx = \operatorname{sen}^{-1}\left(\frac{x}{a}\right) + C$
25)	$\int \frac{1}{x\sqrt{x^2 - a^2}} dx = \frac{1}{a} \sec^{-1}\left\|\frac{x}{a}\right\| + C$
26)	$\int \frac{1}{x\sqrt{x^2 + a^2}} dx = \frac{-1}{a} \operatorname{cossech}^{-1}\left\|\frac{x}{a}\right\| + C$
27)	$\int \frac{1}{x\sqrt{a^2 - x^2}} dx = \frac{-1}{a} \operatorname{sech}^{-1}\left(\frac{x}{a}\right) + C$
28)	$\int \frac{1}{a + bx^2} dx = \begin{cases} \frac{1}{\sqrt{ab}} \operatorname{tg}^{-1}\left(\frac{x\sqrt{ab}}{a}\right) + C,\ ab > 0 \\ \frac{1}{2\sqrt{-ab}} \ln\left(\frac{\sqrt{-bx} + \sqrt{a}}{\sqrt{-bx} - \sqrt{a}}\right) + C,\ a > 0 \ e \ b < 0 \end{cases}$
29)	$\int_0^{\infty} f(x)\,dx = \int_0^{\infty} \frac{f\left(\frac{1}{x}\right)}{x^2} dx$
30)	$\int f^{-1}(x)\,dx = x f^{-1}(x) - F\left(f^{-1}(x)\right) + C$
31)	$\int \operatorname{sen}^{-1} x\, dx = x \operatorname{sen}^{-1} x + \sqrt{1 - x^2} + C$
32)	$\int \cos^{-1} x\, dx = x \cos^{-1} x - \sqrt{1 - x^2} + C$
33)	$\int \operatorname{tg}^{-1} x\, dx = x \operatorname{tg}^{-1} x - \ln\left\|\frac{1}{\sqrt{1 + x^2}}\right\| + C$
34)	$\int e^{ax} \operatorname{sen} bx\, dx = \frac{e^{ax}}{a^2 + b^2}\left[a \operatorname{sen} bx - b \cos bx\right]$
35)	$\int \frac{a e^{nx} + b}{c e^{nx} + d} dx = \frac{b}{d} x + \frac{1}{n}\left(\frac{ad - bc}{cd}\right) \ln\left\|c e^{nx} + d\right\| + C$
36)	$\int \frac{ax + b}{cx + d} dx = \frac{a}{c} x - \left(\frac{ad - bc}{c^2}\right) \ln\left\|cx + d\right\| + C$
37)	$\int \frac{1}{a + b\cos^2 x} dx = \frac{1}{a}\left[\sqrt{\frac{a}{a + b}} \operatorname{tg}^{-1}\left(\sqrt{\frac{a}{a + b}} \operatorname{tg} x\right)\right] + C$
38)	$\int \frac{1}{a + b\operatorname{sen}^2 x} dx = \frac{1}{a + b}\left[\sqrt{\frac{a + b}{a}} \operatorname{tg}^{-1}\left(\sqrt{\frac{a + b}{a}} \operatorname{tg} x\right)\right] + C$
39)	$\int \frac{a\cos x + b \operatorname{sen} x}{c \cos x + d \operatorname{sen} x} dx = \left(\frac{ac + bd}{c^2 + d^2}\right) x + \left(\frac{ad - bc}{c^2 + d^2}\right) \ln\left\|c \cos x + d \operatorname{sen} x\right\| + C$
40)	$\int_0^{\pi} \operatorname{sen} ax \cos bx\, dx = \begin{cases} 0,\ se\ a - b\ for\ par; \\ \frac{2a}{a^2 - b^2},\ se\ a - b\ for\ impar \end{cases}$
41)	$\int \frac{1}{(x^2 + a^2)(x^2 + b^2)} dx = \frac{b \operatorname{tg}^{-1}\left(\frac{x}{a}\right) - a \operatorname{tg}^{-1}\left(\frac{x}{b}\right)}{ab(b^2 - a^2)} + C$

42) $\int \frac{1}{\left(x^2-a^2\right)\left(x^2-b^2\right)}dx = \frac{b\,\mathrm{tgh}^{-1}\left(\frac{x}{a}\right)-a\,\mathrm{tgh}^{-1}\left(\frac{x}{b}\right)}{ab\left(b^2-a^2\right)}+C$
43) $\int \frac{1}{\left(x^2+a^2\right)\left(x^2+b^2\right)\left(x^2+c^2\right)}dx = \frac{bc\left(b^2-c^2\right)\mathrm{tg}^{-1}\left(\frac{x}{a}\right)+ac\left(a^2-c^2\right)\mathrm{tg}^{-1}\left(\frac{x}{b}\right)+ab\left(a^2-b^2\right)\mathrm{tg}^{-1}\left(\frac{x}{c}\right)}{abc\left(a^2-b^2\right)\left(a^2-c^2\right)\left(b^2-c^2\right)}+C$
44) $\int \frac{1}{\left(x^2-a^2\right)\left(x^2-b^2\right)\left(x^2-c^2\right)}dx = \frac{bc\left(b^2-c^2\right)\mathrm{tgh}^{-1}\left(\frac{x}{a}\right)+ac\left(a^2-c^2\right)\mathrm{tgh}^{-1}\left(\frac{x}{b}\right)+ab\left(a^2-b^2\right)\mathrm{tgh}^{-1}\left(\frac{x}{c}\right)}{abc\left(a^2-b^2\right)\left(a^2-c^2\right)\left(b^2-c^2\right)}+C$
45) $\int W(x)dx = x\left(W(x)+\frac{1}{W(x)}-1\right)+C$, W é a função de Lambert

Índice

IV) Teorema Fundamental do Cálculo: $\int_a^b f(x)dx = F(b) - F(a)$

V) **Teorema** – "Se uma função é integrável (de acordo com a soma de Riemann) em um intervalo $[a,b]$, ela será limitada nesse intervalo".

VI) **Teorema** – "Se uma função $f(x)$ for contínua no intervalo $[a,b]$, ela será integrável nesse intervalo".

a) a) Calcule $\lim_{n\to\infty} \sqrt[n]{a}$, $a > 0$;

b) Calcule $\lim_{n\to\infty} \sqrt[n]{n}$, $n > 0$ [1];

c) Calcule $\lim_{n\to\infty} \sqrt[n]{\dfrac{n!}{n^n}}$;

d) Prove "Se $a_n > 0$ e ambos os limites, $\lim_{n\to\infty} \dfrac{a_{n+1}}{a_n}$ e $\lim_{n\to\infty} \sqrt[n]{a_n}$, existirem e forem finitos, então eles serão iguais"[2];

e) utilizando a proposição (d), calcule o limite apresentado em (c).

b) $\int \operatorname{sen}(dx) = x + C$

c) $\int x^{dx} - 1 = x \ln x - x + C$

d) $\int dx\sqrt{dx}\sqrt[dx]{dx}e^{\frac{1}{dx}}\left(\dfrac{1}{dx}\right)! = \sqrt{2\pi}x + C$

e) $\int_1^{\int_1^{\int_1^{\cdots 2x\,dx} 2x\,dx}} 2x\,dx = \dfrac{\sqrt{5}+1}{2}$

3) Integrais Múltiplas e Mudança de Variáveis, 44

I) $\iint_B f(x,y)\,dx\,dy = \lim_{\Delta\to 0} \sum_{i=1}^{m} \sum_{j=1}^{n} f(x_{ij})\Delta x_i \Delta y_i$

II) **Teorema de Fubini** - "Seja $f(x,y)$ uma função integrável segundo Riemann no retângulo $R = \{(x,y) \in \mathbb{R}^2;\ a \le x \le b,\ c \le y \le d\}$. Vamos supor que a integral $\int_a^b f(x,y)dx$ exista para todo valor de $y \in [c,d]$, da mesma maneira, vamos supor que exista $\int_c^d f(x,y)dy$ para todo o $x \in [a,b]$. Nessas condições podemos afirmar que

$$\int\int_R f(x,y)\,dx\,dy = \int_c^d \left(\int_a^b f(x,y)\,dx\right)dy = \int_a^b \left(\int_c^d f(x,y)\,dy\right)dx\text{"}.$$

III) **Corolário** - "Sejam $f(x)$ e $g(y)$ integráveis, então:

$$\int_a^b \int_c^d f(x)g(y)\,dy\,dx = \left(\int_a^b f(x)dx\right)\left(\int_c^d g(y)dy\right)\text{"}.$$

IV) $\iiint_B f(x,y,z)\,dx\,dy\,dz = \lim_{\Delta\to 0} \sum_{i=1}^{m} \sum_{j=1}^{n} \sum_{k=1}^{p} f(x_{ijk})\Delta x_i \Delta y_j \Delta z_k$

V) $\iiint_B f(x,y,z)\,dx\,dy\,dz = \iint_C \left(\int_{g(x,y)}^{h(x,y)} f(x,y,z)\,dz\right)dx\,dy$, $B = \{(x,y,z) / g(x,y) \le z \le h(x,y), (x,y) \in C\}$

[1] Corrêa, Francisco Júlio Sobreira de Araújo. "Introdução à Análise Real". UFPA, Belém. 2018.

[2] Penn, Michael. "*A nice limit with a trick*". *https://www.youtube.com/watch?v=8fl0S-HeYrQ*

$$\iiint_B f(x,y,z)\,dx\,dy\,dz = \iint_C \left(\int_{g(x,z)}^{h(x,z)} f(x,y,z)\,dy\right) dx\,dz \,,\ B = \{(x,y,z) / g(x,z) \le y \le h(x,z), (x,z) \in C\}$$

$$\iiint_B f(x,y,z)\,dx\,dy\,dz = \iint_C \left(\int_{g(y,z)}^{h(y,z)} f(x,y,z)\,dx\right) dy\,dz \,,\ B = \{(x,y,z) / g(y,z) \le x \le h(y,z), (y,z) \in C\}$$

VI) $J(u,v) = \dfrac{\partial(x,y)}{\partial(u,v)} = \begin{vmatrix} \dfrac{\partial x}{\partial u} & \dfrac{\partial x}{\partial v} \\ \dfrac{\partial y}{\partial u} & \dfrac{\partial y}{\partial v} \end{vmatrix}$

VII) $\iint_B f(x,y)\,dx\,dy = \iint_{B_{uv}} f(\varphi(u,v)) \left|\dfrac{\partial(x,y)}{\partial(u,v)}\right| du\,dv$

VIII) $\iiint_B f(x,y,z)\,dx\,dy\,dz = \iiint_{B_{uvt}} f(\varphi(u,v,t)) \left|\dfrac{\partial(x,y,z)}{\partial(u,v,t)}\right| du\,dv\,dt$

IX) $J(u,v,t) = \dfrac{\partial(x,y,z)}{\partial(u,v,t)} = \begin{vmatrix} \dfrac{\partial x}{\partial u} & \dfrac{\partial x}{\partial v} & \dfrac{\partial x}{\partial t} \\ \dfrac{\partial y}{\partial u} & \dfrac{\partial y}{\partial v} & \dfrac{\partial y}{\partial t} \\ \dfrac{\partial z}{\partial u} & \dfrac{\partial z}{\partial v} & \dfrac{\partial z}{\partial t} \end{vmatrix}$

a) $\int_P 1\,dx = 1$

b) $\int_P k\,dx = k^{b-a}$

c) $\int_P x\,dx = \dfrac{b^b}{a^a}\dfrac{e^a}{e^b}$

d) $\int_0^\pi \operatorname{sen} x^{dx} = \dfrac{1}{2^\pi}$

I) $\int_a^b f(x)\,d_{g(x)} = \lim_{n\to\infty} \sum_{i=1}^n f(c_i)\Delta g_i \,,\ \Delta g_i = g(x_i) - g(x_{i-1})$

II) TVM: $\int_a^b f(x)\,d_{g(x)} = f(c)[g(b) - g(a)]$

III) $\int_a^b f(x)\,d_{g(x)} = \int_a^b f(x).g'(x)\,dx$

IV) $\int_a^b f(x)\,d_{g(x)} = \lim_{n\to\infty} \sum_{i=1}^n f(c_i)(\gamma(x_i) - \gamma(x_{i-1}))$

"Se para todo o x, existe o somatório $\sum_{n=0}^{\infty} f_n(x)$ e existe uma função integrável $g(x)$, tal que $\left|\sum_{n=0}^{k} f_n(x)\right| \leq g(x)$, para todo k inteiro, então, $\int \sum_{n=0}^{\infty} f_n(x)\,dx = \sum_{n=0}^{\infty} \int f_n(x)\,dx$"

7) O Cálculo de π e a integral de Newton, 56

$$\pi = 12\left[\frac{1}{2} - \frac{1}{6}\left(\frac{1}{2}\right)^3 - \frac{1}{40}\left(\frac{1}{2}\right)^5 - \frac{1}{112}\left(\frac{1}{2}\right)^7 - \frac{5}{1152}\left(\frac{1}{2}\right)^9 - \ldots\right] - \frac{3\sqrt{3}}{2}$$

8) Integração por Substituição, 58

$$\int_a^b f(x)\,dx = \int_a^b f(g(x))\,g'(x)\,dx = \int_c^d f(u)\,du \text{, onde } \begin{cases} x = a \Rightarrow g(c) = a \Rightarrow u = c \\ x = b \Rightarrow g(d) = b \Rightarrow u = d \end{cases}$$

a) $\int \frac{1}{x \ln x}\,dx = \ln(\ln x) + C$

b) $\int \operatorname{sen} x \cos x\,dx = \operatorname{sen}^2 x + C_1 = -\cos^2 x + C_2$

c) $\int \frac{1}{a^2 + x^2}\,dx = \frac{1}{a}\operatorname{arctg}\left(\frac{x}{a}\right) + C$

d) $\int \frac{1}{\sqrt{a^2 - x^2}}\,dx = \operatorname{arcsen}\left(\frac{x}{a}\right) + C$

e) $\int \frac{x+2}{x^2 + 4x + 5}\,dx = \frac{1}{2}\ln\left|x^2 + 4x + 5\right| + C$

f) $\int \frac{x+3}{x^2 + 4x + 5}\,dx = \frac{1}{2}\ln\left|x^2 + 4x + 5\right| + \operatorname{arctg}(x+2) + C$

g) $\int \frac{6x+4}{(3x^2 + 4x + 11)(3x^2 + 4x + 9) + 2021}\,dx = \frac{1}{\sqrt{2020}}\operatorname{arctg}\left(\frac{3x^2 + 4x + 10}{\sqrt{2020}}\right) + C$

h) $\int \frac{\sqrt{\operatorname{tg} x + 1}}{\cos^2 x}\,dx = \frac{2}{3}(\operatorname{tg} x + 1)^{\frac{3}{2}} + C$

i) Se $\int_0^{\frac{3\pi}{2}} f(x)\,dx = 1$, qual o valor de $\int_{-\frac{\pi}{2}}^{\frac{\pi}{4}} f(2x+\pi)\,dx$? R: $\int_{-\frac{\pi}{2}}^{\frac{\pi}{4}} f(2x+\pi)\,dx = \frac{1}{2}$

j) $\int \frac{1}{x\sqrt{x^{2a} + x^a + 1}}\,dx = -\frac{1}{a}\ln\left(\frac{1}{x^a} + \frac{1}{2} + \sqrt{\frac{1}{x^{2a}} + \frac{1}{x^a} + 1}\right) + C$[3]

k) (India IIT JEE Exam Prep Problem) $\int e^{e^{e^{e^{x}}}}\, e^{e^{e^{x}}}\, e^{e^{x}}\, e^{x}\, dx = e^{e^{e^{e^{x}}}} + C$

l) (India IIT JEE Exam Prep Problem) $\int \frac{x^2+1}{x^4+1}\,dx = \frac{1}{\sqrt{2}}\operatorname{tg}^{-1}\left(\frac{x - \frac{1}{x}}{\sqrt{2}}\right) + C$

m) (India IIT JEE Exam Prep Problem)

[3] Titu Andreescu, Razvan Gelca - Putnam and Beyond - Springer, 2007 - 815p

$$\int \frac{1}{x^6+1}dx = \text{tg}^{-1}\left(x-\frac{1}{x}\right)-\frac{1}{2\sqrt{3}}\ln\left|\frac{x+\frac{1}{x}-\sqrt{3}}{x+\frac{1}{x}+\sqrt{3}}\right|+\frac{1}{3}\text{tg}^{-1}\left(x^3\right)+C$$

n) (India IIT JEE Exam Prep Problem) $\int_{\frac{\pi}{6}}^{\frac{\pi}{3}}(\text{sen}\,x)^{(\cos x)^{\text{sen}\,x}}-(\cos x)^{(\text{sen}\,x)^{\cos x}}\,dx=0$

o) (India IIT JEE Exam Prep Problem)

$$\int \frac{\sec^2 x}{(\sec x+\text{tg}\,x)^{\frac{9}{2}}}dx=-\frac{1}{7(\sec x+\text{tg}\,x)^{\frac{7}{2}}}-\frac{1}{11(\sec x+\text{tg}\,x)^{\frac{11}{2}}}+C$$

p) (India IIT JEE Exam Prep Problem)

$$\int \frac{\text{sen}^2 x\cos^2 x}{\left(\text{sen}^5 x+\cos^3 x\,\text{sen}^2 x+\text{sen}^3 x\cos^2 x+\cos^5 x\right)^2}dx=\frac{-1}{3\left(\text{tg}^3 x+1\right)}+C$$

q) (Glaisher) Calcule a integral $\int_0^1 \frac{\text{tg}^{-1}\left(\frac{3+3x}{1-2x-x^2}\right)}{1+x^2}dx=0$, utilizando a substituição $x=\frac{1-y}{1+y}$[4].

9) Integração por Partes & Método DI, 68

I) $\int_a^b f(x)g'(x)dx=f(x)g(x)\Big|_a^b-\int_a^b f'(x)g(x)dx$

II) $\underbrace{\int uv'=uv-\int u'v}_{\text{como uma fórmula mnemônica, omitimos os "}dx\text{"}}$

III) $\int uv'dx=u(v+c)'-\int u'(v+c)dx$

a) $\int x\cos x\,dx=x\,\text{sen}\,x+\cos x+C$

b) $\int \ln x\,dx=x(\ln x-1)+C$

c) $\int \frac{\ln x}{x^2}dx=-\frac{\ln|x|}{x}-\frac{1}{x}+C$

d) $\int \frac{x^2}{(x^2+4)^2}dx=\frac{1}{4}\left[\text{tg}^{-1}\left(\frac{x}{2}\right)-\frac{2x}{x^2+4}\right]+C$

I) $\int x^2\cos x\,dx=x^2\,\text{sen}\,x+2\cos x-2\,\text{sen}\,x+C$

II) $\int x^2\ln x\,dx=\frac{x^3}{3}\ln x-\int\frac{1}{x}\frac{x^3}{3}dx=\frac{x^3}{3}\ln x-\frac{1}{3}\int x^2dx=\frac{x^3}{3}\left(\ln x-\frac{1}{3}\right)+C$

III) $\int e^x\cos x\,dx=\frac{e^x(\text{sen}\,x+\cos x)}{2}+C$

a) $\int \sec^3 x\,dx=\sec x\,\text{tg}\,x-\ln|\sec x+\text{tg}\,x|+C$

[4] Edwards, Joseph. "A Treatise On The Integral Calculus". Macmillan and Co., Limited, vol.2, pg. 964, ex.15, 1922. No problema original, a questão pede que mostremos, utilizando a substituição dada, que a integral é igual a $\frac{\pi^2}{8}$, o que obviamente é um engano.

b) (IIT 2003) $\int x^4 \operatorname{sen} x\,dx = -x^4 \cos x + 4x^3 \operatorname{sen} x + 12x^2 \cos x - 24x \operatorname{sen} x - 24\cos x + C$

c) $\int e^{2x} \operatorname{sen} 3x\,dx = \frac{1}{13}\left(2e^{2x} \operatorname{sen} 3x - 3e^{2x}\cos 3x\right) + C$

d) $\int e^{ax} \operatorname{sen} bx\,dx = \frac{e^{ax}}{a^2+b^2}\left[a \operatorname{sen} bx - b\cos bx\right] + C$

e) $\int e^{ax} \cos bx\,dx = \frac{e^{ax}}{a^2+b^2}\left[a\cos bx - b \operatorname{sen} bx\right] + C$

f) (MIT Integration Bee 2013) $\int e^{\sqrt[4]{x}}dx = 4\left(\sqrt[4]{x^3}e^{\sqrt[4]{x}} - 3\sqrt[4]{x^2}e^{\sqrt[4]{x}} + 6\sqrt[4]{x}e^{\sqrt[4]{x}} - 6e^{\sqrt[4]{x}}\right) + C$

g) $\int \sqrt{1-x^2}\,dx = \frac{1}{2}x\sqrt{1-x^2} + \frac{1}{2}\operatorname{sen}^{-1} x + C$

h) (India IIT JEE Exam Prep Problem) $\int \frac{x^2}{(x \operatorname{sen} x + \cos x)^2}dx = \frac{-x\cos x + \operatorname{sen} x}{x \operatorname{sen} x + \cos x} + C$

10) Fórmulas de Redução Trigonométricas, 78

I. $\int \operatorname{sen}^n x\,dx = -\frac{1}{n}\operatorname{sen}^{n-1} x \cos x + \frac{n-1}{n}\int \operatorname{sen}^{n-2} x\,dx + C$

II. $\int \cos^n x\,dx = \frac{1}{n}\cos^{n-1} x \operatorname{sen} x + \frac{n-1}{n}\int \cos^{n-2} x\,dx + C$

III. $\int \operatorname{tg}^n x\,dx = \frac{1}{n-1}\operatorname{tg}^{n-1} x + \int \operatorname{tg}^{n-2} x\,dx + C$

IV. $\int \sec^n x\,dx = \frac{1}{n-1}\sec^{n-2} x \operatorname{tg} x + \frac{n-2}{n-1}\int \sec^{n-2} x\,dx + C$

V. $\int \operatorname{cossec}^n x\,dx = -\frac{1}{n-1}\operatorname{cossec}^{n-2} x \operatorname{cotg} x + \frac{n-2}{n-1}\int \operatorname{cossec}^{n-2} x\,dx + C$

VI. $\int \operatorname{cotg}^n x\,dx = -\frac{1}{n-1}\operatorname{cotg}^{n-1} x - \int \operatorname{cotg}^{n-2} x\,dx + C$

11) Funções Racionais e Frações Parciais, 80

I) $\int \frac{a}{(x-x_1)}\,dx = a\ln|x-x_1| + C$

II) $\int \frac{a}{(x-x_1)^n}\,dx = a\frac{(x-x_1)^{1-n}}{1-n} + C$

III) $\int \frac{ax+b}{(x-x_1)(x-x_2)}dx = \int \frac{A}{(x-x_1)} + \frac{B}{(x-x_2)}dx = A\ln|x-x_1| + B\ln|x-x_2| + C$

IV) $\int \frac{ax+b}{(x-x_1)^2}dx = \int \frac{A_1}{(x-x_1)^1} + \frac{A_2}{(x-x_1)^2}dx = A_1\ln|x-x_1| - \frac{A_2}{(x-x_1)} + C$

V) $\int \frac{ax+b}{(x^2+px+q)^2}dx = \frac{A_1x+B_1}{(x^2+px+q)^1} + \frac{A_2x+B_2}{(x^2+px+q)^2}$

a) $\int \frac{ax+b}{cx+d}dx = \frac{a}{c}x + \left(\frac{bc-ad}{c}\right)\ln|cx+d| + C$

b) $\int \frac{3x-2}{x^2-7x+10}dx = \int \frac{A}{x-2} + \frac{B}{x-5}dx = -\frac{4}{3}\ln|x-2| + \frac{13}{3}\ln|x-5| + C$

c) $\int \frac{1}{\left(x^2+a^2\right)\left(x^2+b^2\right)}dx = \frac{b\,\text{tg}^{-1}\left(\frac{x}{a}\right) - a\,\text{tg}^{-1}\left(\frac{x}{b}\right)}{ab\left(b^2-a^2\right)} + C$

Observação: Regra de Heaviside

12) Função Racional do 2º Grau, 89

I) $\Delta < 0,\ \int \frac{1}{ax^2+bx+c}dx = \frac{2}{\sqrt{-\Delta}}\text{tg}^{-1}\left(\frac{2ax+b}{\sqrt{-\Delta}}\right)+C$

II) $\Delta \geq 0,\ \int \frac{1}{ax^2+bx+c}dx = \frac{1}{\sqrt{\Delta}}\ln\left(\frac{x-x_1}{x-x_2}\right)+C,\ |x_1| \leq |x_2|$

III) $\int \frac{Ax+B}{ax^2+bx+c}dx = \frac{A}{2a}\ln\left|ax^2+bx+c\right| + \int \frac{1}{ax^2+bx+c}dx$

IV) $\int \frac{1}{\sqrt{ax^2+bx+c}}dx$

V) $\int \frac{Ax+B}{\sqrt{ax^2+bx+c}}dx = \frac{A}{a}\sqrt{ax^2+bx+c} + \left(B - \frac{Ab}{2a}\right)\int \frac{1}{\sqrt{ax^2+bx+c}}dx$

a) $\int \frac{1}{x^2-a^2}dx = \frac{1}{2a}\ln\left|\frac{x-a}{x+a}\right|+C$

b) $\int \frac{1}{x^2+a^2}dx = \frac{1}{a}\text{tg}^{-1}\left(\frac{x}{a}\right)+C$

c) $\int \frac{1}{\left(ax^2+1\right)\left(bx^2+1\right)}dx = \frac{\sqrt{a}\,\text{tg}^{-1}\left(\sqrt{a}\,x\right) - \sqrt{b}\,\text{tg}^{-1}\left(\sqrt{b}\,x\right)}{a-b}$

d) $\int \frac{1}{x^2-7x+12}dx = \ln\left(\frac{x-3}{x-4}\right)+C$

e) $\int \frac{1}{x^2+4x+13}dx = \frac{1}{3}\text{tg}^{-1}\left(\frac{x+2}{3}\right)+C$

f) $\int \frac{ax+b}{1+x^2}dx = \frac{a}{2}\ln\left|1+x^2\right| + b\,\text{tg}^{-1}x + C$

g) $\int \frac{2x-3}{x^2-2x+3}dx = \ln\left|x^2-2x+3\right| - \frac{1}{\sqrt{2}}\text{tg}^{-1}\left(\frac{x-1}{\sqrt{2}}\right)+C$

h) $\int \frac{1}{\sqrt{x^2+2x+2}}dx = \ln\left|x+1+\sqrt{x^2+2x+2}\right|+C$

i) $\int \frac{2x+4}{\sqrt{x^2+2x+2}}dx = 2\sqrt{x^2+2x+2} + \ln\left|x+1+\sqrt{x^2+2x+2}\right|+C$

j) $\int \frac{Ax+B}{\left(x^2+px+q\right)^k}dx$ [5]

[5] N. *Piskunov. Differential and Integral Calculus*. Mir, 1969.

13) Substituições Trigonométricas, 95

I) Propriedade: $\int_0^{\pi}(ax+b)f(\operatorname{sen} x)\,dx=\left(a\frac{\pi}{2}+b\right)\int_0^{\pi}f(\operatorname{sen} x)\,dx$

a) $\int\sqrt{\frac{1-x}{1+x}}dx=\operatorname{sen}^{-1}x+\sqrt{1-x^2}+C$[6]

b) $\int\sqrt{x^2+4x+5}\,dx=\frac{1}{2}(x+2)\sqrt{x^2+4x+1}+\ln\left|(x+2)+\sqrt{x^2+4x+1}\right|+C$

c) $\int\frac{1}{\sqrt{x^2+a^2}}dx=\ln\left|x+\sqrt{x^2+a}\right|+C$

d) $\int\frac{1}{\sqrt{x^2-a^2}}dx=\ln\left|x+\sqrt{x^2-a}\right|+C$

e) $\int\frac{1}{\left(x^2+1\right)^2}dx=\frac{1}{2}\left(\frac{x}{x^2+1}+\operatorname{tg}^{-1}x\right)+C$

f) $\int_0^{\pi}(2x+3)\frac{\operatorname{sen}^3 x}{\cos^2 x+1}dx=(\pi+3)(\pi-2)$

14) Função Harmônica, 101

I) $a\operatorname{sen} x+b\cos x=A\cos(x+\varphi)$, onde $A=\sqrt{a^2+b^2}$ e $\operatorname{tg}\varphi=\frac{a}{b}$

a) $\int\frac{x^2}{(x\operatorname{sen} x+\cos x)^2}dx=\frac{\operatorname{sen} x-x\cos x}{\cos x+x\operatorname{sen} x}+C$

b) (India IIT JEE Exam Prep Problem) $\int\frac{x^2+20}{(x\operatorname{sen} x+5\cos x)^2}dx=\frac{5\operatorname{sen} x-x\cos x}{5\cos x+x\operatorname{sen} x}+C$

15) Integrais da Tangente de x, 104

a) (India IIT JEE Exam Prep Problem)

$$\int\sqrt{\operatorname{tg} x}dx=\frac{1}{2\sqrt{2}}\ln\left|\frac{\sqrt{\operatorname{tg} x}+\sqrt{\operatorname{cotg} x}-\sqrt{2}}{\sqrt{\operatorname{tg} x}+\sqrt{\operatorname{cotg} x}+\sqrt{2}}\right|+\frac{1}{\sqrt{2}}\operatorname{tg}^{-1}\left(\frac{\sqrt{\operatorname{tg} x}-\sqrt{\operatorname{cotg} x}}{\sqrt{2}}\right)+C$$

b) (India IIT JEE Exam Prep Problem)

$$\int\sqrt[3]{\operatorname{tg} x}\,dx=-\frac{1}{2}\ln\left|\sqrt[3]{\operatorname{tg}^2}+1\right|+\frac{1}{4}\ln\left|\sqrt[3]{\operatorname{tg}^4}-\sqrt[3]{\operatorname{tg}^2}+1\right|+\frac{\sqrt{3}}{2}\operatorname{tg}^{-1}\left(\frac{2\sqrt[3]{\operatorname{tg}^2}-1}{\sqrt{3}}\right)+C$$

c) $\int\frac{1}{\sqrt{\operatorname{tg} x}}dx=\frac{1}{\sqrt{2}}\operatorname{tg}^{-1}\left(\frac{\sqrt{\operatorname{tg} x}+\sqrt{\operatorname{cotg} x}}{\sqrt{2}}\right)-\frac{1}{2\sqrt{2}}\ln\left|\frac{\sqrt{\operatorname{tg} x}-\sqrt{\operatorname{cotg} x}-\sqrt{2}}{\sqrt{\operatorname{tg} x}-\sqrt{\operatorname{cotg} x}+\sqrt{2}}\right|+C$

d) $\int\frac{1}{\sqrt[3]{\operatorname{tg} x}}dx=\frac{1}{2}\ln\left|\operatorname{tg}^{\frac{2}{3}}x+1\right|-\frac{1}{2}\ln\left|\operatorname{tg}^{\frac{4}{3}}x-\operatorname{tg}^{\frac{2}{3}}x+1\right|+\sqrt{3}\operatorname{tg}^{-1}\left(\frac{2\operatorname{tg}^{\frac{2}{3}}x-1}{\sqrt{3}}\right)+C$

16) Substituição de Euler, 108

I) 1ª Substituição: Se $a>0$, $\sqrt{ax^2+bx+c}=\pm\sqrt{a}\,x+t\ \rightarrow\ x=\frac{c-t^2}{\pm2\sqrt{a}\,t-b}$

---

[6] Titu Andreescu, Razvan Gelca - Putnam and Beyond - Springer, 2007 - 815p

II) 2ª Substituição: Se $c<0$, $\sqrt{ax^2+bx+c}=tx\pm\sqrt{c} \rightarrow x=\dfrac{\pm 2t\sqrt{c}-b}{a-t^2}$

III) 3ª Substituição: Se o polinômio tive raízes reais α e β,

$$\sqrt{a(x-\alpha)(x-\beta)}=(x-\alpha)t \rightarrow x=\frac{a\beta-\alpha t^2}{a-t^2}$$

a) $\displaystyle\int \frac{1}{\sqrt{x^2+c}}dx=\ln\left|x+\sqrt{x^2+c}\right|+C$

b) (MIT 2006 Integration Bee) $\displaystyle\int_0^\infty \frac{1}{\left(x+\sqrt{1+x^2}\right)^2}dx=\frac{2}{3}$

c) $\displaystyle\int \frac{1}{(x-2)\sqrt{-x^2+x+2}}dx=\frac{-2x}{2\sqrt{-x^2+x+2}-3\sqrt{2}}+C$

d) $\displaystyle\int \frac{1}{\sqrt{-x^2+7x-12}}dx=2\,\mathrm{tg}^{-1}\left(\sqrt{\frac{3-x}{x-4}}\right)+C$

e) $\displaystyle\int \frac{x^2}{\sqrt{-x^2+6x-12}}dx$

17) Integral de uma função Inversa: $\int f^{-1}(x)dx=xf^{-1}(x)-F\left(f^{-1}(x)\right)+C$, 111

a) $\int \mathrm{sen}^{-1}x\,dx=x\,\mathrm{sen}^{-1}x+\sqrt{1-x^2}+C$

b) $\int \cos^{-1}x\,dx=x\cos^{-1}x-\sqrt{1-x^2}+C$

c) $\displaystyle\int \mathrm{tg}^{-1}x\,dx=x\,\mathrm{tg}^{-1}x-\ln\left|\frac{1}{\sqrt{1+x^2}}\right|+C$

d) $\int \ln|x|dx=x\ln|x|-e^{\ln|x|}+C=x\ln|x|-x+C$

e) a) $\displaystyle\int W(x)dx=x\left(W(x)+\frac{1}{W(x)}-1\right)+C$, W é a função de Lambert

b) $\displaystyle W'(x)=\frac{W(x)}{x(W(x)+1)}$

18) Uma integral famosa: $\displaystyle\int_0^1 \frac{x^4(1-x)^4}{1+x^2}dx$, 115

a) $\displaystyle\int_0^1 \frac{x^4(1-x)^4}{1+x^2}dx=\frac{22}{7}-\pi$

b) Prove que $\pi<\dfrac{22}{7}$

19) Integral de Serret, 117

$$\int_0^1 \frac{\ln(1+x)}{1+x^2}dx=\int_1^2 \frac{\ln x}{2-2x+x^2}dx=\int_0^{\ln 2}\frac{xe^x}{2-2e^x+e^{2x}}dx=\int_1^\infty \frac{1}{1+x^2}\ln\left(1+\frac{1}{x}\right)dx=\int_0^{\ln(\sqrt{2}+1)}\frac{\ln(1+\mathrm{senh}\,x)}{\cosh x}dx=\ldots$$

Teorema: $\displaystyle\int_0^1 \frac{\ln(1+x)}{1+x^2}dx=\frac{\pi}{8}\ln 2$

a) $\int_0^a \frac{\ln(1+ax)}{1+x^2}dx = \frac{1}{2}\text{tg}^{-1} a \ln(1+a^2)$

20) Integral de Froullani, 119

$$\int_0^\infty \frac{f(ax)-f(bx)}{x}dx = (M(f)-m(f))\ln\left(\frac{a}{b}\right) = (m(f)-M(f))\ln\left(\frac{b}{a}\right)$$

a) $\int_0^\infty \frac{e^{-x}-e^{-5x}}{x}dx = \ln 5$

b) $\int_0^\infty \frac{e^{-ax}-e^{-bx}}{x}dx = \ln\left(\frac{b}{a}\right)$

c) $\int_0^\infty \frac{\text{tg}^{-1}(x)-\text{tg}^{-1}(2x)}{x}dx = -\frac{\pi}{2}\ln 2$

21) Substituição de Euler-Weierstrass, 121

$$t = \text{tg}\frac{x}{2}$$

$$dx = \frac{2}{1+t^2}dt$$

$$\cos x = \frac{1-t^2}{1+t^2}$$

$$\text{sen}\, x = \frac{2t}{1+t^2}$$

a) Prove que: a) $\text{tg}\frac{x}{2} = \frac{\text{sen}\, x}{1+\cos x}$ b) $\text{tg}\frac{x}{2} = \frac{1-\cos x}{\text{sen}\, x}$

b) a) $\int \frac{1}{a+\cos x}dx = \frac{1}{a-1}\text{tg}^{-1}\left(\frac{\text{tg}\frac{x}{2}}{\sqrt{\frac{a+1}{a-1}}}\right)+C$

b) $\int \frac{1}{5+\cos x}dx == \frac{1}{4}\text{tg}^{-1}\left(\frac{2\,\text{sen}\, x}{\sqrt{6}+\sqrt{6}\cos x}\right)+C$

c) $\int \frac{1}{2+\text{sen}\, x}dx = \frac{2}{\sqrt{3}}\text{tg}^{-1}\left(\frac{\text{sen}\, x - 2\cos x + 2}{\sqrt{3}\,\text{sen}\, x}\right)+C$

d) a) $\int \frac{1}{\text{sen}\, x+\cos x+1}dx = \ln\left|\frac{\text{sen}\, x+\cos x+1}{1+\cos x}\right|+C$

b) $\int \frac{1}{a\,\text{sen}\, x+b\cos x+c}dx = \frac{2}{c-b}\int \frac{1}{t^2+2\left(\frac{a}{c-b}\right)t+\left(\frac{c+b}{c-b}\right)}dt$

e) $A=\int \dfrac{\operatorname{sen} x}{\operatorname{sen} x+\cos x}dx=\dfrac{x}{2}-\dfrac{\ln|\operatorname{sen} x+\cos x|}{2}+C_3$

$B=\int \dfrac{\cos x}{\operatorname{sen} x+\cos x}dx=\dfrac{x}{2}+\dfrac{\ln|\operatorname{sen} x+\cos x|}{2}+C_4$

22) Propriedade do Rei ou King's Property, 126

$$\int_a^b f(x)dx=\int_a^b f(a+b-x)dx$$

a) $A=\int_0^{\frac{\pi}{2}} \dfrac{\operatorname{sen}^n x}{\operatorname{sen}^n x+\cos^n x}dx=\dfrac{\pi}{4}$

b) $B=\int_0^{\frac{\pi}{2}} \ln(\cos x)dx=\int_0^{\frac{\pi}{2}} \ln(\operatorname{sen} x)dx=-\dfrac{\pi}{2}\ln 2$

c) $C=\int_0^{\frac{\pi}{2}} \dfrac{1}{1+(\operatorname{tg} x)^{\frac{\pi}{e}}}dx=\dfrac{\pi}{4}$

23) Propriedade da Rainha ou Gambito da Dama, 129

$$\int_a^b \frac{f(x)}{f(a+b-x)+f(x)}dx=\frac{b-a}{2}$$

a) (India IIT 94) $\int_2^3 \dfrac{\sqrt{x}}{\sqrt{5-x}+\sqrt{x}}dx=\int_2^3 \dfrac{\sqrt{x}}{\sqrt{(2+3)-x}+\sqrt{x}}dx=\dfrac{1}{2}$

b) $\int_1^2 \dfrac{\sqrt[3]{x}}{\sqrt[3]{3-x}+\sqrt[3]{x}}dx=\int_1^2 \dfrac{f(x)}{\sqrt[3]{1+2-x}+f(x)}=\dfrac{1}{2}$

c) $\int_0^{\frac{\pi}{2}} \dfrac{f(x)}{f(x)+f\left(\dfrac{\pi}{2}-x\right)}dx=\dfrac{\pi}{4}$

d) (India JEE Main 2015) $\int_2^4 \dfrac{\ln(x^2)}{\ln(x^2)+\ln(36-12x+x^2)}=1$

e) (India IIT 2019) $\int_0^{\frac{\pi}{2}} \dfrac{\sqrt{\operatorname{cotg} x}}{\sqrt{\operatorname{cotg} x}+\sqrt{\operatorname{tg} x}}dx=\dfrac{\pi}{4}$

f) (India JEE Main 2013) $\int_{\frac{\pi}{6}}^{\frac{\pi}{3}} \dfrac{dx}{1+\sqrt{\operatorname{tg} x}}=\dfrac{\pi}{12}$

g) (India JEE Main 2011) $\int_{\sqrt{\log 2}}^{\sqrt{\log 3}} \dfrac{x \operatorname{sen} x^2}{\operatorname{sen} x^2+\operatorname{sen}(\log 6-x^2)}dx=\dfrac{1}{4}\log\dfrac{3}{2}$

h) (India JEE 2011) $\int_{\sqrt[3]{\log 3}}^{\sqrt[3]{\log 4}} \dfrac{x^2 \operatorname{sen} x^3}{\operatorname{sen} x^3+\operatorname{sen}(\log 12-x^3)}dx=\dfrac{1}{6}\log\left(\dfrac{4}{3}\right)$

24) Teoremas sobre Paridade, 132

I) $\int_{-\alpha}^{\alpha} f(x)dx=\begin{cases}0, \textit{ se } f(x) \textit{ for ímpar,}\\ 2\int_0^{\alpha} f(x)dx, \textit{ se } f(x) \textit{ for par.}"\end{cases}$, $f(x)$ integrável em [- α , α], α real.

II) Seja $f(x)$ uma função par e g (x) uma função ímpar, ambas integráveis no intervalo $[-\alpha,\alpha]$, $\alpha\in\mathbb{R}$

Temos que $\int_{-\alpha}^{\alpha} \frac{f(x)}{1+b^{g(x)}}dx = \int_{0}^{\alpha} f(x)dx$, para qualquer $b \in \mathbb{R}^{+}$[7]

III) Seja $f(x)$ uma função qualquer, esta sempre poderá ser reescrita como soma de uma função par e outra ímpar

$$f(x) = \underbrace{\frac{f(x)+f(-x)}{2}}_{par} + \underbrace{\frac{f(x)-f(-x)}{2}}_{ímpar}$$

a) (India JEE Main 2012) $\int_{-\frac{\pi}{2}}^{\frac{\pi}{2}} \left(x^2 + \ln\left(\frac{\pi - x}{\pi + x}\right)\right)\cos x \, dx = \frac{\pi^2}{2} - 4$

b) $\int_{-\frac{\pi}{4}}^{\frac{\pi}{4}} \frac{\cos x}{\pi^{\operatorname{sen} x} + 1} dx = -\frac{\sqrt{2}}{2}$

c) $\int_{-\frac{\pi}{2}}^{\frac{\pi}{2}} \frac{\operatorname{sen}^2 x}{\pi^{x^5} + 1} dx = \frac{\pi}{4}$

25) Uma Pequena Identidade envolvendo Inversão, 135

$$\int_0^{\infty} f(x)dx = \int_0^{\infty} \frac{f\left(\frac{1}{x}\right)}{x^2}dx$$

a) $\int_0^{\infty} \frac{\ln ax}{x^2 + 1} dx = \frac{\pi}{2} \ln a$

b) $\int_0^{\infty} \frac{\ln\left(\frac{1+x^{11}}{1+x^3}\right)}{\left(1+x^2\right)\ln x} dx = 2\pi$[8]

26) Propriedade Interessante: $\int_0^{\infty} \frac{\ln x}{ax^2 + bx + c}dx = -\int_0^{\infty} \frac{\ln x}{cx^2 + bx + a}dx$, 137

a) $\int_0^{\infty} \frac{\ln x}{x^2 + x + 4}dx = \frac{2\ln 2}{\sqrt{15}} \operatorname{tg}^{-1}\left(\sqrt{15}\right)$

b) Se $a,b,c \in \mathbb{R}$ e $\Delta < 0$ então $\int_0^{\infty} \frac{\ln x}{ax^2 + bx + c}dx = \frac{2b^2}{\sqrt{-\Delta}} \ln\left(\sqrt{\frac{c}{a}}\right) \operatorname{tg}^{-1}\left(\sqrt{\frac{-\Delta}{b^2}}\right)$

27) Derivada sob o Sinal da Integral – Método de Leibniz, 140

$$\frac{d}{dt}\int_a^b f(x,t)dx = \int_a^b \frac{\delta}{\delta t} f(x,t)dx + f(b,t)\frac{db}{dt} - f(a,t)\frac{da}{dt}$$

a) $\int_{-\infty}^{\infty} \cos\left(x^2\right)dx = \frac{\sqrt{2\pi}}{2}$ e $\int_{-\infty}^{\infty} \operatorname{sen}\left(x^2\right)dx = \frac{\sqrt{2\pi}}{2}$

28) Derivada sob o Sinal da Integral – Método de Feynman, 143

a) $\int_0^{\infty} \frac{e^{-x} - e^{-tx}}{x}dx = \ln|t|$[9]

[7] Alsamraee, Hamza. "Advanced Calculus Explored". Curious Math Publications, 2019.
[8] Brilliant. "Problems of the Week". Week of February 19. www.brilliant.org .
[9] A mesma integral foi também calculada no tópico A Integral de Frullani.

b) $\int_0^1 \frac{x^t - 1}{\ln x} dx = \ln(t+1)$

c) $\int_0^\infty e^{x^2} \cos(tx)\, dx = \frac{\sqrt{\pi}}{2} e^{\frac{-t^2}{4}}$

d) $\int_{-\infty}^\infty \frac{\cos x}{x^2+1} dx = \frac{\pi}{e}$

e) $\int_{-\infty}^\infty \frac{e^{-x^2}}{1+x^2} dx = \pi e(1 - \mathrm{ERF}(1)) = \pi e \,\mathrm{ERFC}(1)$

f) $\int_0^\infty e^{-ax^2} dx = \frac{\sqrt{\pi}}{2},\ \forall a \in \mathbb{R}$

g) $\int_0^\infty \frac{\operatorname{sen} x}{x} dx = \frac{\pi}{2}$

h) $\int_0^\infty e^{-ax} \frac{\operatorname{sen}(bx)}{x} dx = \operatorname{tg}^{-1}\left(\frac{b}{a}\right)$

i) $\int_0^\pi \ln(1 + u\cos x)\, dx = \pi \ln\left|1 + \sqrt{1-u^2}\right| - \pi \ln 2$

j) $\int_0^1 \frac{\ln(x^2+1)}{x+1} dx = \frac{3}{4}\ln^2 2 - \frac{\pi^2}{48}$

k) $\int_0^1 \frac{\operatorname{sen}(\ln x)}{\ln x} dx = \frac{\pi}{4}$

l) $\int_0^1 \ln x\, dx = -1$

m) $\int_0^\pi \ln(1 - 2\alpha\cos x + \alpha^2)\, dx = 2\pi \ln|\alpha|,\ |\alpha| \geq 1$ [10]

29) Transformação de Cauchy-Schlömilch, 161

I) $\int_0^\infty f\left(\left(ax - \frac{b}{x}\right)^2\right) dx = \frac{1}{a}\int_0^\infty f(y^2)\, dy$

a) $\int_0^\infty e^{-\left(2x - \frac{\pi}{x}\right)^2} dx = \frac{\sqrt{\pi}}{4}$

b) Mostre que $\int_{-\infty}^\infty e^{-\left(x - \frac{k}{x}\right)^{2n}} dx = \frac{1}{n}\Gamma\left(\frac{1}{2n}\right)$

c) Mostre que $\int_{-\infty}^\infty e^{x - k\operatorname{senh}^2 x} dx = \sqrt{\frac{\pi}{k}}$

30) Integrais com Primitivas não Elementares, 164

I) <u>Teorema de Liouville</u>: "Sejam $y_1, y_2, \ldots, y_n$ funções em x, cujas derivadas $\frac{dy_1}{dx}, \frac{dy_2}{dx}, \ldots, \frac{dy_n}{dx}$ são funções elementares de $x, y_1, y_2, \ldots, y_n$. Nessas condições,

SE F e a sua integral, $\int F(x, y_1, y_2, \ldots, y_n)\, dx$, são funções elementares

[10] Essa integral pertence ao livro *Advanced Calculus*, de Frederick S Woods, citado por Feynman.

ENTÃO $\int F(x, y_1, y_2, \ldots, y_n)\,dx = z_0(x, y_1, y_2, \ldots, y_n) + \sum_{k=1}^{r} a_k \ln z_k(x, y_1, y_2, \ldots, y_n)$,

onde z_k são funções elementares, a_k são constantes e r e n são números naturais."

II) Teorema Simplificado de Liouville: "SE f (x) e g (x) são funções racionais, onde g (x) não é constante, tais que $\int f(x)e^{g(x)}dx$ seja elementar ENTÃO $\int f(x)e^{g(x)}dx = R(x)e^{g(x)}$, onde R (x) é uma função racional".

III) Teorema de Chebyshev: "A primitiva da integral binomial $\int x^m\left(a+bx^n\right)^p dx$, com m, n e p racionais e a e b constantes não nulas, somente poderá ser expressa em termos de uma função elementar se pelo menos um dos números for inteiro: p ou $\dfrac{m+1}{n}$ ou $\dfrac{m+1}{n}+p$"

a) Demonstre que $\int e^{p(x)}dx$, com gr(p) > 1 não possui uma primitiva elementar

b) Prove que a integral $\int \dfrac{e^x}{x}dx$ não possui primitiva elementar

c) Prove que a integral $\int \dfrac{1}{\ln x}dx$ não possui primitiva elementar

d) Dada uma integral binomial $\int x^m\left(a+bx^n\right)^p dx$, mostre que:

a) se p for inteiro a integral poderá ser reduzida a uma função racional;

b) se $\dfrac{m+1}{n}$ for inteiro, a integral poderá ser reduzida a uma função racional;

e) $\displaystyle\int \frac{\sqrt{\left(1+x^2\right)^3}}{x^2}dx = -\frac{1}{4}\left[\ln\left|\frac{\sqrt{1+x^2}-x}{\sqrt{1+x^2}+x}\right| + 2\left(\frac{1+x^2}{x^2}\right)\right] + C$

f) a) $\int \sqrt{x^3+1}\,dx$ não possui primitiva elementar; b) $\int \sqrt{1-x^4}\,dx$ não possui primitiva elementar.

31) Integral de Ahmed: $\displaystyle\int_0^1 \frac{\text{tg}^{-1}\sqrt{2+x^2}}{\left(1+x^2\right)\sqrt{2+x^2}}dx = \frac{5\pi^2}{96}$, 170

32) Integral de Coxeter: $\displaystyle\int_0^{\frac{\pi}{2}} \cos^{-1}\left(\frac{\cos\theta}{1+2\cos\theta}\right)d\theta$, 172

a) $\displaystyle\int_0^{\frac{\pi}{2}} \cos^{-1}\left(\frac{\cos\theta}{1+2\cos\theta}\right)d\theta = \frac{5\pi^2}{24}$

b) $\displaystyle\int_0^{\frac{\sqrt{2}}{2}} \frac{\text{sen}^{-1}x^2}{\sqrt{x^2+1}\left(2x^2+1\right)}dx = \frac{\pi^2}{144}$

33) Transformada de Laplace, 180

I) $\mathcal{L}\{f(t)\} = \int_0^{\infty} f(t)e^{-st}dt$

II) $\lim\limits_{t\to\infty} e^{-st}\left|f(t)\right| = 0 \Rightarrow \exists\mathcal{L}\{f(t)\}$

III) $\mathcal{L}\{a\,f(t) + b\,g(t)\} = a\,\mathcal{L}\{f(t)\} + b\,\mathcal{L}\{g(t)\}$

IV) $\mathcal{L}\{c\} = c\dfrac{1}{s}$, $s > 0$

V) $\mathcal{L}\{t\} = \dfrac{1}{s^2}$, $s > 0$

VI) $\mathcal{L}\{e^{\alpha t}\} = \dfrac{1}{s-\alpha},\ s > \alpha$

VII) $\mathcal{L}\{k^{at}\} = \dfrac{1}{s - a\ln k},\ s > a\ln k$

VIII) $\mathcal{L}\{t^n\} = \dfrac{n!}{s^{n+1}} = \dfrac{\Gamma(n+1)}{s^{n+1}}$

IX) $\mathcal{L}\{\cos \alpha t\} = \dfrac{s}{s^2+\alpha^2}$ e $\mathcal{L}\{\operatorname{sen} \alpha t\} = \dfrac{\alpha}{s^2+\alpha^2}$

X) $\mathcal{L}\{\operatorname{senh} \alpha t\} = \dfrac{\alpha}{s^2-\alpha^2}$

XI) $\mathcal{L}\{\cosh \alpha t\} = \dfrac{\alpha}{s^2-\alpha^2}$

XII) $\mathcal{L}\{\ln t\} = \dfrac{\gamma - \ln s}{s}$

XIII) $\mathcal{L}\{f'(t)\} = s\mathcal{L}\{f(t)\} - f(0)$

XIV) $\mathcal{L}\{f^{(n)}(t)\} = s^n\mathcal{L}\{f(t)\} - s^{n-1}f(0) - s^{n-2}f'(0) - \ldots - s^1 f^{(n-2)}(0) - s^0 f^{(n-1)}(0)$

XV) $\mathcal{L}\{t\,f(t)\} = -\dfrac{d}{ds}F(s)$

XVI) $\mathcal{L}\{t^n f(t)\} = (-1)^n \dfrac{d^n}{ds^n}F(s)$

XVII) $\mathcal{L}\left\{\int_0^t f(u)\,du\right\} = \dfrac{\mathcal{L}\{f(t)\}}{s}$

XVIII) $\mathcal{L}\{e^{at} f(t)\} = F(s-a)$

a) $\int_0^\infty t^3 e^{-2t}\,dt = \dfrac{3}{8}$

b) $\int_0^\infty e^{-3t}\cos^2 t\,dt = \dfrac{44}{39}$

c) $\int_0^\infty e^{-2t}\operatorname{senh} t\cos 3t\,dt = -\dfrac{1}{30}$

d) $\int_0^\infty e^{-5t}t\cos 2t\,dt = \dfrac{21}{841}$

e) $\int_0^\infty \dfrac{t^2\cos t}{e^t}\,dt = -\dfrac{1}{2}$

f) $\int_0^\infty \dfrac{\cos xt}{1+x^2}\,dx - \dfrac{\pi}{2}e^{-|t|}$

g) $\int_0^\infty \dfrac{1-\cos t}{e^{st}t}\,dt = \dfrac{\ln(1+s^{-2})}{2}$

h) $\int_0^\infty \dfrac{e^{-at}-e^{-bt}}{t}\,dt = \ln\left(\dfrac{b}{a}\right)$

i) $\int_0^\infty \dfrac{e^{-2t}\cos(3t) - e^{-4t}\cos(2t)}{t}\,dt = \dfrac{1}{2}\ln\left(\dfrac{13}{20}\right)$

j) $\int_0^\infty \dfrac{\operatorname{sen} t}{t}\,dt = \dfrac{\pi}{2}$

BIBLIOGRAFIA

1) Limite e Continuidade

A fim de estabelecermos uma linguagem padrão, vamos definir:

- **Vizinhança de um ponto** x_0 – como sendo o conjunto de pontos x, tal que para um determinado valor de $\varepsilon > 0$, temos $|x - x_0| < \varepsilon$;
- **Vizinhança perfurada** ou **disco perfurado** em ponto x_0 – é o conjunto de todos os pontos de x que para um determinado valor de ε satisfaz $0 < |x - x_0| < \varepsilon$;
- **Ponto interior** de um conjunto, é aquele para o qual existe uma vizinhança do ponto que está contida no conjunto;
- **Ponto exterior** de um conjunto, é aquele para o qual existe uma vizinhança do ponto que não está contida no conjunto;
- **Ponto de fronteira** de um conjunto, é aquele que não é nem interior e nem exterior ao conjunto;
- **Ponto de acumulação** de um conjunto é aquele cuja qualquer vizinhança sua possua infinitos pontos do conjunto, dessa maneira tanto os pontos internos quanto os pontos de fronteira são pontos de acumulação.

Limite: "Seja x_0, um ponto de acumulação do domínio de uma função f, definimos o limite da função f, quando x tende a x_0 como:

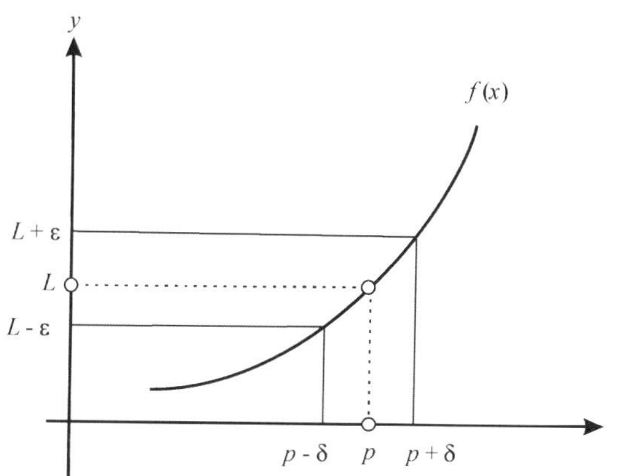

$$\lim_{x \to p} f(x) = L \Leftrightarrow \begin{cases} \forall \varepsilon > 0, \exists \delta > 0 \ tal\ que\ \forall x \in D_f \\ 0 < |x - p| < \delta \Rightarrow |f(x) - L| < \varepsilon \end{cases}$$

Limite Lateral:

$$\lim_{x \to p+} f(x) = L \Leftrightarrow \begin{cases} \forall \varepsilon > 0, \exists \delta > 0 \ tal\ que\ \forall x \in D_f \\ p < x < p + \delta \Rightarrow |f(x) - L| < \varepsilon \end{cases},$$ dizemos que x tende a p pela direita,

$$\lim_{x \to p-} f(x) = L \Leftrightarrow \begin{cases} \forall \varepsilon > 0, \exists \delta > 0 \ tal\ que\ \forall x \in D_f \\ p - \delta < x < p \Rightarrow |f(x) - L| < \varepsilon \end{cases},$$ dizemos que x tende a p pela esquerda.

Teorema da Existência do Limite: "O limite de uma função f em um ponto p existe e é igual a L, se e somente se, os limites laterais à esquerda e à direita existirem e forem iguais".

$$\lim_{x \to p} f(x) = L \Leftrightarrow \lim_{x \to p+} f(x) = L \ e \ \lim_{x \to p-} f(x) = L$$

Extensões do Conceito de Limite

Limites no Infinito: "Seja f uma função de domínio D_f e suponha que exista $a \in \mathbb{R}$, tal que

- $]a,+\infty[\subset D_f$, então $\lim\limits_{x\to+\infty} f(x)=L \Leftrightarrow \forall\varepsilon>0,\ \exists\delta>0,\ com\ \delta>a,\ tal\ que\ x>\delta \Rightarrow |f(x)-L|<\varepsilon$
- $]-\infty,a[\subset D_f$, então
  $\lim\limits_{x\to-\infty} f(x)=L \Leftrightarrow \forall\varepsilon>0,\ \exists\delta>0,\ com\ -\delta<a,\ tal\ que\ x<-\delta \Rightarrow |f(x)-L|<\varepsilon$

Limites Infinitos: "Seja f uma função de domínio D_f e

- supondo que exista $a \in \mathbb{R}$, tal que:
  - $]a,+\infty[\subset D_f$, então $\begin{cases}\lim\limits_{x\to\infty} f(x)=+\infty \Leftrightarrow \forall\varepsilon>0,\ \exists\delta>0,\ com\ \delta>a,\ tal\ que\ x>\delta \Rightarrow f(x)>\varepsilon\\ \lim\limits_{x\to\infty} f(x)=-\infty \Leftrightarrow \forall\varepsilon>0,\ \exists\delta>0,\ com\ \delta>a,\ tal\ que\ x>\delta \Rightarrow f(x)<-\varepsilon\end{cases}$
  - $]-\infty,a[\subset D_f$, então
    $\begin{cases}\lim\limits_{x\to-\infty} f(x)=+\infty \Leftrightarrow \forall\varepsilon>0,\ \exists\delta>0,\ com\ -\delta<a,\ tal\ que\ x<\delta \Rightarrow f(x)>\varepsilon\\ \lim\limits_{x\to-\infty} f(x)=-\infty \Leftrightarrow \forall\varepsilon>0,\ \exists\delta>0,\ com\ -\delta<a,\ tal\ que\ x<\delta \Rightarrow f(x)<-\varepsilon\end{cases}$

- seja $p\in\mathbb{R}$ e supondo que exista $b \in \mathbb{R}$, tal que:
  - $]p,b[\subset D_f$, então,
    $\lim\limits_{x\to p+} f(x)=+\infty \Leftrightarrow \forall\varepsilon>0,\ \exists\delta>0,\ com\ p+\delta<b,\ tal\ que\ p<x<p+\delta \Rightarrow f(x)>\varepsilon$
  - $]b,p[\subset D_f$, então,
    $\lim\limits_{x\to p-} f(x)=+\infty \Leftrightarrow \forall\varepsilon>0,\ \exists\delta>0,\ com\ p-\delta>b,\ tal\ que\ p-\delta<x<p \Rightarrow f(x)>\varepsilon$
  - $]p,b[\subset D_f$, então,
    $\lim\limits_{x\to p+} f(x)=-\infty \Leftrightarrow \forall\varepsilon>0,\ \exists\delta>0,\ com\ p+\delta<b,\ tal\ que\ p<x<p+\delta \Rightarrow f(x)<-\varepsilon$
  - $]b,p[\subset D_f$, então,
    $\lim\limits_{x\to p-} f(x)=+\infty \Leftrightarrow \forall\varepsilon>0,\ \exists\delta>0,\ com\ p-\delta>b,\ tal\ que\ p-\delta<x<p \Rightarrow f(x)<-\varepsilon$

Limite de uma sequência: "Seja a_n, o termo geral de uma sequência, seja ainda $a \in \mathbb{R}$, definimos o limite da sequência a_n, quando n tende ao infinito de uma das três maneiras abaixo:

$$\lim_{n\to\infty} a_n = a \Leftrightarrow \begin{cases}\forall\varepsilon>0,\ \exists n_0,\ n_0\in\mathbb{N};\\ n>n_0 \Rightarrow |a_n-a|<\varepsilon\end{cases}$$

ou

$$\lim_{n\to\infty} a_n = \infty \Leftrightarrow \begin{cases}\forall\varepsilon>0,\ \exists n_0,\ n_0\in\mathbb{N};\\ n>n_0 \Rightarrow a_n>\varepsilon\end{cases}$$

ou

$$\lim_{n\to\infty} a_n = -\infty \Leftrightarrow \begin{cases}\forall\varepsilon>0,\ \exists n_0,\ n_0\in\mathbb{N};\\ n>n_0 \Rightarrow a_n<-\varepsilon\end{cases}$$

Teorema do Confronto: " Se $\begin{cases} 1)\ f(x) \le g(x) \le h(x)\ \textit{para todo x na vizinhança de } x_0 \\ 2)\ \lim_{x\to x_0} f(x) = \lim_{x\to x_0} g(x) = L,\ L \in \mathbb{R}. \end{cases}$

Então $\exists \lim_{x\to x_0} g(x)$ *e* $\lim_{x\to x_0} g(x) = L$ "

Demonstração:
Pela hipótese (1), $\exists r > 0\ \textit{tal que}\ \forall x \in \mathbb{R},\ 0 < |x - x_0| < r \Rightarrow f(x) \le g(x) \le h(x)$, assim,
Dado um $\varepsilon > 0$ arbitrário, existem $\delta_1 > 0$ e $\delta_2 > 0$ tais que:

$$\forall x \in \mathbb{R}, \begin{cases} 0 < |x - x_0| < \delta_1 \Rightarrow L - \varepsilon < f(x) < L + \varepsilon \\ \{0 < |x - x_0| < \delta_2 \Rightarrow L - \varepsilon < h(x) < L + \varepsilon \end{cases}$$

Sejam $\delta_1 > 0$ e $\delta_2 > 0$ de acordo com as condições acima, temos,

$\forall x \in \mathbb{R},\ 0 < |x - x_0| < \delta$ onde $\delta = \min\{r, \delta_1, \delta_2\}$, ficamos com,

$0 < |x - x_0| < \delta \Rightarrow L - \varepsilon < f(x) \le g(x) \le h(x) < L + \varepsilon$, finalmente,

$0 < |x - x_0| < \delta \Rightarrow L - \varepsilon < g(x) < L + \varepsilon$

□

Teorema do Produto Nulo: " Sejam f e g duas funções com mesmo domínio A, tais que $\lim_{x\to p} f(x) = 0$ e $|g(x)| \le M$ para todo x em A, onde M > 0 é um número real fixo. Temos que: $\lim_{x\to p} f(x)g(x) = 0$ ".

Demonstração:

$$|f(x)g(x)| = |f(x)||g(x)|$$

$$|g(x)| \le M \Rightarrow |f(x)||g(x)| \le M|f(x)|$$

$-M|f(x)| \le |f(x)||g(x)| \le M|f(x)|$, onde,

$\lim_{x\to p} -M|f(x)| \le \lim_{x\to p} |f(x)||g(x)| \le \lim_{x\to p} M|f(x)|$, como,

$\lim_{x\to p} f(x) = 0 \Rightarrow \lim_{x\to p} |f(x)| = 0$, temos,

$\underbrace{\lim_{x\to p} -M|f(x)|}_{0} \le \lim_{x\to p} |f(x)||g(x)| \le \underbrace{\lim_{x\to p} M|f(x)|}_{0}$,

pelo Teorema do Confronto,

$$\lim_{x\to p} f(x)g(x) = 0$$

Continuidade: "Seja f uma função e p um ponto de seu domínio. Definimos:

$$f \text{ é contínua em p} \Leftrightarrow \begin{cases} \forall \varepsilon > 0,\ \exists \delta > 0\,(dependente\ de\ \varepsilon),\ tal\ que,\ para\ todo\ x \in D_f, \\ |x-p| < \delta \Rightarrow |f(x) - f(p)| < \varepsilon \end{cases}$$

Limites Fundamentais

Os seguintes limites, se apresentam de forma abundante no cálculo diferencial e integral como um todo, apesar de que, o limite considerado fundamental é o $\lim\limits_{x\to 0} \frac{\operatorname{sen} x}{x} = 1$, enquanto que o $\lim\limits_{x\to\infty}\left(1+\frac{1}{n}\right)^n = e$, apesar de ser um limite, e ser provada a sua convergência, podemos na realidade encará-lo como a definição do número e, o número de Euler. Já os outros dois limites restantes, são decorrentes destes.

I) $\lim\limits_{x\to 0} \frac{\operatorname{sen} x}{x} = 1$	II) $\lim\limits_{x\to 0} \frac{\cos x - 1}{x} = 0$	III) $\lim\limits_{x\to\infty}\left(1+\frac{1}{n}\right)^n = e$	IV) $\lim\limits_{x\to 0} \frac{a^x - 1}{x} = \ln a$

Regra de L'Hospital[11]

A regra de L'Hospital costuma ser uma ferramenta decisiva no cálculo de alguns limites e pode ser utilizada quando ao calculamos limites do tipo $\lim\limits_{x\to a} \frac{f(x)}{g(x)}$, para a real, ou $a = \pm\infty$ encontramos indeterminações do tipo $\frac{0}{0}$ ou $\frac{\infty}{\infty}$ (a regra também é válida para limites laterais, a^+ ou a^-). Nesses casos temos,

$$\lim_{x\to a} \frac{f(x)}{g(x)} = \lim_{x\to a} \frac{f'(x)}{g'(x)}$$

Onde $f(x)$ e $g(x)$ são funções deriváveis em um intervalo I, com $g'(x) \neq 0$ nesse intervalo.

Demonstração:

Faremos uma demonstração simplificada da demonstração para o caso em que ambas as funções são contínuas e diferenciáveis em a e o limite encontrado após a 1ª diferenciação é finito. Seja ainda $f(a) = g(a) = 0$ e $g'(a) \neq 0$, assim,

$$\lim_{x\to a} \frac{f(x)}{g(x)} = \lim_{x\to a} \frac{f(x) - f(a)}{g(x) - g(a)} = \lim_{x\to a} \frac{\frac{f(x) - f(a)}{x-a}}{\frac{g(x) - g(a)}{x-a}} = \frac{f'(a)}{g'(a)} = \lim_{x\to a} \frac{f(x)}{g(x)}$$

□

a) Prove que $\lim\limits_{x\to 1}(5x-3) = 2$.

Demonstração:

Dado um $\varepsilon > 0$, devemos encontrar um valor de $\delta > 0$ tal que $0 < |x-1| < \delta \Rightarrow |f(x) - 2| < \varepsilon$.

[11] Hoje em dia sabemos que a regra, apesar de constar na obra do marquês de L'Hospital, foi descoberta por Johan Bernoulli.

Seja então um $\varepsilon > 0$ que verifique $0 < |x-1| < \delta$, assim, substituindo os valores da função e do suposto limite em $|f(x)-2|$, segue:

$|f(x)-2| = |(5x-3)-2| = |5x-5| = 5|x-1| < 5\delta$, assim, se fizermos $5\delta = \varepsilon$, teremos encontrado que $\delta = \frac{\varepsilon}{5}$ é o valor de δ que corresponde a cada $\varepsilon > 0$ tal que $0<|x-1|<\delta \Rightarrow |f(x)-2|<\varepsilon$ □

Observe:

Para $\delta = \frac{\varepsilon}{5}$, $0<|x-1|<\delta \Rightarrow |x-1|<\frac{\varepsilon}{5} \Rightarrow 5|x-1|<\varepsilon \Rightarrow |5x-5|<\varepsilon \Rightarrow |(5x-3)-2|<\varepsilon \Rightarrow |f(x)-2|<\varepsilon$,

ou seja, dado um $\varepsilon > 0$, se tomarmos um $\delta = \frac{\varepsilon}{5}$, sempre teremos verificada a expressão

$0<|x-1|<\delta \Rightarrow |f(x)-2|<\varepsilon$

□

b) Prove que $\lim_{x \to 5} \sqrt{2x+6} = 4$.

Demonstração:

Dado um $\varepsilon > 0$, devemos encontrar um valor de $\delta > 0$ tal que $0<|x-5|<\delta \Rightarrow |f(x)-4|<\varepsilon$.

Seja então um $\varepsilon > 0$ que verifique $0 < |x-5| < \delta$, assim, substituindo os valores da função e do suposto limite em $|f(x)-4|$, segue:

$$\left|\sqrt{2x+6}-4\right| = \left|\frac{(\sqrt{2x+6}-4)(\sqrt{2x+6}+4)}{\sqrt{2x+6}+4}\right| = \left|\frac{(2x+6)-16}{\sqrt{2x+6}+4}\right| = \left|\frac{2x-10}{\sqrt{2x+6}+4}\right| = \frac{2|x-5|}{\sqrt{2x+6}+4} < \frac{2|x-5|}{4}$$

$$\left|\sqrt{2x+6}-4\right| = \left|\frac{(\sqrt{2x+6}-4)(\sqrt{2x+6}+4)}{\sqrt{2x+6}+4}\right| < \frac{1}{2}|x-5| = \frac{1}{2}\delta$$

, assim, se fizermos $\frac{1}{2}\delta = \varepsilon$, teremos encontrado que $\delta = 2\varepsilon$ é o valor de δ que corresponde a cada $\varepsilon > 0$ tal que

$0<|x-5|<\delta \Rightarrow |f(x)-4|<\varepsilon$

□

c) Prove que $\lim_{x \to 2} \frac{x^2-9x+14}{x-2} = -5$.

Demonstração:

Dado um $\varepsilon > 0$, devemos encontrar um valor de $\delta > 0$ tal que $0<|x-2|<\delta \Rightarrow |f(x)-(-5)|<\varepsilon$.

Seja então um $\varepsilon > 0$ que verifique $0 < |x-2| < \delta$, assim, substituindo os valores da função e do suposto limite em $|f(x)-(-5)|$, segue:

$$\left|\frac{x^2-9x+14}{x-2}+5\right| = \left|\frac{x^2-9x+14}{x-2}+\frac{5(x-2)}{x-2}\right| = \left|\frac{x^2-9x+14+5x-10}{x-2}\right| = \left|\frac{x^2-4x+4}{x-2}\right| = \left|\frac{(x-2)^2}{x-2}\right| = |x-2| = \delta$$

assim, se fizermos $\delta = \varepsilon$, teremos encontrado o valor de δ que corresponde a cada $\varepsilon > 0$ tal que

$0<|x-2|<\delta \Rightarrow |f(x)-(-5)|<\varepsilon$

□

d) Prove que $\lim_{x \to 2} (x^2+3x+1) = 11$.

Demonstração:

Dado um $\varepsilon > 0$, devemos encontrar um valor de $\delta > 0$ tal que $0 < |x-2| < \delta \Rightarrow |f(x)-(11)| < \varepsilon$.

Seja então um $\varepsilon > 0$ que verifique $0 < |x-2| < \delta$, assim, substituindo os valores da função e do suposto limite em $|f(x)-(11)|$, segue:

$|f(x)-11| = |(x^2+3x+1)-11| = |x^2+3x+10| = |(x+5)(x-2)| = |x+5||x-2|$

Como o δ tende a ser um número bem pequeno, sem perda de generalidade, vamos supor $\delta < 1$, desse modo, teremos,

$0 < |x-2| < \delta \Rightarrow |x-2| < 1$, o que equivale a escrevermos $|x+5| < 8$ [12], assim,

$|f(x)-11| = |x+5||x-2| < 8|x-2| = 8\delta = \varepsilon$, assim, se fizermos $8\delta = \varepsilon$, teremos encontrado que $\delta = \frac{1}{8}\varepsilon$ é o valor de δ que corresponde a cada $\varepsilon > 0$ tal que $0 < |x-2| < \delta \Rightarrow |f(x)-11| < \varepsilon$, quanto a nossa suposição de que $\delta < 1$, podemos na verdade estipular que $\delta = min\left(1, \frac{\varepsilon}{8}\right)$

□

e) a) Prove que $\lim_{x \to 1}(x^2+4) = 5$;

b) Encontre um valor de δ que corresponda a um $\varepsilon = 0{,}01$ para o limite acima.

Demonstração:

a) Dado um $\varepsilon > 0$, devemos encontrar um valor de $\delta > 0$ tal que $0 < |x-1| < \delta \Rightarrow |f(x)-5| < \varepsilon$.

Seja então um $\varepsilon > 0$ que verifique $0 < |x-1| < \delta$, assim, substituindo os valores da função e do suposto limite em $|f(x)-5|$, segue:

$|f(x)-5| = |x^2+4-5| = |x^2-1| = |x+1||x-1|$

Como o δ tende a ser um número bem pequeno, sem perda de generalidade, vamos supor $\delta < 1$, desse modo, teremos,

$0 < |x-1| < \delta \Rightarrow |x-1| < 1$, o que equivale a escrevermos $|x-1| < 1$, assim, $|x+1| < 3$,

$|f(x)-5| = |x+1||x-1| < 3|x-1| = 3\delta = \varepsilon$, assim, se fizermos $3\delta = \varepsilon$, teremos encontrado que $\delta = \frac{1}{3}\varepsilon$ é o valor de δ que corresponde a cada $\varepsilon > 0$ tal que $0 < |x-1| < \delta \Rightarrow |f(x)-5| < \varepsilon$, quanto a nossa suposição de que $\delta < 1$, podemos na verdade estipular que $\delta = \min\left\{1, \frac{\varepsilon}{3}\right\}$

□

b) Do item anterior, como $\delta = \frac{1}{3}\varepsilon$, ficamos com $\delta = \frac{1}{3}0{,}01 = 0{,}00\bar{3}$.

f) Seja o limite da sequência, $\lim_{n \to \infty} \frac{2^n}{n!}$:

a) Enuncie e prove o Teorema do Confronto para sequências;
b) Calcule o seu valor, se existir;
c) Defina o limite da sequência e justifique o resultado encontrado.

---

[12] Observe: $|x-2| < 1 \Leftrightarrow -1 < x-2 < 1 \Leftrightarrow 6 < x+5 < 8 \Leftrightarrow -8 < 6 < x+5 < 8 \Leftrightarrow |x-5| < 8$.

a) Teorema do Confronto : "Sejam (a_n), (b_n) e (c_n), sequências tais que $a_n \leq b_n \leq c_n$. Se (a_n) e (c_n) convergem e tem limites no infinito iguais a L, então (b_n) também converge e $\lim\limits_{n\to\infty} b_n = L$".

Demonstração:

Da hipótese (a_n) e (c_n) convergem e tem limites no infinito iguais a L, isso quer dizer que, $\forall \varepsilon > 0$, $\exists N \in \mathbb{N}$ tal que $n \geq N \Rightarrow L - \varepsilon < a_n$ e $c_n < L + \varepsilon$, por tanto, da desigualdade $a_n \leq b_n \leq c_n$ vem, $L - \varepsilon < b_n < L + \varepsilon$ para $n \geq N$.

□

b) Solução:

Observe o desenvolvimento,

$$\lim_{n\to\infty} \frac{2^n}{n!} = \frac{2}{1} \cdot \boxed{\frac{2.2.2.\ldots\ 2}{2.3.4.\ldots n-1}} \cdot \frac{2}{n} = \boxed{\frac{2.2.2.\ldots\ 2}{2.3.4.\ldots n-1}} \cdot \frac{4}{n} < \frac{4}{n}$$

o bloco destacado na caixa acima tem seu produto estritamente menor que 1, o que nos permite escrever a desigualdade:

$0 < \lim\limits_{n\to\infty} \frac{2^n}{n!} < \frac{4}{n}$, do teorema do confronto, segue

$$\lim_{n\to\infty} 0 < \lim_{n\to\infty} \frac{2^n}{n!} < \lim_{n\to\infty} \frac{4}{n} \Rightarrow 0 < \lim_{n\to\infty} \frac{2^n}{n!} < 0 \ \therefore \ \lim_{n\to\infty} \frac{2^n}{n!} = 0.$$

c) Definimos: $\lim\limits_{n\to\infty} a_n = L \Leftrightarrow \begin{cases} \forall \varepsilon > 0, \exists N,\ N \in \mathbb{N},\ N = N(\varepsilon),\ \textit{tal que,} \\ \forall n > N \Rightarrow |a_n - L| < \varepsilon \end{cases}$

Assim,

$$|a_n| = \left|\frac{2^n}{n!}\right| = \frac{2^n}{n!} < \frac{4}{n} < \varepsilon \Rightarrow \exists N = \left[\frac{4}{\varepsilon}\right], \text{ tal que,}$$

$$\lim_{n\to\infty} \frac{2^n}{n!} = 0 \Leftrightarrow \begin{cases} \forall \varepsilon > 0, \exists N = \left[\frac{4}{\varepsilon}\right], \ \textit{tal que,} \\ \forall n > N \Rightarrow \left|\frac{2^n}{n!}\right| < \varepsilon \end{cases}$$

□

g) Calcule $\lim\limits_{n\to\infty} \frac{n!}{n^n}$.

Solução:

(1) Sendo n natural, temos $n! \geq 0$ e $n^n \geq 0$,

(2) Seja agora o desenvolvimento,

$$\lim_{n\to\infty} \frac{n!}{n^n} = \boxed{\frac{n}{n}\frac{(n-1)}{n}\frac{(n-2)}{n} \ldots \frac{2}{n}} \cdot \frac{1}{n},$$

onde cada um dos fatores dentro da caixa é menor ou igual a 1,

de (1) e (2) podemos escrever:

$$0 \leq \lim_{n\to\infty} \frac{n!}{n^n} = \boxed{\frac{n}{n}\frac{(n-1)}{n}\frac{(n-2)}{n} \ldots \frac{2}{n}} \cdot \frac{1}{n} \leq \frac{1}{n} \text{ ou seja,}$$

$0 \leq \lim_{n\to\infty} \frac{n!}{n^n} \leq \frac{1}{n}$, no limite,

$\lim_{n\to\infty} 0 \leq \lim_{n\to\infty} \frac{n!}{n^n} \leq \lim_{n\to\infty} \frac{1}{n}$, pelo Teorema do Confronto, temos: $\lim_{n\to\infty} \frac{n!}{n^n} = 0$.

h) Prove que a função $f(x) = 3x + 4$ é contínua em p = 1.

Demonstração:
Sabemos que $f(1) = 3(1) + 4 = 7$, assim,

$$f \text{ é contínua em p} = 1 \Leftrightarrow \begin{cases} \forall \varepsilon > 0,\ \exists \delta > 0 (dependente\ de\ \varepsilon),\ tal\ que,\ para\ todo\ x \in D_f, \\ |x-1| < \delta \Rightarrow |f(x)-7| < \varepsilon \end{cases}$$

Dado um $\varepsilon > 0$

$$|f(x)-7| < \varepsilon \Leftrightarrow |3x+4-7| < \varepsilon \Leftrightarrow |3x-3| < \varepsilon \Leftrightarrow 3|x-1| < \varepsilon \Leftrightarrow |x-1| < \frac{\varepsilon}{3} = \delta$$

Assim, dado um $\varepsilon > 0$ qualquer, basta tomarmos $\delta = \frac{\varepsilon}{3}$ (teremos $|x-1| < \delta \Rightarrow |f(x)-7| < \varepsilon$) para afirmarmos que a função será contínua em p = 1.

□

i) $\lim_{x\to 0} \frac{\text{sen}\, x}{x} = 1$

Seja a circunferência trigonométrica de centro na origem e raio unitário.
Seja x, um arco dessa circunferência, medido a partir da origem e pertencente ao 1º quadrante ($x = \widehat{AB},\ 0 \leq x < \frac{\pi}{2}$), assim sendo, temos,

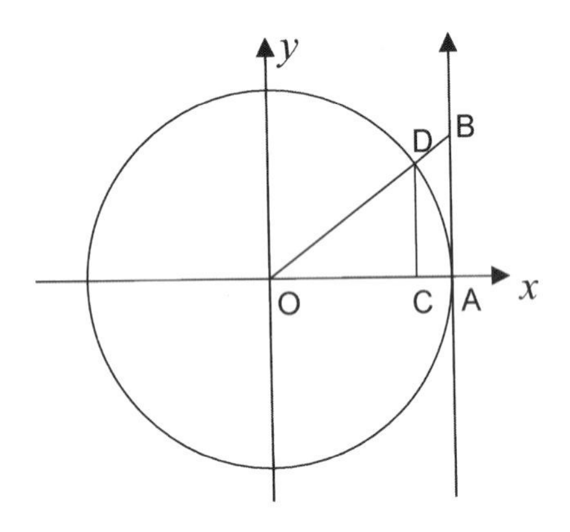

Área do Triângulo OAD < Área do Setor OAD < Área do Triângulo OAB

$$\frac{1.\text{sen}\, x}{2} < \frac{x}{2\pi}\pi.1^2 < \frac{1.\text{tg}\, x}{2}$$

$\text{sen}\, x < x < \text{tg}\, x$, dividindo por senx,

$1 < \frac{x}{\text{sen}\, x} < \frac{1}{\cos x}$, invertendo,

$\cos x < \frac{\text{sen}\, x}{x} < 1$, no limite,

$\lim_{x\to 0} 1 < \lim_{x\to 0} \frac{x}{\text{sen}\, x} < \lim_{x\to 0} \frac{1}{\cos x} \Rightarrow 1 < \lim_{x\to 0} \frac{x}{\text{sen}\, x} < 1$, assim,

pelo Teorema do Confronto,

$\lim_{x\to 0} \frac{\text{sen}\, x}{x} = 1$

□

j) $\lim_{x\to 0}\frac{\cos x-1}{x}=0$

$$\lim_{x\to 0}\frac{\cos x-1}{x}=\frac{\cos x-1}{x}\cdot\frac{\cos x+1}{\cos x+1}=\frac{\cos^2 x-1}{x(\cos x+1)}=\frac{-\text{sen}^2 x}{x(\cos x+1)}=\frac{\text{sen}\, x}{x}\cdot\frac{-\text{sen}\, x}{\cos x+1}=\frac{0}{2}=0$$

k) $\lim_{x\to 0}\frac{\text{sen}\, ax}{bx}=\frac{a}{b}$

$$\lim_{x\to 0}\frac{\text{sen}\, ax}{bx}=\lim_{x\to 0}\frac{a}{b}\frac{\text{sen}\, ax}{ax}=\frac{a}{b}\lim_{x\to 0}\frac{\text{sen}\, ax}{ax}=\frac{a}{b}$$

l) $\lim_{x\to 0}(1+x)^{\frac{1}{x}}=e$

Basta fazermos uma mudança de variável, $x=\frac{1}{y}$, onde, quando $x\to 0$, $y\to\infty$,

$$\lim_{x\to 0}(1+x)^{\frac{1}{x}}=\lim_{y\to\infty}\left(1+\frac{1}{y}\right)^{y}=e$$

m) $\lim_{x\to 0}\left(1+\frac{a}{x}\right)^{bx}=e^{ab}$

Seja $L=\lim_{x\to 0}\left(1+\frac{a}{x}\right)^{bx}$, assim, temos que,

$$\ln L=\ln\lim_{x\to\infty}\left(1+\frac{a}{x}\right)^{bx}=\lim_{x\to\infty}\ln\left(1+\frac{a}{x}\right)^{bx}=\lim_{x\to\infty}bx\ln\left(1+\frac{a}{x}\right)=\lim_{x\to\infty}ab\frac{x}{a}\ln\left(1+\frac{a}{x}\right)=\lim_{x\to\infty}ab\frac{1}{\frac{a}{x}}\ln\left(1+\frac{a}{x}\right)=$$

$$\ln L=\lim_{x\to\infty}ab\frac{1}{\frac{a}{x}}\ln\left(1+\frac{a}{x}\right)=ab\lim_{x\to\infty}\ln\left(1+\frac{a}{x}\right)^{\frac{1}{\frac{a}{x}}}=ab\ln\lim_{x\to\infty}\left(1+\frac{a}{x}\right)^{\frac{1}{\frac{a}{x}}}=ab\ln e=ab$$

$\ln L=ab$

$L=e^{ab}$

n) $\lim_{x\to 0}\frac{a^x-1}{x}=\ln a$

Seja $y=a^x-1$, $a^x=y+1\Rightarrow \log_a a^x=\log_a(y+1)\Rightarrow x=\log_a(y+1)$, $x\to 0\Leftrightarrow y\to 0$, assim,

$$\lim_{x\to 0}\frac{a^x-1}{x}=\lim_{y\to 0}\frac{y}{\log_a(y+1)}=\lim_{y\to 0}\frac{1}{\frac{1}{y}\log_a(y+1)}=\lim_{y\to 0}\frac{1}{\log_a(y+1)^{\frac{1}{y}}}=\frac{1}{\log_a e}=\ln a$$

2) Integral de Riemann

Estamos prestes a introduzir o conceito de Soma e Integral de Riemann, conceito este que permeará grande parte deste texto, uma vez que salvo menção em contrário, qualquer integral nesse texto será considerada uma integral de Riemann.

Dado um intervalo $[a, b]$, denominamos **partição do intervalo** $[a, b]$ ao conjunto finito $P = \{x_0, x_1, x_2, \dots, x_n\}$ tal que $a = x_0 < x_1 < x_2 < \dots < x_n = b$. Por tanto, podemos dizer que a partição P divide o intervalo $[a, b]$ em n intervalos menores $[x_{i-1}, x_i]$ onde $1 \le i \le n$ e cuja amplitude será dada por $\Delta x_i = x_i - x_{i-1}$.

Seja agora $f(x)$ uma função definida no intervalo $[a, b]$, $P = \{x_0, x_1, x_2, \dots, x_n\}$ uma partição de $[a, b]$, seja ainda $c_i \in [x_{i-1}, x_i]$ definimos por **soma de Riemann** a soma,

$$\text{I)} \quad \sum_{i=1}^{n} f(c_i)\Delta x_i = f(c_1)\Delta x_1 + f(c_2)\Delta x_2 + f(c_3)\Delta x_3 + \dots + f(c_n)\Delta x_n$$

Assim para L um número real, definimos por **integral de Riemann** o limite

$$\lim_{n\to\infty}\sum_{i=1}^{n} f(c_i)\Delta x_i = L \Leftrightarrow \begin{cases} \forall \varepsilon > 0, \exists \delta(\varepsilon) > 0; \\ \left|\sum_{i=1}^{n} f(c_i)\Delta x_i - L\right| < \varepsilon \end{cases}$$

para toda a partição P de $[a, b]$, com $n > \delta$. O limite quando existir será único e representado por,

$$\text{II)} \quad \lim_{n\to\infty}\sum_{i=1}^{n} f(c_i)\Delta x_i = \int_a^b f(x)\,dx$$

Nesse caso dizemos que a função $f(x)$ é integrável em $[a, b]$.

Devemos agora ser capazes de calcular esse limite para uma dada função $f(x)$ definida em um intervalo $[a, b]$, para isso vamos admitir que a função é integrável nesse intervalo e que exista $F(x)$, tal que, $F'(x) = f(x)$, ou seja, $F(x)$ é a função primitiva de $f(x)$, assim, primeiramente observamos que para uma partição qualquer, P de $[a, b]$ temos,

$$F(b) - F(a) = F(x_1) - F(x_0) + F(x_2) - F(x_1) + \dots + F(x_n) - F(x_{n-1}) = \sum_{i=1}^{n} F(x_i) - F(x_{i-1})$$

Ainda, pelo Teorema do Valor Médio[13], sabemos que para uma conveniente escolha de c_i em $[x_{i-1}, x_i]$ podemos escrever,

$$\text{III)} \quad F(b) - F(a) = \sum_{i=1}^{n} F'(c_i)\Delta x_i = \sum_{i=1}^{n} f(c_i)\Delta x_i$$

[13] Ver Teorema e respectiva demonstração no apêndice.

Se para cada partição P forem escolhidos os c_i convenientemente, podemos escrever,

$$\lim_{n\to\infty}\sum_{i=1}^{n} f(c_i)\Delta x_i = F(b)-F(a)$$

Ou seja,

$$\int_a^b f(x)\,dx = F(b)-F(a)$$

Relação esta que é conhecida como,

Teorema Fundamental do Cálculo – "Seja $f(x)$ uma função integrável em um intervalo $[a,b]$, seja ainda, $F(x)$ a primitiva de $f(x)$ nesse intervalo, enunciamos então,

$$\text{IV)}\quad \boxed{\int_a^b f(x)\,dx = F(b)-F(a)}$$

Enunciaremos ainda, sem demonstração, os seguintes teoremas:

V) **Teorema** – "Se uma função é integrável (de acordo com a soma de Riemann) em um intervalo $[a,b]$, ela será limitada nesse intervalo."

VI) **Teorema** – "Se uma função $f(x)$ for contínua no intervalo $[a,b]$, ela será integrável nesse intervalo."

a) a) Calcule $\lim\limits_{n\to\infty}\sqrt[n]{a}$, $a>0$;

b) Calcule $\lim\limits_{n\to\infty}\sqrt[n]{n}$, $n>0$ [14];

c) Calcule $\lim\limits_{n\to\infty}\sqrt[n]{\dfrac{n!}{n^n}}$;

d) Prove "Se $a_n > 0$ e ambos os limites, $\lim\limits_{n\to\infty}\dfrac{a_{n+1}}{a_n}$ e $\lim\limits_{n\to\infty}\sqrt[n]{a_n}$, existirem e forem finitos, então eles serão iguais"[15];

e) utilizando a proposição (d), calcule o limite apresentado em (c).

Solução:

a) Seja $L=\lim\limits_{n\to\infty}\sqrt[n]{a}$, $a>0$, assim,

$$\ln L = \ln \lim_{n\to\infty}\sqrt[n]{a} \Rightarrow \ln L = \lim_{n\to\infty}\ln\sqrt[n]{a} \Rightarrow \ln L = \lim_{n\to\infty}\ln(a)^{\frac{1}{n}}$$

---

[14] Corrêa, Francisco Júlio Sobreira de Araújo. "Introdução à Análise Real". UFPA, Belém. 2018.

[15] Penn, Michael. "*A nice limit with a trick*". *https://www.youtube.com/watch?v=8fI0S-HeYrQ*

$\ln L = \lim_{n\to\infty} \ln \frac{1}{n}(a) = \ln \lim_{n\to\infty} \frac{1}{n}(a) = 0$, uma vez[16] que $\frac{1}{n} \to 0$ e a é limitada quando $n \to \infty$, assim,

$\ln L = \ln \lim_{n\to\infty} \sqrt[n]{a} = 0 \Rightarrow L = e^0 = 1$,

$L = \lim_{n\to\infty} \sqrt[n]{a} = 1,\ \forall a > 0$.

b) $\lim_{n\to\infty} \sqrt[n]{n},\ n > 0$

Do binômio de Newton, temos que

$$(1+r)^n = \binom{n}{0} + \binom{n}{1} r + \binom{n}{2} r^2 + \ldots + \binom{n}{n} r^n \Rightarrow (1+r)^n \geq \binom{n}{2} r^2 \text{, ou seja,}$$

$$(1+r)^n \geq \frac{n(n-1)}{2} r^2,\ r \geq 0,$$

agora, de $\sqrt[n]{n} \geq 1$ temos que para cada $n \in \mathbb{N}$, existe um $h_n \geq 0$ que satisfaz,

$\sqrt[n]{n} = 1 + h_n$, (se $n \geq 2,\ h_n > 0$)

de modo que,

$$n = (1+h_n)^n \geq \frac{n(n-1)}{2} h_n^2 \Rightarrow 0 < h_n < \left(\frac{2}{n-1}\right)^{\frac{1}{2}},\ n \geq 2,$$

pelo Teorema do Confronto, quando $n \to \infty$, $h_n = 0$ de onde se conclui que: $\lim_{n\to\infty} \sqrt[n]{n} = 1$.

c) Seja $L = \lim_{n\to\infty} \sqrt[n]{\frac{n!}{n^n}}$, então, $\ln L = \ln \lim_{n\to\infty} \sqrt[n]{\frac{n!}{n^n}} = \lim_{n\to\infty} \frac{1}{n} \ln\left(\frac{n!}{n^n}\right)$

$$\ln L = \lim_{n\to\infty} \frac{1}{n}\left[\ln\left(\frac{1}{n}\frac{2}{n}\frac{3}{n} \ldots \frac{n}{n}\right)\right]$$

$$\ln L = \lim_{n\to\infty} \frac{1}{n}\left[\ln\frac{1}{n} + \ln\frac{2}{n} + \ln\frac{3}{n} + \ldots + \ln\frac{n}{n}\right]$$

$$\ln L = \lim_{n\to\infty}\left[f\left(\frac{1}{n}\right) + f\left(\frac{2}{n}\right) + f\left(\frac{3}{n}\right) + \ldots + f\left(\frac{n}{n}\right)\right]\frac{1}{n},$$

Podemos interpretar a expressão acima como uma soma de Riemman, onde, $f(x) = \ln x$, $\frac{1}{n} \to dx$ e $\frac{s}{n} \to dx$, s variando de 1 até x, e os limites de integração variam de, $\frac{s}{n}$ com $n \to \infty$ e s igual a 1, portanto igual a 0 até $\frac{n}{n} = 1$, assim, ficamos com:

$$\ln L = \lim_{n\to\infty}\left[f\left(\frac{1}{n}\right) + f\left(\frac{2}{n}\right) + f\left(\frac{3}{n}\right) + \ldots + f\left(\frac{n}{n}\right)\right]\frac{1}{n} = \int_0^1 \ln x\, dx$$

---

[16] "Se $\lim_{n\to\infty} a_n = 0$ e (b_n) é limitada então $\lim_{n\to\infty} a_n b_n = 0$". Dem. (b_n) é limitada se e somente se $\exists\ M > 0$ tal que $\forall n \in \mathbb{N},\ |b_n| \leq M$. O, $\lim_{n\to\infty} a_n = 0$, implica que $\forall \varepsilon > 0,\ \exists N \in \mathbb{N}$ tal que $n \geq N \Rightarrow |a_n| < \frac{\varepsilon}{M}$. Portanto, $|a_n b_n - 0| = |a_n b_n| = |a_n||b_n| < \frac{\varepsilon}{M}.M = \varepsilon$ se $n \geq N$, logo $\lim_{n\to\infty} a_n b_n = 0$ □

$\int_0^1 \ln x\, dx$, integrando por partes, $\int_0^1 \ln x\, dx = \int_0^1 1.\ln x\, dx = [x \ln x]_0^1 - \int_0^1 x \frac{1}{x} dx = -1$, finalmente,

$\ln L = \int_0^1 \ln x\, dx = -1 \quad \therefore \quad L = \lim_{n\to\infty} \sqrt[n]{\frac{n!}{n^n}} = \frac{1}{e}$.

d) A existência do $\lim_{n\to\infty} \frac{a_{n+1}}{a_n}$ implica que $\begin{cases} \forall \varepsilon > 0,\ \exists N,\ N \in \mathbb{N},\ N = N(\varepsilon),\ tal\ que, \\ \forall n > N \Rightarrow L - \varepsilon < \frac{a_{n+1}}{a_n} < L + \varepsilon \end{cases}$,

por tanto, da definição, podemos escrever a desigualdade $L - \varepsilon < \frac{a_{n+1}}{a_n} < L + \varepsilon$ a partir de um determinado $n > N$, regredindo a sequência até o N para o qual se verifica o limite,

$$L - \varepsilon < \frac{a_{n+1}}{a_n} < L + \varepsilon$$

$$L - \varepsilon < \frac{a_n}{a_{n-1}} < L + \varepsilon$$

$$L - \varepsilon < \frac{a_{n-1}}{a_{n-2}} < L + \varepsilon$$

$$\vdots$$

$$L - \varepsilon < \frac{a_{N+1}}{a_N} < L + \varepsilon$$

Agora, se multiplicarmos cada uma das linhas acima, membro a membro, teremos,

$$(L-\varepsilon)^{n+1-N} < \frac{a_{n+1}}{a_N} < (L+\varepsilon)^{n+1-N}$$

$$\frac{(L-\varepsilon)^{n+1}}{(L-\varepsilon)^N} a_N < a_{n+1} < \frac{(L+\varepsilon)^{n+1}}{(L+\varepsilon)^N} a_N$$

$(L-\varepsilon) \sqrt[n+1]{\frac{a_N}{(L-\varepsilon)^N}} < \sqrt[n+1]{a_{n+1}} < (L+\varepsilon) \sqrt[n+1]{\frac{a_N}{(L+\varepsilon)^N}}$, passando o limite nos extremos da inequação,

teremos que $\lim_{n\to\infty} \sqrt[n+1]{\frac{a_N}{(L-\varepsilon)^N}} = 1$ e $\lim_{n\to\infty} \sqrt[n+1]{\frac{a_N}{(L+\varepsilon)^N}} = 1$ de acordo com (a), uma vez que os radicandos não dependem de n, assim,

$$L - \varepsilon < \sqrt[n+1]{a_{n+1}} < L + \varepsilon \Rightarrow \lim_{n\to\infty} \sqrt[n+1]{a_{n+1}} = L$$

□

e) Aplicando a Proposição anterior ao limite, segue,

$$\lim_{n\to\infty} \sqrt[n]{\frac{n!}{n^n}} = \lim_{n\to\infty} \frac{\frac{(n+1)!}{(n+1)^{n+1}}}{\frac{n!}{n^n}} = \lim_{n\to\infty} \frac{(n+1)!}{n!} \frac{n^n}{(n+1)^{n+1}} = \lim_{n\to\infty} \frac{(n+1)n!}{n!} \frac{n^n}{(n+1)^{n+1}} = \lim_{n\to\infty} \frac{n^n}{(n+1)^n}$$

$$\lim_{n\to\infty}\sqrt[n]{\frac{n!}{n^n}} = \lim_{n\to\infty}\left(\frac{n}{n+1}\right)^n = \lim_{n\to\infty}\frac{1}{\left(1+\frac{1}{n}\right)^n} = \frac{1}{e}.$$

b) Calcule a integral $\int \operatorname{sen}(dx)$.

Solução:

$$\int \operatorname{sen}(dx) = \int \operatorname{sen}(dx)\frac{dx}{dx} = \int \frac{\operatorname{sen}(dx)}{dx}dx = \int \lim_{\Delta x\to 0}\left(\frac{\operatorname{sen}(\Delta x)}{\Delta x}\right)dx = \int 1\,dx = x + C$$

c) Calcule a integral $\int x^{dx} - 1$.

Solução:

$$\int x^{dx} - 1 = \int \frac{x^{dx}-1}{dx}dx = \int \lim_{\Delta x\to 0}\left(\frac{x^{\Delta x}-1}{\Delta x}\right)dx = \int \lim_{t\to 0}\left(\frac{x^{t}-1}{t}\right)dx = \int \ln x\,dx = x\ln x - x + C$$

d) Calcule a integral $\int \sqrt{2\pi dx}\sqrt{dx}\sqrt[dx]{dx}e^{\frac{1}{dx}}\left(\frac{1}{dx}\right)!$ [17]

Solução:

Vamos começar pelo fatorial $\left(\frac{1}{dx}\right)!$

Como sabemos, a aproximação de Stirling[18] para a função fatorial é tanto melhor quanto maior a quantidade que se pretende calcular o fatorial, como número $\frac{1}{dx}$ é tão grande quanto se queira, podemos substituir a expressão do fatorial pela sua aproximação, assim,

$$\int \sqrt{2\pi dx}\sqrt{dx}\sqrt[dx]{dx}e^{\frac{1}{dx}}\sqrt{2\pi\left(\frac{1}{dx}\right)}\left(\frac{\frac{1}{dx}}{e}\right)^{\frac{1}{dx}}$$

$$\int \sqrt{2\pi dx}\sqrt{dx}\sqrt[dx]{dx}e^{\frac{1}{dx}}\frac{\sqrt{2\pi}}{\sqrt{dx}}\left(\frac{1}{dx}\right)^{\frac{1}{dx}}\left(\frac{1}{e}\right)^{\frac{1}{dx}}$$

$$\int \sqrt{2\pi}dx\,\cancel{\sqrt{dx}}\,\cancel{\sqrt[dx]{dx}}\,\cancel{e^{\frac{1}{dx}}}\frac{\sqrt{2\pi}}{\cancel{\sqrt{dx}}}\left(\frac{1}{\cancel{\sqrt[dx]{dx}}}\right)\left(\frac{1}{\cancel{e^{\frac{1}{dx}}}}\right)..$$

$$\int \sqrt{2\pi}dx\sqrt{2\pi} = 2\pi x + C$$

[17] Qncubed3. "An outrageous integral". Acessado em agosto de 2021. (https://www.youtube.com/watch?v=0_QHyo-wPkc)

[18] Aproximação de Stirling: $n! \sim \sqrt{2\pi n}\left(\frac{n}{e}\right)^n$

e) Calcule a integral $\int_1^{\int_1^{\int_1^{\cdots 2x\,dx} 2x\,dx} 2x\,dx} 2x\,dx$

Solução:

Seja $I = \int_1^{\int_1^{\int_1^{\cdots 2x\,dx} 2x\,dx} 2x\,dx} 2x\,dx$, assim,

$I = \int_1^{\int_1^{\int_1^{\cdots 2x\,dx} 2x\,dx} 2x\,dx} 2x\,dx = \int_1^{I} 2x\,dx = I^2 - 1$

Ficamos com,

$I^2 - I - 1 = 0$

$I = \dfrac{1 \pm \sqrt{5}}{2}$, onde observamos que a raiz negativa não faz sentido na equação, desse modo,

$$\int_1^{\int_1^{\int_1^{\cdots 2x\,dx} 2x\,dx} 2x\,dx} 2x\,dx = \frac{\sqrt{5}+1}{2}$$

3) Integrais Múltiplas e Mudança de Variáveis

Conforme já foi dito, o objetivo desse texto é o de incrementar a técnica de resolução de integrais, o que, a princípio, independe do número de integrais envolvido. No entanto, acho importante incluir um capítulo sobre integrais múltiplas, a grosso modo, integrais duplas e triplas e suas mudanças de variáveis.

Integral Dupla

Na integral dupla, ao invés de integrarmos sobre uma linha (eixo *x*, ou uma curva predefinida) estaremos agora realizando a integral sobre cada ponto de uma superfície. Para isso, ao invés de criarmos uma partição em um intervalo (sobre uma curva) como fizemos anteriormente, dividiremos a região (superfície) de integração em retângulos infinitesimais do plano *xy*. Com esse intuito, vamos então definir uma nova soma de Riemann,

Seja *B* uma região do plano *xy* sobre a qual desejamos realizar a integração, dizemos que essa região é limitada, se existir um retângulo, *R*, nesse plano que a contenha, $B \subset R$. Assim, para *a, b, c* e *d* reais e *m* e *n* naturais, seja, $R = \{(x, y) \in \mathbb{R}^2;\ a \le x \le b,\ c \le y \le d\}$ esse retângulo e definimos como uma partição *P* desse retângulo *ao* conjunto $P = \{(x_i, y_i);\ i, j \in \mathbb{N}, 0 \le i \le m,\ 0 \le j \le n\}$, formado por *m* x *n*, retângulos. Cada retângulo R_{ij} pode ser escrito como $Rij = \{(x_i, y_j) \in \mathbb{R}^2; x_{i-1} \le x \le x_i,\ y_{j-1} \le y \le y_j\}$, seja agora x_{ij} um ponto qualquer interno a cada um dos retângulos R_{ij} dessa partição e seja ainda $f(x_{ij})$ o valor da função nesse ponto. Denominamos **Soma de Riemann**, o número resultado da expressão:

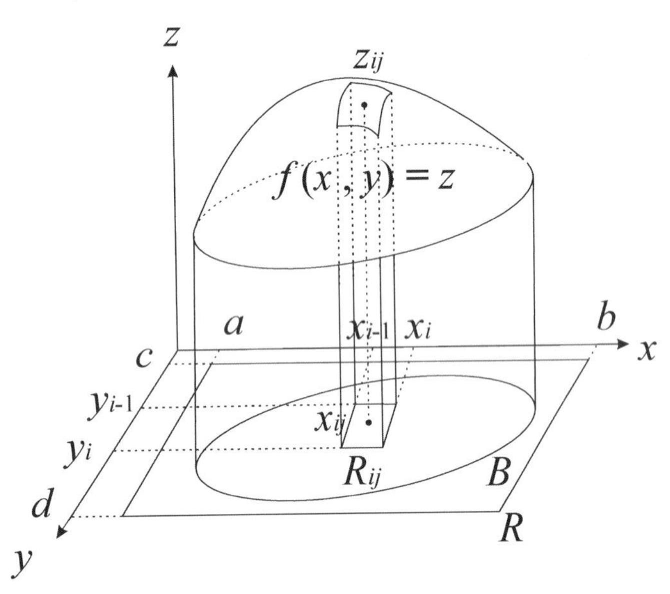

$$\sum_{i=1}^{m}\sum_{j=1}^{n} f(x_{ij})\Delta x_i \Delta y_i,$$

Onde $f(x_{ij}) = 0$ se $x_{ij} \notin B$

Com isso posto, definimos a integral dupla,

I) "Seja $f(x, y)$ uma função definida em uma região *B* limitada do plano,

então, $\iint\limits_B f(x, y)\,dx\,dy = \lim\limits_{\Delta \to 0} \sum\limits_{i=1}^{m}\sum\limits_{j=1}^{n} f(x_{ij})\Delta x_i \Delta y_i$".

Dizemos que quando o limite acima existir, a função será integrável segundo Riemann. Se utilizarmos o conceito de conjunto de conteúdo nulo apresentado no capítulo Integral de Lebesgue, podemos estabelecer como uma condição suficiente para que uma função limitada em *B*, contínua em todos os pontos exceto naqueles que possuam conteúdo nulo, seja integrável, desde que a fronteira de B possua conteúdo nulo.

É fácil percebermos que quando nossa função, $f(x,y)$, é constante e igual a 1, a integral dupla será igual a área da região B e para uma função $f(x,y) \geq 0$, a integral nos fornece o volume do espaço contido entre o plano xy e a superfície determinada pela função sobre a região B.

A integral dupla é usualmente calculada com o auxílio do **Teorema de Fubini** que de forma simplificada diz que,

II) **Teorema de Fubini** - "Seja $f(x,y)$ uma função integrável segundo Riemann no retângulo $R = \{(x,y) \in \mathbb{R}^2;\ a \leq x \leq b,\ c \leq y \leq d\}$. Vamos supor que a integral $\int_a^b f(x,y)\,dx$ exista para todo valor de $y \in [c,d]$, da mesma maneira, vamos supor que exista $\int_c^d f(x,y)\,dy$ para todo o $x \in [a,b]$. Nessas condições podemos afirmar que $\int\int_R f(x,y)\,dx\,dy = \int_c^d \left(\int_a^b f(x,y)\,dx\right)dy = \int_a^b \left(\int_c^d f(x,y)\,dy\right)dx$".

Por fugir do escopo do texto, omitiremos a demonstração do teorema.

III) **Corolário** - "Sejam $f(x)$ e $g(y)$ integráveis, então: $\int_a^b \int_c^d f(x)g(y)\,dy\,dx = \left(\int_a^b f(x)\,dx\right)\left(\int_c^d g(y)\,dy\right)$".

Demonstração:

Para $g(y)$ independente de x, temos $\int_a^b g(y)f(x)\,dx = g(y)\int_a^b f(x)\,dx$, temos ainda que,

$$\int_a^b \int_c^d f(x)g(y)\,dy\,dx = \int_a^b \left(\int_c^d f(x)g(y)\,dy\right)dx = \int_a^b f(x)\underbrace{\left(\int_c^d g(y)\,dy\right)}_{\text{não depende de } x}dx$$

Por tanto, $\int_a^b \int_c^d f(x)g(y)\,dy\,dx = \left(\int_a^b f(x)\,dx\right)\left(\int_c^d g(y)\,dy\right)$.

□

Integral Tripla

Dessa vez, ao invés de realizarmos a integração sobre cada ponto de uma superfície definida, e por tanto, redefinirmos nossa ideia de partição, no limite, para retângulos infinitesimais, estaremos integrando sobre cada ponto de uma região definida do espaço, de modo que nossa partição agora será composta de paralelepípedos. Realizando um procedimento análogo ao realizado na integração dupla chegaremos ao limite que define a integral tripla como,

IV) "Seja $f(x,y,z)$ uma função definida em uma região B limitada do espaço, então, $\iiint_B f(x,y,z)\,dx\,dy\,dz = \lim_{\Delta \to 0} \sum_{i=1}^{m} \sum_{j=1}^{n} \sum_{k=1}^{p} f(x_{ijk})\Delta x_i \Delta y_j \Delta z_k$".

Do mesmo modo, dizemos que quando o limite acima existir, a função será integrável segundo Riemann. Novamente utilizando o conceito de conjunto de conteúdo nulo, dessa vez, um subconjunto do $\mathbb{R}^3$, podemos estabelecer como uma condição suficiente para que uma função limitada em B, contínua em todos os pontos exceto naqueles que possuam conteúdo nulo, seja integrável, desde que a fronteira de B possua conteúdo nulo.

É fácil percebermos que quando nossa função, $f(x,y,z)$, é constante e igual a 1, a integral tripla será igual ao volume da região B e para uma função $f(x,y,z) \geq 0$, que, por exemplo, represente a densidade de cada ponto da região B, a integral nos fornecerá a massa do volume determinado por essa região.

Assim como na integral dupla, o **Teorema de Fubini** nos permite simplificar, isto é, transformar nossa integral tripla em dupla, o que facilita de forma significativa a integração. Assim, seja, C um conjunto compacto com fronteira de conteúdo nulo, sejam ainda $g(x,y)$ e $h(x,y)$ duas funções a valores reais e contínuas em todo ponto de C com conteúdo não-nulo tais que $g(x,y) \leq h(x,y)$, prova-se que:

V)
$$\iiint_B f(x,y,z)\,dx\,dy\,dz = \iint_C \left(\int_{g(x,y)}^{h(x,y)} f(x,y,z)\,dz \right) dx\,dy,\ B = \{(x,y,z) / g(x,y) \leq z \leq h(x,y), (x,y) \in C\}$$
$$\iiint_B f(x,y,z)\,dx\,dy\,dz = \iint_C \left(\int_{g(x,z)}^{h(x,z)} f(x,y,z)\,dy \right) dx\,dz,\ B = \{(x,y,z) / g(x,z) \leq y \leq h(x,z), (x,z) \in C\}$$
$$\iiint_B f(x,y,z)\,dx\,dy\,dz = \iint_C \left(\int_{g(y,z)}^{h(y,z)} f(x,y,z)\,dx \right) dy\,dz,\ B = \{(x,y,z) / g(y,z) \leq x \leq h(y,z), (y,z) \in C\}$$

Como vimos no tópico "Integral de Riemann", a integral de uma função positiva de uma variável representa a área compreendida entre a curva e o eixo x e ao realizarmos uma **mudança de variável** na integração, encontraremos um novo infinitésimo (na nova variável) normalmente multiplicado por complemento, complemento este que guarda a "proporção" entre os infinitésimos. A mudança de variável nas integrais múltiplas funciona de maneira parecida, é necessário encontrarmos esse fator multiplicativo responsável pela manutenção da proporção entre unidades de partição, sejam lineares, de superfície ou espaciais. Esse cálculo é representado pelo chamado determinante Jacobiano da transformação. Antes porém de introduzi-lo, vamos exemplificar a mudança de variável em uma integral simples (a mesma será revista e estudada no capítulo Integração por Substituição). Seja integral simples,

$$\int_a^b f(x)\,dx$$

Para realizarmos a mudança de variável, $x = \varphi(t)$, temos,

$\int_a^b f(x)\,dx = \int_c^d f(\varphi(t))\varphi'(t)\,dt$, onde, $a = \varphi(c)$, $b = \varphi(d)$ e $\varphi'(t)$ representará o nosso fator de correção.

Agora, para o caso da integral dupla, seja a transformação, $(x,y) = \varphi(u,v)$, $\varphi : A \subset \mathbb{R}^2 \to \mathbb{R}^2$, A aberto, onde $x = x(u,v)$ e $y = y(u,v)$, denominamos de determinante jacobiano da transformação, ao determinante,

$$\text{VI)} \quad J(u,v) = \frac{\partial(x,y)}{\partial(u,v)} = \begin{vmatrix} \frac{\partial x}{\partial u} & \frac{\partial x}{\partial v} \\ \frac{\partial y}{\partial u} & \frac{\partial y}{\partial v} \end{vmatrix}$$

Seja agora $B_{uv} \subset A$ um conjunto compacto de com fronteira de conteúdo nulo, tal que B seja a imagem de B_{uv} segundo a transformação, para todos os pontos interiores ao conjunto, seja ainda $\varphi(u,v)$ invertível para todos os pontos interiores à B_{uv} e ainda que para cada par (u,v) desse conjunto tenhamos $J(u,v) \neq 0$. Nessas condições, se a função $f(x,y)$ for integrável em B, teremos,

$$\text{VII)} \quad \iint_B f(x,y)\,dx\,dy = \iint_{B_{uv}} f(\varphi(u,v)) \left| \frac{\partial(x,y)}{\partial(u,v)} \right| du\,dv$$

De modo análogo, satisfeitas todas as condições anteriores, para a integral tripla poderemos escrever,

$$\text{VIII)} \quad \iiint_B f(x,y,z)\,dx\,dy\,dz = \iiint_{B_{uvt}} f(\varphi(u,v,t)) \left| \frac{\partial(x,y,z)}{\partial(u,v,t)} \right| du\,dv\,dt$$

Onde,

$$\text{IX)} \quad J(u,v,t) = \frac{\partial(x,y,z)}{\partial(u,v,t)} = \begin{vmatrix} \frac{\partial x}{\partial u} & \frac{\partial x}{\partial v} & \frac{\partial x}{\partial t} \\ \frac{\partial y}{\partial u} & \frac{\partial y}{\partial v} & \frac{\partial y}{\partial t} \\ \frac{\partial z}{\partial u} & \frac{\partial z}{\partial v} & \frac{\partial z}{\partial t} \end{vmatrix}$$

4) Integral Produto ou Integral Multiplicativa[19]

A ideia surgiu do físico e matemático italiano Vito Volterra[20] em 1887 da necessidade da resolução de um sistema de equações diferenciais, ideia esta que encontraria aplicação na biologia (estimador de Kaplan-Meyer), na dinâmica estocástica de populações, na probabilidade e na mecânica quântica. A ideia é a de substituirmos na definição da integral de Riemann o somatório por um produtório e o produto pela potência[21]. Assim, nas condições da soma de Riemann, ficamos com,

$$\lim_{n\to\infty}\sum_{i=1}^{n} f(c_i)\Delta x_i = \int_a^b f(x)dx \rightarrow \lim_{n\to\infty} = \prod_{i=1}^{n} f(c_i)^{\Delta x_i} = \int_P f(x)dx$$

$$\int_P f(x)dx = \lim_{n\to\infty}\prod_{i=1}^{n} f(c_i)^{\Delta x_i}$$

$$\ln\left[\int_P f(x)dx\right] = \ln\left[\lim_{n\to\infty}\prod_{i=1}^{n} f(c_i)^{\Delta x_i}\right]$$

$$\ln\left[\int_P f(x)dx\right] = \lim_{n\to\infty}\left[\ln\prod_{i=1}^{n} f(c_i)^{\Delta x_i}\right]$$

$$\ln\left[\int_P f(x)dx\right] = \lim_{n\to\infty}\Delta x_i\sum_{i=1}^{n}\ln\left[f(c_i)\right]^{22}$$

$$\ln\left[\int_P f(x)dx\right] = \lim_{n\to\infty}\sum_{i=1}^{n}\ln\left[f(c_i)\right]\Delta x_i = \int_a^b \ln(f(x))dx$$

$$\boxed{\int_P f(x)dx = \int_a^b f(x)^{dx} = e^{\int_a^b \ln(f(x))dx}}$$

Volterra define ainda a derivada multiplicativa e um consequente teorema fundamental do cálculo multiplicativo, de modo equivalente ao que conhecemos, mas em termos de integrais e derivadas multiplicativas.

---

[19] Slavík, Antonín. "Product integration, its History and Applications". Nečas Center for Mathematical Modeling, Volume 1 – History of Mathematics, Volume 29. Praga 2007. https://www2.karlin.mff.cuni.cz/~slavik/product/product_integration.pdf

[20] Vito Volterra (1860-1940) físico e matemático italiano, foi professor da Universidade de Roma até a ascensão do fascismo de Mussolini, quando foi um dos 12 de 1250 professores que se negaram a fazer o juramento de fidelidade ao regime, tendo sido afastado de seu posto e indo viver fora de seu país até quase a sua morte. É de um cartão postal enviado por ele a citação: "Os impérios acabam, mas os teoremas de Euclides mantêm para sempre a sua juventude"

[21] Bashirov, Agamirza; Kurpinar, Emine; Özyapici, Ali. "Multiplicative calculus and its applications". Science Dierect J. Math. Anal. Appl. 337 (2008) 36-48.

[22] $\ln\left(\prod a_i\right) = \sum \ln a_i$

Propriedades[23]:

I) $\int_a^b \left[f(x)^n \right]^{dx} = \int_a^b \left[f(x)^{dx} \right]^n$

II) $\int_a^b \left[f(x) g(x) \right]^{dx} = \int_a^b f(x)^{dx} \cdot \int_a^b g(x)^{dx}$

III) $\int_a^b \left[\frac{f(x)}{g(x)} \right]^{dx} = \frac{\int_a^b f(x)^{dx}}{\int_a^b g(x)^{dx}}$

IV) $\int_a^b f(x)^{dx} = \int_a^c f(x)^{dx} + \int_c^b g(x)^{dx} \quad , a \le c \le b$

a) Calcule a integral $\int_P 1\, dx$.

Solução:

$$\int_P 1\, dx = e^{\int_a^b \ln(1) dx} = e^0 = 1$$

b) Calcule a integral $\int_P k\, dx$, onde k é uma constante real.

Solução:

$$\int_P k\, dx = e^{\int_a^b \ln k\, dx} = e^{\ln k \int_a^b dx} = e^{\ln k (b-a)} = k^{b-a}$$

c) Calcule a integral $\int_P x\, dx$.

Solução:

$$\int_P x\, dx = e^{\int_a^b \ln x\, dx} = e^{\left[x(\ln x - 1) \right]_a^b} = e^{b(\ln b - 1) - a(\ln a - 1)} = \frac{e^{\ln b^b}}{e^{\ln a^a}} \frac{e^a}{e^b} = \frac{b^b}{a^a} \frac{e^a}{e^b}$$

d) Calcule a integral $\int_0^\pi \operatorname{sen} x^{dx}$

Solução:

$$\int_0^\pi \operatorname{sen} x^{dx} = \lim_{n \to \infty} \prod_{i=1}^n \operatorname{sen}(c_i)^{\Delta x_i},$$

Dada uma partição P de um intervalo $[a, b]$ podemos escrever, sem perda de generalidade,

$\Delta x = \frac{b-a}{n} \Rightarrow x_i = a + i\Delta x$, assim, no limite, podemos escrever cada c_i como

$$c_i = x_i = a + i\Delta x$$

[23] Podem ser demonstradas aplicando a definição.

Onde $a = 0$, $b = \pi$ e $\Delta x_i = \Delta x$, substituindo, vem que, $c_i = x_i = 0 + i\frac{\pi}{n}$. Observe que se mantivermos os limites do produtório, teremos π no limite superior, o que nos levará um zero no produto, o que não é interessante, assim, novamente, sem perda de generalidade, faremos,

$$\int_0^\pi \operatorname{sen} x^{dx} = \lim_{n\to\infty}\prod_{i=1}^{n-1}\operatorname{sen}(x_i)^{\Delta x} = \lim_{n\to\infty}\left[\operatorname{sen}\left(\frac{\pi}{n}\right)\operatorname{sen}\left(\frac{2\pi}{n}\right)\operatorname{sen}\left(\frac{3\pi}{n}\right)...\operatorname{sen}\left(\frac{(n-1)\pi}{n}\right)\right]^{\frac{\pi}{n}} = \lim_{n\to\infty}\left(\frac{n}{2^{n-1}}\right)^{\frac{\pi}{n}}$$ [24]

$$\int_0^\pi \operatorname{sen} x^{dx} = \lim_{n\to\infty}\left(\frac{n}{2^{n-1}}\right)^{\frac{\pi}{n}}$$

$$\ln\int_0^\pi \operatorname{sen} x^{dx} = \ln\lim_{n\to\infty}\left(\frac{n}{2^{n-1}}\right)^{\frac{\pi}{n}}$$

$$\ln\int_0^\pi \operatorname{sen} x^{dx} = \lim_{n\to\infty}\frac{\pi}{n}\ln\left(\frac{n}{2^{n-1}}\right)$$

$$\ln\int_0^\pi \operatorname{sen} x^{dx} = \lim_{n\to\infty}\left[\frac{\pi}{n}\ln n - \frac{\pi}{n}(n-1)\ln 2\right] = -\pi\ln 2$$

$$\int_0^\pi \operatorname{sen} x^{dx} = e^{-\pi\ln 2}$$

$$\int_0^\pi \operatorname{sen} x^{dx} = \frac{1}{2^\pi}$$

[24] A identidade, $\operatorname{sen}\left(\frac{\pi}{n}\right)\operatorname{sen}\left(\frac{2\pi}{n}\right)\operatorname{sen}\left(\frac{3\pi}{n}\right)...\operatorname{sen}\left(\frac{(n-1)\pi}{n}\right) = \frac{n}{2^{n-1}}$, encontra-se demonstrada no apêndice.

5) Integral de Stieltjes

Ao final do século XIX, devida à atenção voltada ao rigor, diversos matemáticos, em sua maior parte, os mais jovens, devotaram seu tempo a encontrar problemas que não pudessem ser abordados pelos métodos até então utilizados. Um tipo muito procurado destes problemas, eram funções que não poderiam ser tratadas usualmente, denominadas de funções "patológicas". Chegou a um ponto em que o próprio Poincaré declarou: "Antigamente, quando se inventava uma nova função, era com algum objetivo prático; agora se inventa unicamente para apontar falhas no raciocínio de nossos pais, e nunca se derivará delas qualquer coisa a não ser isso."[25]Mas ele estava enganado! Graças a esses estudos foi que dois jovens matemáticos desenvolveram novas teorias de integração, Henri Lebesgue e Thomas Jan Stieltjes[26].

A integral de Riemann se faz um caso particular da integral de Stieltjes, uma vez que na integral de Riemann, multiplicamos cada diferença entre os extremos de um subintervalo, da partição escolhida para a integração, pelo valor da função em um ponto nesse subintervalo e já na integral de Stieltjes não são sobre os valores extremos dos subintervalos que calculamos a diferença, mas ao invés disso, calculamos a diferença dos valores dos extremos após serem aplicados em uma função crescente pré-estabelecida, para então multiplicar pelo valor da função a ser integrada em um ponto interior desse subintervalo.

Seja então uma função $f(x)$ uma função definida no intervalo $[a, b]$, $P = \{x_0, x_1, x_2, \dots, x_n\}$ uma partição de $[a, b]$, seja ainda $c_i \in [x_{i-1}, x_i]$ o ponto interior do subintervalo,

Na integração de Riemann, temos,

$$\int_a^b f(x)dx = \lim_{n\to\infty} \sum_{i=1}^{n} f(c_i)\Delta x_i = f(c_1)\Delta x_1 + f(c_2)\Delta x_2 + f(c_3)\Delta x_3 + \dots$$

Na integração de Stieltjes, se faz ainda necessário também definirmos uma função $g(x)$, crescente, para o intervalo $[a, b]$, onde $\Delta g_i = g(x_i) - g(x_{i-1})$, de modo que[27],

$$\int_a^b f(x)d_{g(x)} = \lim_{n\to\infty} \{f(c_1)[g(x_1) - g(x_0)] + f(c_2)[g(x_2) - g(x_1)] + f(c_3)[g(x_3) - g(x_2)] + \dots\}$$

$$\text{I)} \quad \int_a^b f(x)d_{g(x)} = \lim_{n\to\infty} \sum_{i=1}^{n} f(c_i)\Delta g_i, \quad \Delta g_i = g(x_i) - g(x_{i-1})$$

Como o objetivo desse texto é o de apenas apresentar a integral de Stieltjes, não vamos nos aprofundar no estudo de propriedades e demonstrações, mas no entanto, acho interessante mencionar que o, **Teorema do Valor Médio**, para integrais, continua válido para a integral de Stieltjes,

[25] Santos, Leandro Nunes dos. "As integrais de Riemann, Riemann-Stieltjes e Lebesgue". Dissertação de Mestrado, orientadora, Profa. Dra. Marta Cilene Gadotti. UNESP, Instituto de Geociências e Ciências Exatas, Campus de Rio Claro, 2013

[26] Thomas Joannes Stieltjes (1856-1894) matemático holandês, através de sua amizade com Hermite foi se focando cada vez mais no estudo da matemática, tendo desenvolvido estudo em diversos ramos, mas ficando hoje particularmente conhecido pela sua teoria de integração, ou melhor, pela integral de Riemann-Stieltjes.

[27] É usual definirmos a integral de Stieltjes em termos de supremos e ínfimos, ao invés do exposto.

II) Teorema do Valor Médio - "Seja uma função $f(x)$, contínua, definida em um intervalo $[a, b]$ à valores reais, e $g(x)$ uma função crescente nesse intervalo, então, existe c, um valor de x nesse intervalo tal que:

$$\int_a^b f(x)d_{g(x)} = f(c)[g(b)-g(a)]$$"

Cálculo do valor de uma integral de Stieltjes – Satisfeitas as condições iniciais, é fácil transformarmos uma integral de Stieltjes em uma integral de Riemann para efetuarmos o cálculo de seu valor, observe,

III) $$\int_a^b f(x)d_{g(x)} = \int_a^b f(x).g'(x)dx$$

Podemos definir ainda a integral de Stieltjes em $\mathbb{R}^n$ usando curvas retificáveis[28] γ ao invés de funções crescentes $g(x)$,

IV) $$\int_a^b f(x)d_{g(x)} = \lim_{n\to\infty}\sum_{i=1}^{n} f(c_i)(\gamma(x_i)-\gamma(x_{i-1}))$$

Observe que as funções crescentes são casos particulares desta.

a) Calcule pela definição o valor de $\int_0^1 x^2\, d_{g(x)}$, $g(x) = 2x$.

Solução:

$$\int_0^1 x^2\, d_{g(x)} = \lim_{n\to\infty}\sum_{i=1}^{n} f(x_i)[g(x_i)-g(x_{i-1})]$$

Para facilitar os cálculos, vamos utilizar uma partição do intervalo uniformemente dividida,

Seja $\Delta x = \dfrac{b-a}{n}$, caso, $\Delta x = \dfrac{1-0}{n} = \dfrac{1}{n}$, ainda,

$$x_1 - x_0 = \Delta x \Rightarrow x_1 = x_0 + \Delta x$$
$$x_2 - x_1 = \Delta x \Rightarrow x_2 = x_1 + \Delta x = (x_0 + \Delta x) + \Delta x \Rightarrow x_2 = x_0 + 2\Delta x$$
$$\ldots$$
$$x_i = x_0 + i\Delta x$$

$$x_i = \frac{i}{n}$$

[28] Dizemos que uma curva parametrizada $\gamma(t):[a,b]\to\mathbb{R}^n$ é retificável se existir uma partição P de $[a, b]$ tal que o comprimento da poligonal, $\sum_{i=1}^{n}|\gamma(t_i)-\gamma(t_{i-1})|$, seja finito.

Substituindo,

$$\int_0^1 x^2 \, d_{g(x)} = \lim_{n\to\infty} \sum_{i=1}^{n} \left(\frac{i}{n}\right)^2 \left[2\left(\frac{i}{n}\right) - 2\left(\frac{i-1}{n}\right)\right]$$

$$\int_0^1 x^2 \, d_{g(x)} = \lim_{n\to\infty} \sum_{i=1}^{n} \left(\frac{i}{n}\right)^2 \left(\frac{2}{n}\right) = \lim_{n\to\infty} \sum_{i=1}^{n} \left(\frac{i^2}{n^3}\right)(2),$$

Lembrando que $\sum_{i=1}^{n} i^2 = \dfrac{n(n+1)(2n+1)}{6}$, substituindo,

$$\int_0^1 x^2 \, d_{g(x)} = \lim_{n\to\infty} \frac{1}{n^3} \frac{(n)(n+1)(2n+1)}{6}(2) = \frac{1}{3} \lim_{n\to\infty} \frac{(n)(n+1)(2n+1)}{n^3}$$

$$\int_0^1 x^2 \, d_{g(x)} = \frac{2}{3}$$

Verificando, $\int_0^1 x^2 \, d_{g(x)} = \int_0^1 x^2 (2x)' dx = \int_0^1 2x^2 \, dx = \left[\frac{2}{3} x^3\right]_0^1 = \frac{2}{3}$

6) Integral de Lebesgue[29] e o Teorema da Convergência Dominada

Diferentemente da integral de Riemann, a integral de Lebesgue, a grosso modo, ao invés de recobrir a área debaixo de uma função (suponha, por enquanto, essa função positiva) por retângulos colocados lado a lado verticalmente, a integral de Lebesgue recobrirá a função por retângulos colocados uns sobre os outros horizontalmente, como, parafraseando uma colocação do próprio Lebesgue, um punhado de moedas de diversos valores empilhadas, a começar pela moeda de maior valor, seguido de moedas iguais para então passarmos, sistematicamente, às moedas de valores menores, até termos preenchido, no limite, para quando o número de moedas tenderá ao infinito, todo o conteúdo sobre a curva.

A primeira vista, a ideia não nos parece diferir tanto assim da integral de Riemann, mas em realidade, essa nova maneira de pensarmos a integral trará grandes vantagens. De saída podemos dizer que se prova que **toda função integrável por Riemann, também será integrável por Lebesgue**, e muitas outras mais, cuja definição de integral de Riemann nem ao menos faria sentido[30], sem contar com a dificuldade de imaginarmos integrais de funções em $\mathbb{R}^n$ como uma "colcha" cobrindo uma infinidade de "paralelepípedos". Para enunciarmos o critério de integrabilidade de Lebesgue que nos permite determinar se uma função é integrável por Riemann apenas olhando para os pontos do domínio de integração, precisamos primeiro estabelecer alguns conceitos,

- dizemos que uma determinada sequência de intervalos $I_1, I_2, \dots, I_n, \dots$ cobre um conjunto $A \subset \mathbb{R}$, se A for um subconjunto da união desses intervalos, ou seja, $A \subset I_1 \cup I_2 \cup \dots \cup I_n \dots = \bigcup_{i=1}^{\infty} I_i$;

- denominamos por amplitude de um intervalo $[a,b]$ e notamos por $m([a,b])$ ao valor $m([a,b]) = b-a$;

Isso posto, definimos:

Conjunto de Medida Nula[31] – Um subconjunto $A \subset \mathbb{R}$ pode ser assim denominado se para todo $\varepsilon > 0$ dado existir uma sequência de intervalos $I_1, I_2, \dots, I_n, \dots$ que cobre A tal que $\sum_{n=1}^{\infty} m(I_n) < \varepsilon$.

Estamos aptos agora a enunciar o critério de Lebesgue,

Critério de Lebesgue[32] - Seja f uma função limitada em $[a,b]$ e seja A o conjunto de pontos do intervalo em que f é descontínua. Então,

$$f \text{ é integrável em } [a,b] \Leftrightarrow m(A) = 0$$

Ainda poderemos usufruir dos Teoremas de Convergência de Lebesgue e Beppo Levi, extremamente úteis quando tratamos de séries infinitas:

---

[29] Henri Léon Lebesgue (1875-1941), matemático francês com grandes contribuições para a Matemática, em particular, naquilo que viria se chamar "Teoria da Medida".

[30] Como por exemplo uma função definida por $f(x) = \begin{cases} 1, & se \ x \in \mathbb{Q} \\ 0, & se \ x \in \mathbb{R} - \mathbb{Q} \end{cases}$.

[31] Por exemplo, qualquer conjunto com um número finito de elementos possui medida nula, ou ainda qualquer conjunto enumerável, por exemplo, $m(\mathbb{N}) = m(\mathbb{Z}) = m(\mathbb{Q}) = 0$.

[32] Guidorizzi, Hamilton Luiz. "Um Curso de Cálculo, volume 1". Editora LTC, 5ª edição, 2001.

Teorema de Convergência Dominada de Lebesgue[33]: "Seja um intervalo I e $\{f_n\}$ uma sequência de funções Lebesgue-integráveis nesse intervalo tal que:

i) Em toda parte de I com medida não nula, $\{f_n\}$ converge para uma função limite f;

ii) Existe uma função não negativa $g \in L(I)$ tal que, para todo n, $|f_n(x)| < g(x)$ em toda parte de I com medida não nula;

Então, a função limite $f \in L(I)$, a sequência $\left\{\int_I f_n\right\}$ converge e $\int_I f = \lim_{n\to\infty}\int_I f_n$."

Teorema de Convergência Limitada de Lebesgue: "Seja um intervalo I limitado e $\{f_n\}$ uma sequência de funções Lebesgue-integráveis limitada por uma constante M > 0, em toda parte de I com medida não nula, e convergindo para uma função que limite f em toda parte de I com medida não nula, isto é,

Se $\lim_{n\to\infty} f_n(x) = f(x)$ e $|f_n(x)| \leq M$, em toda parte de I com medida não nula,

Então $f \in L(I)$ e $\lim_{n\to\infty}\int_I f_n = \int_I f$"

Teorema da Convergência Monótona de Beppo Levi: "Seja $\{f_n\}$ uma sequência de funções de $L(I)$ tal que:

i) Cada uma das f_n é não negativa em toda parte de I com medida não nula;

ii) A série $\sum_{n=1}^{\infty}\int_I f_n$ converge, em toda parte de I com medida não nula, para uma função f limitada superiormente por uma função de $L(I)$;

Então $f \in L(I)$, a série $\sum_{n=1}^{\infty}\int_I f_n$ converge e $\int_I \sum_{n=1}^{\infty} f_n = \sum_{n=1}^{\infty}\int_I f_n$."

Uma aplicação prática do que foi exposto acima, é a resolução da dúvida de **quando** podemos ou não **intercalar** o sinal de **integração** com o sinal de **somatório**. Essa é uma dúvida frequente, que muitas vezes tem sua escolha não justificada nos livros didáticos. Na verdade, existem diversos teoremas que nos ajudam nessa escolha, mas sem dúvida, o de mais fácil uso e justificação é o **Teorema de Convergência Dominada**, que colocado em palavras mais simples do que acima, nos diz que:

> "Se para todo o x, existe o somatório $\sum_{n=0}^{\infty} f_n(x)$ **e**
>
> existe uma função integrável $g(x)$, tal que $\left|\sum_{n=0}^{k} f_n(x)\right| \leq g(x)$, para todo k inteiro,
>
> então,
>
> $$\int \sum_{n=0}^{\infty} f_n(x)\,dx = \sum_{n=0}^{\infty}\int f_n(x)\,dx\text{"}$$

A vantagem de sua aplicação se encontra no fato de que não é difícil encontrarmos a função g, se essa existir, para isso basta utilizarmos a desigualdade triangular e o critério da razão para a convergência absoluta para uma dada série,

$$\left|\sum_{n=0}^{k} f_n(x)\right| \leq \sum_{n=0}^{k}|f_n(x)| = g(x), \text{ para todo } x \text{ que satisfaça } \lim_{n\to\infty}\left|\frac{f_{n+1}(x)}{f_n(x)}\right| < 1$$

De modo geral, nestes três volumes, não apresentaremos os cálculos das funções $g(x)$ nas vezes em que realizarmos a permutação entre os sinais de integração e somatório, uma vez que acreditamos que esse processo caiba melhor em um curso de análise.

[33] Para demonstração, ver Montes Silva, Brendha. *A Integral de Lebesgue na Reta e Teoremas de Convergência.* Universidade Federal de Uberlândia, Uberlândia, MG, 2017.

7) O Cálculo de π e a integral de Newton

Desde os tempos de Arquimedes, os matemáticos se dedicaram a encontrar, cada vez mais, uma melhor aproximação do número Pi, com mais casas decimais através da inscrição e circunscrição de uma circunferência por polígonos, com número de lados cada vez maiores, chegando até Ludolph van Ceulen, no final do séc. XVI, que levou 25 anos para calcular o Pi com uma precisão de 35 casas decimais e para isso precisou de utilizar um polígono de 2^{62} lados. Essa corrida rumo ao maior número de casas decimais de Pi através do uso de polígonos inscritos e circunscritos em uma circunferência teve seu fim com Sir Isaac Newton quando em 1666, durante os anos da peste e do grande incêndio, teve a ideia de expandir o teorema binomial, até então válido somente para números inteiros não negativos, para qualquer número real[34]. Essa foi o primeiro passo rumo a um novo tipo de aproximação para os valores de Pi. O segundo passo, foi a parametrização da circunferência[35], observe,

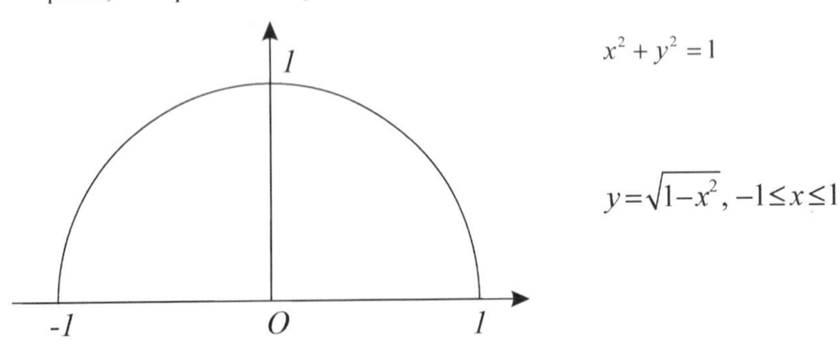

$$x^2 + y^2 = 1$$

$$y=\sqrt{1-x^2},\ -1\leq x\leq 1$$

Sendo que essa expressão pode ser expressa utilizando o teorema binomial,

$$y=\sqrt{1-x^2}=\left(1-x^2\right)^{\frac{1}{2}}$$

$$y=\left[1+\left(-x^2\right)\right]^{\frac{1}{2}}=1+\frac{1}{2}\left(-x^2\right)^1+\frac{\frac{1}{2}\left(\frac{1}{2}-1\right)}{2!}\left(-x^2\right)^2+\frac{\frac{1}{2}\left(\frac{1}{2}-1\right)\left(\frac{1}{2}-2\right)}{3!}\left(-x^2\right)^3+\ldots$$

$$y=1-\frac{1}{2}x^2-\frac{1}{8}x^4-\frac{1}{16}x^6-\frac{5}{128}x^8-\ldots$$

O que se torna muito útil com a utilização do cálculo integral inventada por ele, pois sabemos que a área de um quarto de um círculo de raio unitário, será igual a $\frac{\pi}{4}$, ou seja,

---

[34] $\left(1+x\right)^r=1+rx+\frac{r(r-1)}{2!}x^2+\frac{r(r-1)(r-2)}{3!}x^3+\ldots,\ r\in\mathbb{R}.$

[35] Originalmente, Newton escolheu uma circunferência de centro no ponto $\left(\frac{1}{2},0\right)$ e raio $\frac{1}{2}$, sem perda de generalidade optamos por substituir essa circunferência pela apresentada afim de facilitar o entendimento do processo.

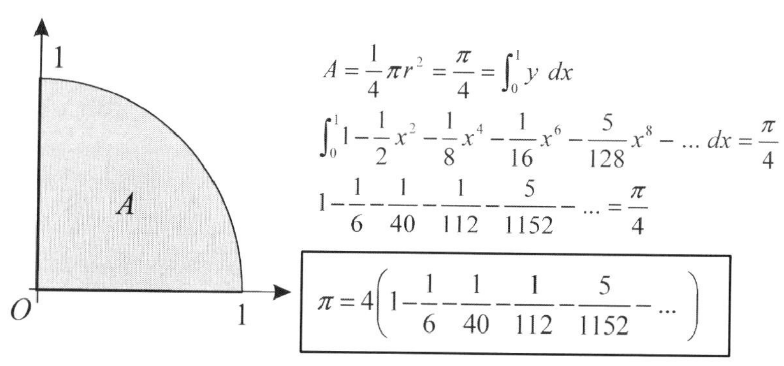

$$A = \frac{1}{4}\pi r^2 = \frac{\pi}{4} = \int_0^1 y\, dx$$

$$\int_0^1 1 - \frac{1}{2}x^2 - \frac{1}{8}x^4 - \frac{1}{16}x^6 - \frac{5}{128}x^8 - \dots\, dx = \frac{\pi}{4}$$

$$1 - \frac{1}{6} - \frac{1}{40} - \frac{1}{112} - \frac{5}{1152} - \dots = \frac{\pi}{4}$$

$$\boxed{\pi = 4\left(1 - \frac{1}{6} - \frac{1}{40} - \frac{1}{112} - \frac{5}{1152} - \dots\right)}$$

Expressão essa que converge rapidamente e nos permite calcular o valor de Pi com a precisão que quisermos, mas Newton não parou por aí, ao invés de integrar de 0 à 1, ele percebeu que teria uma série de convergência ainda mais rápida se ele integrasse de 0 à $\frac{1}{2}$,

$$\int_0^{\frac{1}{2}} y\, dx = A_{triângulo} + A_{setor} = \frac{\sqrt{3}}{8} + \frac{\pi}{12}$$

$$\frac{\pi}{12} = \int_0^{\frac{1}{2}} 1 - \frac{1}{2}x^2 - \frac{1}{8}x^4 - \frac{1}{16}x^6 - \frac{5}{128}x^8 - \dots\, dx - \frac{\sqrt{3}}{8}$$

$$\boxed{\pi = 12\left[\frac{1}{2} - \frac{1}{6}\left(\frac{1}{2}\right)^3 - \frac{1}{40}\left(\frac{1}{2}\right)^5 - \frac{1}{112}\left(\frac{1}{2}\right)^7 - \frac{5}{1152}\left(\frac{1}{2}\right)^9 - \dots\right] - \frac{3\sqrt{3}}{2}}$$

Graças à expressão acima, conseguiríamos obter as mesmas 35 casas decimais de van Ceulen com apenas 50 termos, ou seja, executaríamos o trabalho de 25 anos em apenas alguns dias.

8) Integração por Substituição

A integração por substituição, ou como é chamada em inglês, *u-substitution*, é uma das técnicas mais utilizadas para o encontro de primitivas. Porém, antes da técnica propriamente dita se faz necessário relembrarmos como se dá a uma mudança de variável na integral.

Partindo da premissa de que toda função contínua em um intervalo I, admite nesse intervalo uma primitiva, seja uma função $f(x)$ definida neste intervalo, de modo que, seja $F(x)$, tal que $F'(x) = f(x)$, seja ainda uma função u = g(x), com domínio contido à imagem de $f(x)$. Da regra da cadeia, temos,

$$\frac{d}{dx}F(x) = \frac{d}{dx}F(g(x)) = F'(g(x)).g'(x) = f(g(x)).g'(x)$$

Assim, seja a integral $\int_a^b f(x)dx$ e seja uma substituição conveniente tal que $u = g(x)$, e por tanto, $\frac{du}{dx} = g'(x) \Rightarrow du = g'(x)dx$, ficamos com

$$\int_a^b f(x)dx = \int_a^b f(g(x))g'(x)dx = \int_c^d f(u)du \text{, onde } \begin{cases} x = a \Rightarrow g(c) = a \Rightarrow u = c \\ x = b \Rightarrow g(d) = b \Rightarrow u = d \end{cases}$$

Agora vamos a integração por substituição propriamente dita, na maioria dos casos, pelo menos nos mais simples, a técnica consta em uma espécie de reversão da regra da cadeia, onde percebemos um modelo semelhante ao resultado da aplicação da regra da cadeia e realizamos uma substituição de modo a torná-la real:

Devemos encontrar $g(x) = u$ conveniente para que

$$\int f(\underbrace{g(x)}_{u})\underbrace{g'(x)dx}_{du} = \int f(u)du = F(u) + C = F(g(x)) + C$$

Observe o exemplo,

$$\int_0^{\frac{\pi}{6}} \text{sen}^2 x.\cos x\,dx = \int_0^{\frac{\pi}{6}} \underbrace{(\text{sen}\,x)}_{u}^2 \underbrace{\cos x\,dx}_{du} \Rightarrow \begin{cases} u = g(x) = \text{sen}\,x \\ du = \cos x\,dx \\ x = 0 \to \text{sen}\,0 = 0 \to u = 0 \\ x = \frac{\pi}{6} \to \text{sen}\frac{\pi}{6} = \frac{1}{2} \to u = \frac{1}{2} \end{cases} \Rightarrow \int_0^{\frac{1}{2}} u^2 du = \left[\frac{u^3}{3}\right]_0^{\frac{1}{2}} = \frac{1}{24}$$

no exemplo, $f(x) = x^2$, $g(x) = \text{sen}\,x$, assim, $f(g(x)) = f(\text{sen}\,x) = f(u)$ e para o caso de se a integral não fosse definida teríamos $\int \text{sen}^2 x.\cos x\,dx = F(g(x)) = \frac{\text{sen}^3 x}{3} + C$.

a) Calcule a integral $\int \frac{1}{x\ln x}dx$.

Solução:

Algumas vezes a ideia mais simples é a correta, no caso,

basta fazermos $t = \ln x$, segue que $dt = \frac{1}{x}dx \Rightarrow dx = x\,dt$, substituindo,

$$\int \frac{1}{x\ln x}dx = \int \frac{1}{\cancel{x}t}\cancel{x}\,dt = \int \frac{1}{t}dt = \ln t + C = \ln(\ln x) + C.$$

b) Calcule a integral $\int \operatorname{sen} x \cos x \, dx$.

Solução:

Temos em princípio duas opções simples de substituição,

$u = \operatorname{sen} x,\ du = \cos x\, dx$ ou $u = \cos x,\ du = -\operatorname{sen} x\, dx$

substituindo

$$\int \operatorname{sen} x \cos x \, dx = \int \underbrace{\operatorname{sen} x}_{u} \underbrace{\cos x\, dx}_{du}$$

$$\int \operatorname{sen} x \cos x \, dx = \int u\, du = \frac{u^2}{2} + C_1$$

$$\int \operatorname{sen} x \cos x \, dx = \operatorname{sen}^2 x + C_1$$

$$\int \operatorname{sen} x \cos x \, dx = -\int \underbrace{\cos x}_{u} \underbrace{(-\operatorname{sen} x)\, dx}_{du}$$

$$\int \operatorname{sen} x \cos x \, dx = -\int u\, du = -\frac{u^2}{2} + C_2$$

$$\int \operatorname{sen} x \cos x \, dx = -\cos^2 x + C_2$$

$$\int \operatorname{sen} x \cos x \, dx = \operatorname{sen}^2 x + C_1 = -\cos^2 x + C_2$$

c) Calcule a integral $\int \frac{1}{a^2 + x^2} dx$.

Solução:

Observe a semelhança com a derivada da função $\operatorname{tg}^{-1} x$

$$\frac{d}{dx} \operatorname{tg}^{-1} x = \frac{1}{1 + x^2}$$

Devemos então descobrir como manipular a função através de uma mudança de variável para que possamos utilizar essa primitiva,

$$\int \frac{1}{a^2 + x^2} dx = \frac{1}{a^2} \int \frac{a^2}{a^2 + x^2} dx = \frac{1}{a^2} \int \frac{1}{\frac{a^2 + x^2}{a^2}} dx = \frac{1}{a^2} \int \frac{1}{1 + \left(\frac{x}{a}\right)^2} dx, \text{ assim}$$

para $u = \frac{x}{a}$ e $du = \frac{1}{a} dx$, segue,

$$\frac{1}{a^2} \int \frac{1}{1 + \left(\frac{x}{a}\right)^2} dx = \frac{1}{a} \int \frac{1}{1 + \left(\frac{x}{a}\right)^2} \frac{1}{a} dx = \frac{1}{a} \int \frac{1}{1 + u^2} du = \frac{1}{a} \operatorname{arctg} x + C \text{ , por tanto,}$$

$$\boxed{\int \frac{1}{a^2 + x^2} dx = \frac{1}{a} \operatorname{arctg}\left(\frac{x}{a}\right) + C}$$

d) Calcule a integral $\int \frac{1}{\sqrt{a^2 - x^2}} dx$.

Solução:

Seguindo a ideia da integral anterior,

$$\int \frac{1}{\sqrt{a^2-x^2}}dx = \frac{1}{a}\int \frac{1}{\sqrt{\frac{a^2-x^2}{a^2}}}dx = \frac{1}{a}\int \frac{1}{\sqrt{1-\left(\frac{x}{a}\right)^2}}dx, \text{ para } u=\frac{x}{a},\ du=\frac{1}{a}dx,$$

$$\int \frac{1}{\sqrt{a^2-x^2}}dx = \int \frac{1}{\sqrt{1-\left(\frac{x}{a}\right)^2}}\frac{1}{a}dx = \int \frac{1}{\sqrt{1-u^2}}du = \operatorname{arcsen} u + C \text{ , por tanto,}$$

$$\boxed{\int \frac{1}{\sqrt{a^2-x^2}}dx = \operatorname{arcsen}\left(\frac{x}{a}\right)+C}$$

e) Calcule a integral $\int \frac{x+2}{x^2+4x+5}dx$.

Solução:

$$\int \frac{x+2}{x^2+4x+5}dx = \frac{1}{2}\int \frac{2x+4}{x^2+4x+5}dx, \text{ seja } u=x^2+4x+5 \text{ , por tanto, } du=(2x+4)dx \text{ , assim,}$$
$$\int \frac{x+2}{x^2+4x+5}dx = \frac{1}{2}\int \frac{2x+4}{x^2+4x+5}dx = \frac{1}{2}\int \frac{1}{u}du = \frac{1}{2}\ln\left|x^2+4x+5\right|+C$$

f) Calcule a integral $\int \frac{x+3}{x^2+4x+5}dx$.

Solução:

$$\int \frac{x+3}{x^2+4x+5}dx = \int \frac{(x+2)+1}{(x+2)^2+1}dx, \text{ seja } u=x+2 \text{ , por tanto, } du=dx \text{ , assim,}$$

$$\int \frac{x+2}{x^2+4x+5}dx = \int \frac{(x+2)+1}{(x+2)^2+1}dx = \int \frac{u+1}{u^2+1}du, \text{ seja } v=u^2+1, \text{ por tanto, } dv=2u\,du,$$

Assim,

$$\int \frac{x+2}{x^2+4x+5}dx = \int \frac{u+1}{u^2+1}du = \frac{1}{2}\int \frac{2u}{u^2+1}du + \int \frac{1}{u^2+1}du = \frac{1}{2}\ln|v| + \operatorname{arctg} u + C$$

$$\int \frac{x+3}{x^2+4x+5}dx = \frac{1}{2}\ln\left|u^2+1\right| + \operatorname{arctg} u + C = \frac{1}{2}\ln\left|x^2+4x+5\right| + \operatorname{arctg}(x+2)+C.$$

g) Calcule a integral $\int \frac{6x+4}{(3x^2+4x+11)(3x^2+4x+9)+2021}dx$.

Solução:

Seja $u=3x^2+4x+10$, por tanto, $dx=6x+4$, assim,

$$\int \frac{6x+4}{(3x^2+4x+11)(3x^2+4x+9)+2021}dx = \int \frac{1}{(u+1)(u-1)+2021}du = \int \frac{1}{u^2+2020}du = \int \frac{1}{u^2+\left(\sqrt{2020}\right)^2}du$$

$$\int \frac{6x+4}{(3x^2+4x+11)(3x^2+4x+9)+2021}dx = \frac{1}{\sqrt{2020}}\operatorname{arctg}\left(\frac{3x^2+4x+10}{\sqrt{2020}}\right)+C.$$

h) Calcule a integral $\int \frac{\sqrt{\operatorname{tg} x+1}}{\cos^2 x}dx$.

Solução:

Seja $u=\operatorname{tg} x+1$, por tanto, $du=\sec^2 x\,dx$,

$$\int \frac{\sqrt{\operatorname{tg} x+1}}{\cos^2 x}dx=\int \frac{\sqrt{u}}{\cos^2 x}\cos^2 x\,du=\int \sqrt{u}\,du=\frac{2}{3}u^{\frac{3}{2}}+C=\frac{2}{3}(\operatorname{tg} x+1)^{\frac{3}{2}}+C.$$

i) Se $\int_0^{\frac{3\pi}{2}} f(x)dx=1$, qual o valor de $\int_{-\frac{\pi}{2}}^{\frac{\pi}{4}} f(2x+\pi)dx$?

Solução:

Dada a integral, $\int_{-\frac{\pi}{2}}^{\frac{\pi}{4}} f(2x+\pi)dx$, seja a mudança de variável, $\begin{cases} u=2x+\pi \\ du=2dx \\ x=-\frac{\pi}{2}\rightarrow u=0 \\ x=\frac{\pi}{4}\rightarrow u=\frac{3\pi}{2} \end{cases}$, assim,

$$\int_{-\frac{\pi}{2}}^{\frac{\pi}{4}} f(2x+\pi)dx=\int_0^{\frac{3\pi}{2}} f(u)\frac{du}{2}=\frac{1}{2}\underbrace{\int_0^{\frac{3\pi}{2}} f(u)du}_{1}=\frac{1}{2}.$$

j) Calcule a integral $\int \frac{1}{x\sqrt{x^{2a}+x^a+1}}dx$, $a>0$ e $x>0$[36].

Solução:

Vamos colocar o termo x^{2a} para fora da raiz,

$$\int \frac{1}{x\sqrt{x^{2a}+x^a+1}}dx=\int \frac{1}{x.x^a\sqrt{1+x^a+\frac{1}{x^{2a}}}}dx$$, completando o quadrado dentro da raiz,

$$\int \frac{1}{x\sqrt{x^{2a}+x^a+1}}dx=\int \frac{1}{x^{a+1}\sqrt{\left(\frac{1}{x^{2a}}+x^a+\frac{1}{4}\right)+\frac{3}{4}}}dx=\int \frac{1}{x^{a+1}\sqrt{\left(\frac{1}{x^a}+\frac{1}{2}\right)^2+\frac{3}{4}}}dx,$$

seja $u=\frac{1}{x^a}+\frac{1}{2}$, por tanto, $du=-\frac{a}{x^{a+1}}dx$,

$$\int \frac{1}{x\sqrt{x^{2a}+x^a+1}}dx=-\frac{1}{a}\int \frac{1}{\sqrt{\left(\frac{1}{x^a}+\frac{1}{2}\right)^2+\frac{3}{4}}}\frac{a}{x^{a+1}}dx=-\frac{1}{a}\int \frac{1}{\sqrt{u^2+\frac{3}{4}}}du$$

$$\int \frac{1}{x\sqrt{x^{2a}+x^a+1}}dx=-\frac{1}{a}\ln\left(u+\sqrt{u^2+\frac{3}{4}}\right)+C=-\frac{1}{a}\ln\left(\frac{1}{x^a}+\frac{1}{2}+\sqrt{\frac{1}{x^{2a}}+\frac{1}{x^a}+1}\right)+C.$$

---

[36] Titu Andreescu, Razvan Gelca - Putnam and Beyond - Springer, 2007 - 815p

k) (India IIT JEE Exam Prep Problem)[37] Calcule o valor da integral $\int e^{e^{e^{e^{e^x}}}} e^{e^{e^{e^x}}} e^{e^{e^x}} e^{e^x} e^x dx$.

Solução:

Seja $u = e^{e^{e^{e^{e^x}}}}$, vamos calcular o valor de du,

Pela regra da cadeia, $du = \frac{d}{dx} e^{f(x)} = e^{f(x)} \frac{d}{dx} f(x)$, assim,

$$du = e^{e^{e^{e^{e^x}}}} e^{e^{e^{e^x}}} e^{e^{e^x}} e^{e^x} e^x dx$$, substituindo,

$$\int \underbrace{e^{e^{e^{e^{e^x}}}} e^{e^{e^{e^x}}} e^{e^{e^x}} e^{e^x} e^x dx}_{du} = \int du = u + C$$

$$\int e^{e^{e^{e^{e^x}}}} e^{e^{e^{e^x}}} e^{e^{e^x}} e^{e^x} e^x dx = e^{e^{e^{e^{e^{e^x}}}}} + C$$

l) (India IIT JEE Exam Prep Problem) Calcule a integral $\int \frac{x^2+1}{x^4+1} dx$.

Solução:

Vamos multiplicar o numerador e o denominador por $\frac{1}{x^2}$,

$$\int \frac{x^2+1}{x^4+1} dx = \int \frac{\frac{x^2+1}{x^2}}{\frac{x^4+1}{x^2}} dx = \int \frac{1+\frac{1}{x^2}}{x^2+\frac{1}{x^2}} dx ,$$

Completando o quadrado do denominador,

$$\int \frac{x^2+1}{x^4+1} dx = \int \frac{1+\frac{1}{x^2}}{x^2+\frac{1}{x^2}} dx = \int \frac{1+\frac{1}{x^2}}{x^2-2+\frac{1}{x^2}+2} dx = \int \frac{1+\frac{1}{x^2}}{\left(x-\frac{1}{x}\right)^2+2} dx$$

Seja $u = x - \frac{1}{x}$, por tanto, $du = \left(1+\frac{1}{x^2}\right) dx$,

[37] **ITT** é a sigla para **Indian Istitute of Technology**, são 23 ao todo, espalhados pela Índia e são sem dúvida as faculdades mais prestigiadas de engenharia do país. Abrevia-se por **JEE** (Joint Entrance Exam) o exame nacional indiano para alunos que desejam ingressar em um dos cursos de engenharia dentro do território da Índia, o exame se divide em duas partes, a primeira parte, o **JEE Main** é oferecido duas vezes por ano pela NTA (National Testing Agency), em janeiro e abril, e oferece a possibilidade de admissão em várias faculdades, tanto públicas como privadas, dependendo do rank do candidato. A segunda parte, chamada de **JEE Advanced**, é a segunda e última fase do **JEE**, o exame é conduzido por uma seleção de **ITTs** (que se revezam entre si) e oferecem a possibilidade de vaga em um dos **ITTs**, apenas podem participar da segunda fase os alunos aprovados no **JEE Main**.

$$\int \frac{x^2+1}{x^4+1}dx = \int \frac{1+\frac{1}{x^2}}{\left(x-\frac{1}{x}\right)^2+2}dx = \int \frac{1}{u^2+2}du = \frac{1}{\sqrt{2}}\operatorname{tg}^{-1}\left(\frac{u}{\sqrt{2}}\right)+C$$

$$\int \frac{x^2+1}{x^4+1}dx = \frac{1}{\sqrt{2}}\operatorname{tg}^{-1}\left(\frac{x-\frac{1}{x}}{\sqrt{2}}\right)+C$$

m) (India IIT JEE Exam Prep Problem) Calcule a integral $\int \frac{1}{x^6+1}dx$.

Solução:

Fatorando o denominador,

$$\int \frac{1}{x^6+1}dx = \int \frac{1}{\left(x^2\right)^3+1^3}dx = \int \frac{1}{\left(x^2+1\right)\left(x^4-x^2+1\right)}dx,$$

aplicando um pequeno artifício algébrico,

$$\int \frac{1}{x^6+1}dx = \int \frac{x^2+1-x^2}{\left(x^2+1\right)\left(x^4-x^2+1\right)}dx = \int \frac{\cancel{x^2+1}}{\cancel{\left(x^2+1\right)}\left(x^4-x^2+1\right)}dx - \int \frac{x^2}{\left(x^2+1\right)\left(x^4-x^2+1\right)}dx$$

$$\int \frac{1}{x^6+1}dx = \int \frac{1}{\left(x^4-x^2+1\right)}dx - \int \frac{x^2}{x^6+1}dx$$

$$\int \frac{1}{x^6+1}dx = \frac{1}{2}\int \frac{x^2+1-\left(x^2-1\right)}{\left(x^4-x^2+1\right)}dx - \int \frac{x^2}{x^6+1}dx = \frac{1}{2}\int \frac{x^2+1}{\left(x^4-x^2+1\right)}dx - \int \frac{x^2-1}{\left(x^4-x^2+1\right)}dx - \int \frac{x^2}{x^6+1}dx$$

$$\int \frac{1}{x^6+1}dx = \frac{1}{2}\int \frac{\frac{x^2+1}{x^2}}{\frac{x^4-x^2+1}{x^2}}dx - \frac{1}{2}\int \frac{\frac{x^2-1}{x^2}}{\frac{x^4-x^2+1}{x^2}}dx - \int \frac{x^2}{x^6+1}dx$$

$$\int \frac{1}{x^6+1}dx = \frac{1}{2}\int \frac{1+\frac{1}{x^2}}{x^2-1+\frac{1}{x^2}}dx - \frac{1}{2}\int \frac{1-\frac{1}{x^2}}{x^2-1+\frac{1}{x^2}}dx - \int \frac{x^2}{x^6+1}dx$$

$$\int \frac{1}{x^6+1}dx = \frac{1}{2}\int \frac{1+\frac{1}{x^2}}{\left(r-\frac{1}{x}\right)^2+1}dx - \frac{1}{2}\int \frac{1-\frac{1}{x^2}}{\left(x+\frac{1}{x}\right)^2\ 3}dx - \int \frac{x^2}{x^6+1}dx$$

Façamos agora um nova substituição $\begin{cases} r = x-\frac{1}{x} \\ s = x+\frac{1}{x} \end{cases}$, por tanto, $\begin{cases} dr = \left(1+\frac{1}{x^2}\right)dx \\ ds = \left(1-\frac{1}{x^2}\right)dx \end{cases}$ nas duas primeiras integrais,

$$\frac{1}{2}\int \frac{1}{r^2+1}dr - \frac{1}{2}\int \frac{1}{s^2-3}ds = \operatorname{tg}^{-1} r - \frac{1}{2\sqrt{3}}\ln\left|\frac{s-\sqrt{3}}{s+\sqrt{3}}\right| + C_1 = \operatorname{tg}^{-1}\left(x-\frac{1}{x}\right) - \frac{1}{2\sqrt{3}}\ln\left|\frac{x+\frac{1}{x}-\sqrt{3}}{x+\frac{1}{x}+\sqrt{3}}\right| + C_1$$

Da última integral,

$\int \frac{x^2}{x^6+1}dx$, seja $u=x^3$, por tanto, $du=3x^2dx$,

$\int \frac{x^2}{x^6+1}dx = \frac{1}{3}\int \frac{1}{\left(x^3\right)^2+1}3x^2dx = \frac{1}{3}\text{tg}^{-1}\left(x^3\right)+C_2$, finalmente,

$$\int \frac{1}{x^6+1}dx = \text{tg}^{-1}\left(x-\frac{1}{x}\right)-\frac{1}{2\sqrt{3}}\ln\left|\frac{x+\frac{1}{x}-\sqrt{3}}{x+\frac{1}{x}+\sqrt{3}}\right|+\frac{1}{3}\text{tg}^{-1}\left(x^3\right)+C$$

n) (India IIT JEE Exam Prep Problem) Calcule a integral $\int_{\frac{\pi}{6}}^{\frac{\pi}{3}}(\text{sen}\,x)^{(\cos x)^{\text{sen}\,x}}-(\cos x)^{(\text{sen}\,x)^{\cos x}}dx$.

Solução:

$$I=\int_{\frac{\pi}{6}}^{\frac{\pi}{3}}(\text{sen}\,x)^{(\cos x)^{\text{sen}\,x}}-(\cos x)^{(\text{sen}\,x)^{\cos x}}dx$$

$$I=\underbrace{\int_{\frac{\pi}{6}}^{\frac{\pi}{3}}(\text{sen}\,x)^{(\cos x)^{\text{sen}\,x}}dx}_{I_A}-\underbrace{\int_{\frac{\pi}{6}}^{\frac{\pi}{3}}(\cos x)^{(\text{sen}\,x)^{\cos x}}dx}_{I_B}=I_A-I_B$$

Na integral, $I_B=\int_{\frac{\pi}{6}}^{\frac{\pi}{3}}(\cos x)^{(\text{sen}\,x)^{\cos x}}dx$,

Seja $x=\frac{\pi}{2}-\theta,\ dx=-d\theta$, ainda, $\begin{cases} x=\frac{\pi}{3}\rightarrow\theta=\frac{\pi}{2}-\frac{\pi}{3}=\frac{\pi}{6} \\ x=\frac{\pi}{6}\rightarrow\theta=\frac{\pi}{2}-\frac{\pi}{6}=\frac{\pi}{3} \end{cases}$

$$I_B=\int_{\frac{\pi}{6}}^{\frac{\pi}{3}}(\cos x)^{(\text{sen}\,x)^{\cos x}}dx=-\int_{\frac{\pi}{3}}^{\frac{\pi}{6}}(\text{sen}\,x)^{(\cos x)^{\text{sen}\,x}}d\theta$$

$I_B=\int_{\frac{\pi}{6}}^{\frac{\pi}{3}}(\text{sen}\,x)^{(\cos x)^{\text{sen}\,x}}d\theta=I_A$, assim,

$$I=I_A-I_B=I_A-I_A=0$$

$$\int_{\frac{\pi}{6}}^{\frac{\pi}{3}}(\text{sen}\,x)^{(\cos x)^{\text{sen}\,x}}-(\cos x)^{(\text{sen}\,x)^{\cos x}}dx=0$$

o) (India IIT JEE Exam Prep Problem) Calcule a integral $\int \frac{\sec^2 x}{(\sec x+\text{tg}\,x)^{\frac{9}{2}}}dx$.

Solução:

Seja $u=\sec x+\text{tg}\,x$, por tanto, $du=\left(\sec x\,\text{tg}\,x+\sec^2 x\right)dx$,

Porém, antes de substituirmos, faremos o uso de alguns artifícios algébricos,

$$\int \frac{\sec^2 x}{(\sec x+\operatorname{tg} x)^{\frac{9}{2}}}dx=\int \frac{\sec^2 x+\sec x\operatorname{tg} x-\sec x\operatorname{tg} x}{(\sec x+\operatorname{tg} x)^{\frac{9}{2}}}dx=\frac{1}{2}\int \frac{\sec^2 x+\sec x\operatorname{tg} x+\sec^2 x-\sec x\operatorname{tg} x}{(\sec x+\operatorname{tg} x)^{\frac{9}{2}}}dx$$

$$\int \frac{\sec^2 x}{(\sec x+\operatorname{tg} x)^{\frac{9}{2}}}dx=\frac{1}{2}\int \frac{\sec^2 x+\sec x\operatorname{tg} x}{(\sec x+\operatorname{tg} x)^{\frac{9}{2}}}dx+\frac{1}{2}\int \frac{\sec^2 x-\sec x\operatorname{tg} x}{(\sec x+\operatorname{tg} x)^{\frac{9}{2}}}dx$$

$$\int \frac{\sec^2 x}{(\sec x+\operatorname{tg} x)^{\frac{9}{2}}}dx=\frac{1}{2}\int \frac{\sec^2 x+\sec x\operatorname{tg} x}{(\sec x+\operatorname{tg} x)^{\frac{9}{2}}}dx+\frac{1}{2}\int \frac{\sec x(\sec x-\operatorname{tg} x)}{(\sec x+\operatorname{tg} x)^{\frac{9}{2}}}dx$$

$$\int \frac{\sec^2 x}{(\sec x+\operatorname{tg} x)^{\frac{9}{2}}}dx=\frac{1}{2}\int \frac{\sec^2 x+\sec x\operatorname{tg} x}{(\sec x+\operatorname{tg} x)^{\frac{9}{2}}}dx+\frac{1}{2}\int \frac{\sec x\overbrace{(\sec x-\operatorname{tg} x)(\sec x+\operatorname{tg} x)}^{\sec^2 x-\operatorname{tg}^2 x=1}}{(\sec x+\operatorname{tg} x)^{\frac{9}{2}}(\sec x+\operatorname{tg} x)}dx$$

$$\int \frac{\sec^2 x}{(\sec x+\operatorname{tg} x)^{\frac{9}{2}}}dx=\frac{1}{2}\int \frac{\sec^2 x+\sec x\operatorname{tg} x}{(\sec x+\operatorname{tg} x)^{\frac{9}{2}}}dx+\frac{1}{2}\int \frac{\sec x\overbrace{(\sec x-\operatorname{tg} x)(\sec x+\operatorname{tg} x)}^{\sec^2 x-\operatorname{tg}^2 x=1}(\sec x+\operatorname{tg} x)}{(\sec x+\operatorname{tg} x)^{\frac{9}{2}}(\sec x+\operatorname{tg} x)(\sec x+\operatorname{tg} x)}dx$$

$$\int \frac{\sec^2 x}{(\sec x+\operatorname{tg} x)^{\frac{9}{2}}}dx=\frac{1}{2}\int \frac{1}{\underbrace{(\sec x+\operatorname{tg} x)}_{u}^{\frac{9}{2}}}\overbrace{\sec^2 x+\sec x\operatorname{tg} x\,dx}^{du}+\frac{1}{2}\int \frac{1}{\underbrace{(\sec x+\operatorname{tg} x)}_{u}^{\frac{9}{2}+2}}\overbrace{\sec^2 x+\sec x\operatorname{tg} x\,dx}^{du}$$

Substituindo,

$$\int \frac{\sec^2 x}{(\sec x+\operatorname{tg} x)^{\frac{9}{2}}}dx=\frac{1}{2}\int \frac{1}{u^{\frac{9}{2}}}du+\frac{1}{2}\int \frac{1}{u^{\frac{13}{2}}}du=\frac{1}{2}\left(\frac{-2}{7u^{\frac{7}{2}}}\right)+\frac{1}{2}\left(\frac{-2}{11u^{\frac{11}{2}}}\right)+C$$

$$\int \frac{\sec^2 x}{(\sec x+\operatorname{tg} x)^{\frac{9}{2}}}dx=-\left(\frac{1}{7(\sec x+\operatorname{tg} x)^{\frac{7}{2}}}\right)-\left(\frac{1}{11(\sec x+\operatorname{tg} x)^{\frac{11}{2}}}\right)+C$$

p) (India IIT JEE Exam Prep Problem) Calcule a integral[38]

$$\int \frac{\operatorname{sen}^2 x\cos^2 x}{(\operatorname{sen}^5 x+\cos^3 x\operatorname{sen}^2 x+\operatorname{sen}^3 x\cos^2 x+\cos^5 x)^2}dx.$$

Solução:

$$\int \frac{\operatorname{sen}^2 x\cos^2 x}{(\operatorname{sen}^5 x+\cos^3 x\operatorname{sen}^2 x+\operatorname{sen}^3 x\cos^2 x+\cos^5 x)^2}dx=\int \frac{\operatorname{sen}^2 x\cos^2 x}{\left[\operatorname{sen}^2 x(\operatorname{sen}^3 x+\cos^3 x)+\cos^2 x(\operatorname{sen}^3 x+\cos^3 x)\right]^2}dx$$

$$\int \frac{\operatorname{sen}^2 x\cos^2 x}{(\operatorname{sen}^5 x+\cos^3 x\operatorname{sen}^2 x+\operatorname{sen}^3 x\cos^2 x+\cos^5 x)^2}dx=\int \frac{\operatorname{sen}^2 x\cos^2 x}{\left[(\operatorname{sen}^3 x+\cos^3 x)(\operatorname{sen}^2 x+\cos^2 x)\right]^2}dx$$

$$\int \frac{\operatorname{sen}^2 x\cos^2 x}{(\operatorname{sen}^5 x+\cos^3 x\operatorname{sen}^2 x+\operatorname{sen}^3 x\cos^2 x+\cos^5 x)^2}dx=\int \frac{\operatorname{sen}^2 x\cos^2 x}{(\operatorname{sen}^3 x+\cos^3 x)^2}dx$$

[38] Super Exatas. IIT JEE Mains 2018 (Maths) – Indefinite Integration (https://www.youtube.com/watch?v=cQmTahwZZPk)

Fazendo aparecer a $\operatorname{tg} x$,

$$\int \frac{\operatorname{sen}^2 x\cos^2 x}{\left(\operatorname{sen}^5 x+\cos^3 x\operatorname{sen}^2 x+\operatorname{sen}^3 x\cos^2 x+\cos^5 x\right)^2}dx=\int \frac{\operatorname{sen}^2 x\cos^2 x}{\left(\operatorname{sen}^3 x+\cos^3 x\right)^2}\frac{\frac{1}{\cos^6 x}}{\frac{1}{\left(\cos^3 x\right)^2}}dx$$

$$\int \frac{\operatorname{sen}^2 x\cos^2 x}{\left(\operatorname{sen}^5 x+\cos^3 x\operatorname{sen}^2 x+\operatorname{sen}^3 x\cos^2 x+\cos^5 x\right)^2}dx=\int \frac{\operatorname{tg}^2 x}{\left(\operatorname{tg}^3 x+1\right)^2\cos^2 x}dx$$

$$\int \frac{\operatorname{sen}^2 x\cos^2 x}{\left(\operatorname{sen}^5 x+\cos^3 x\operatorname{sen}^2 x+\operatorname{sen}^3 x\cos^2 x+\cos^5 x\right)^2}dx=\int \frac{\operatorname{tg}^2 x\sec^2 x}{\left(\operatorname{tg}^3 x+1\right)^2}dx$$

Sendo $u=\operatorname{tg}^3 x+1$, por tanto, $du=\left(3\operatorname{tg}^2 x\sec^2 x\right)dx$,

$$\int \frac{\operatorname{sen}^2 x\cos^2 x}{\left(\operatorname{sen}^5 x+\cos^3 x\operatorname{sen}^2 x+\operatorname{sen}^3 x\cos^2 x+\cos^5 x\right)^2}dx=\frac{1}{3}\int \frac{1}{\underbrace{\left(\operatorname{tg}^3 x+1\right)^2}_{u}}\underbrace{3\operatorname{tg}^2 x\sec^2 x\,dx}_{du}$$

$$\int \frac{\operatorname{sen}^2 x\cos^2 x}{\left(\operatorname{sen}^5 x+\cos^3 x\operatorname{sen}^2 x+\operatorname{sen}^3 x\cos^2 x+\cos^5 x\right)^2}dx=\frac{1}{3}\int \frac{1}{u^2}du=\frac{1}{3}\left(\frac{-1}{u}\right)+C$$

$$\int \frac{\operatorname{sen}^2 x\cos^2 x}{\left(\operatorname{sen}^5 x+\cos^3 x\operatorname{sen}^2 x+\operatorname{sen}^3 x\cos^2 x+\cos^5 x\right)^2}dx=\frac{-1}{3\left(\operatorname{tg}^3 x+1\right)}+C$$

q) (Glaisher[39]) Utilize a transformação $x=\dfrac{1-y}{1+y}$ para calcular o valor da integral $\displaystyle\int_0^1 \frac{\operatorname{tg}^{-1}\left(\frac{3+3x}{1-2x-x^2}\right)}{1+x^2}dx$

q) [40].

Solução:

Seja $x=\dfrac{1-y}{1+y}$,

$$dx=\left(\frac{1-y}{1+y}\right)'dy$$

$$dx=\frac{\left[(1-y)'(1+y)-(1-y)(1+y)'\right]}{(1+y)^2}dy$$

[39] James Whitbread Lee Glaisher (1848-1928) matemático e astrônomo inglês que publicou mais de 400 artigos sobre astronomia, teoria dos números, história da matemática, funções especiais e tabelas de cálculo, tendo começado ainda durante a graduação, onde calculou integrais envolvendo as funções seno, cosseno e exponencial e criando com seus resultados tabelas que foram enviadas para a Royal Society por Arthur Cayley. A partir de uma bolsa no Trinity College em 1871, se tornou palestrante, tutor e professor em Cambridge pelo resto de sua vida, tendo sido um professor muito competente e elogiado por todos.

[40] Edwards, Joseph. "A Treatise On The Integral Calculus". Macmillan and Co., Limited, vol.2, pg. 964, ex.15, 1922. No problema original, a questão pede que mostremos, utilizando a substituição, que a integral é igual a $\dfrac{\pi^2}{8}$, o que obviamente é um engano.

$$dx=\frac{\left[-(1+y)-(1-y)\right]}{(1+y)^2}dy=\frac{-2}{(1+y)^2}dy$$, ainda, $\begin{cases}x=1\rightarrow t=0\\ x=0\rightarrow t=1\end{cases}$, substituindo,

$$\int_0^1\frac{\operatorname{tg}^{-1}\left(\dfrac{3+3x}{1-2x-x^2}\right)}{1+x^2}dx=\int_1^0\frac{\operatorname{tg}^{-1}\left[3\left(\dfrac{1+\dfrac{1-y}{1+y}}{1-2\left(\dfrac{1-y}{1+y}\right)-\left(\dfrac{1-y}{1+y}\right)^2}\right)\right]}{1+\left(\dfrac{1-y}{1+y}\right)^2}\frac{-2}{(1+y)^2}dy$$

$$\int_0^1\frac{\operatorname{tg}^{-1}\left(\dfrac{3+3x}{1-2x-x^2}\right)}{1+x^2}dx=\int_0^1\frac{\operatorname{tg}^{-1}\left[3\left(\dfrac{\dfrac{2}{1+y}}{\dfrac{(1+y)^2-2(1-y)(1+y)-(1-y)^2}{(1+y)^2}}\right)\right]}{\dfrac{(1+y)^2+(1-y)^2}{\cancel{(1+y)^2}}}\frac{2}{\cancel{(1+y)^2}}dy$$

$$\int_0^1\frac{\operatorname{tg}^{-1}\left(\dfrac{3+3x}{1-2x-x^2}\right)}{1+x^2}dx=2\int_0^1\frac{\operatorname{tg}^{-1}\left[3\left(\dfrac{\dfrac{\cancel{2}}{\cancel{1+y}}}{\dfrac{-\cancel{2}(1-2y-y^2)}{(1+y)^{\cancel{2}}}}\right)\right]}{2(1+y^2)}dy=\int_0^1\frac{\operatorname{tg}^{-1}\left[-\left(\dfrac{3+3y}{1-2y-y^2}\right)\right]}{1+y^2}dy$$

$$\int_0^1\frac{\operatorname{tg}^{-1}\left(\dfrac{3+3x}{1-2x-x^2}\right)}{1+x^2}dx=-\int_0^1\frac{\operatorname{tg}^{-1}\left(\dfrac{3+3y}{1-2y-y^2}\right)}{1+y^2}dy$$

Por tanto,

$$\int_0^1\frac{\operatorname{tg}^{-1}\left(\dfrac{3+3x}{1-2x-x^2}\right)}{1+x^2}dx=0$$

9) Integração por Partes & Método DI

Esse sem dúvida é um dos métodos mais utilizados para auxiliar na busca de primitivas, se você observar a função do integrando como produto de duas funções, de modo que se uma delas fosse derivada em relação a variável de integração e a outra fosse substituída pela função que ao ser derivada tivesse ela por resultado originasse uma função mais palatável, com certeza esse é o método que você deverá utilizar.

Observe o desenvolvimento,

Sejam $f(x)$ e $g(x)$ duas funções definidas e deriváveis para um determinado intervalo $I = [a,b]$, da regra do produto, temos que,

$$[f(x)g(x)]' = f'(x)g(x) + f(x)g'(x)$$

Admitindo que as composições acima admitam primitiva no intervalo I, vamos agora integrá-las em x,

$$\int_a^b [f(x)g(x)]'dx = \int_a^b f'(x)g(x)dx + \int_a^b f(x)g'(x)dx$$

$$f(x)g(x)\Big|_a^b = \int_a^b f'(x)g(x)dx + \int_a^b f(x)g'(x)dx$$

I) $$\boxed{\int_a^b f(x)g'(x)dx = f(x)g(x)\Big|_a^b - \int_a^b f'(x)g(x)dx}$$

Ou simbolicamente, sendo $u = f(x)$ e $v = g(x)$, temos,

$$uv' = [uv]' - u'v \Rightarrow \int uv'dx = uv - \int u'vdx$$

II) $$\boxed{\underbrace{\int uv' = uv - \int u'v}_{\text{como uma fórmula mnemônica, omitimos os "}dx\text{"}}}$$

Essa ideia, apesar da sua simplicidade, será muito importante para a resolução de integrais, e como veremos mais adiante, tem um papel fundamental na Transformada de Laplace.

a) Calcule a integral $\int x\cos x\,dx$.

Solução:

$$\int x\cos x\,dx \ , \text{ seja } \begin{cases} u = x \\ v' = \cos x \\ uv' = x\cos x \end{cases} , \text{ temos}$$

$$\int \underbrace{x}_{u}\underbrace{\cos x}_{v'}dx = \underbrace{x}_{u}\underbrace{\operatorname{sen} x}_{v} - \int \underbrace{1}_{u'}\underbrace{\operatorname{sen} x}_{v}dx$$, ou ainda, $$\int \underbrace{x}_{f(x)}\underbrace{\cos x}_{g'(x)}dx = \underbrace{x}_{f(x)}\underbrace{\operatorname{sen} x}_{g(x)} - \int \underbrace{1}_{f'(x)}\underbrace{\operatorname{sen} x}_{g(x)}dx$$, por tanto,

$$\int x\cos x\,dx = x\operatorname{sen} x + \cos x + C$$

b) Calcule a integral $\int \ln x\, dx$.

Solução:

$$\int \ln x\, dx = \int \ln x . 1\, dx \text{ , seja } \begin{cases} u = \ln x \\ v' = 1 \\ uv' = \ln x . 1 \end{cases} \text{ , temos}$$

$$\int \underbrace{\ln x}_{u} . \underbrace{1}_{v'}\, dx = \underbrace{\ln x}_{u} . \underbrace{x}_{v} - \int \underbrace{\frac{1}{x}}_{u'} . \underbrace{x}_{v}\, dx = x(\ln x - 1) + C.$$

c) Calcule a integral $\int \frac{\ln x}{x^2} dx$.

Solução:

$$\int \frac{\ln x}{x^2} dx \text{, seja } \begin{cases} u = \ln x \\ v' = \frac{1}{x^2} \\ uv' = \frac{\ln x}{x^2} \end{cases}$$

$$\int \frac{\ln x}{x^2} dx = \underbrace{\ln x}_{u} . \underbrace{\frac{-1}{x}}_{v} - \int \underbrace{\frac{1}{x}}_{u'} . \underbrace{\frac{-1}{x}}_{v} dx = -\frac{\ln|x|}{x} - \frac{1}{x} + C.$$

Importante: Na fórmula, quando escolhemos u e v', devemos ter em mente que podemos adicionar uma constante c a função v, uma vez que ao ser diferenciada, esta desaparecerá, ou seja, $(v + c)' = v'$.

Fórmula Geral da Integração por Partes

$$\text{III)} \quad \boxed{\int uv'dx = u(v+c)' - \int u'(v+c)dx}$$

Apesar de o normal ser atribuirmos zero ao valor da constante, essa pode, em alguns casos, ser muito útil, como veremos a seguir:

d) Calcule a integral $\int \frac{x^2}{(x^2+4)^2} dx$.

Solução:

$\int \frac{x^2}{(x^2+4)^2} dx = \int \frac{x.x}{(x^2+4)^2} dx$, se fizermos $v' = x$, podemos escolher $v = x^2 + 4$ e para preservar a igualdade, basta multiplicarmos a integral por 1/2 (uma vez que $v' = 2x$), assim,

$\int \frac{x^2}{(x^2+4)^2} dx = \frac{1}{2} \int \frac{x.(x^2+4)'}{(x^2+4)^2} dx$, reorganizando as nossas ideias, observe que,

Mudando a notação, se $v = x^2 + 4$ então $(x^2+4)' = dv$, substituindo na integral, teremos:

$$\int \frac{x^2}{\left(x^2+4\right)^2}dx = \frac{1}{2}\int \frac{x.\left(x^2+4\right)'}{\left(x^2+4\right)^2}dx = \frac{1}{2}\int x\frac{dv}{v^2}dx \text{, assim,}$$

$$\int \frac{x^2}{\left(x^2+4\right)^2}dx = \frac{1}{2}\int \underbrace{x}_{u}\underbrace{\frac{dv}{v^2}}_{v'}dx = \frac{1}{2}\left[\underbrace{x}_{u}\underbrace{\left(\frac{-1}{v}\right)}_{v} - \int \underbrace{1}_{u'}.\underbrace{\left(\frac{-1}{v}\right)}_{v}dx\right] = -\frac{1}{2}\left[\frac{x}{x^2+4} - \int \frac{1}{x^2+2^2}dx\right] + C$$

$$\int \frac{x^2}{\left(x^2+4\right)^2}dx = -\frac{1}{2}\left[\frac{x}{x^2+4} - \frac{1}{2}\text{tg}^{-1}\left(\frac{x}{2}\right)\right] + C = \frac{1}{4}\left[\text{tg}^{-1}\left(\frac{x}{2}\right) - \frac{2x}{x^2+4}\right] + C.$$

Existe, no entanto, uma forma mais prática de aplicarmos a integração por partes, chamada de método DI (diferenciação e integração), seja a integral $\int f(x)g'(x)dx$, primeiramente identificamos no integrando os dois fatores a serem separados, de modo que um deverá ser diferenciado e o outro deverá ser integrado, em seguida montamos três colunas, uma coluna que deverá conter um sinal positivo ou um sinal negativo alternadamente para cada linha, uma coluna D na qual escrevemos na primeira linha o fator a ser diferenciado e uma coluna I onde escrevemos o fator a ser integrado,

$$\int f(x)g'(x)dx$$

	D	I
+	$f(x)$	$g'(x)$
−	$f'(x)$	$g(x)$

Desse modo, na primeira linha teremos +, $f(x)$ e $g'(x)$, para a próxima linha, deveremos alternar o sinal, por tanto, − , derivamos a $f(x)$, e integramos a $g'(x)$. Agora deveremos multiplicar elementos da diagonal descendente, da esquerda para a direita, e os elementos da última linha. Sendo que quando multiplicamos uma diagonal, essa representa a função que deverá ser calculada nos extremos de integração e quando multiplicamos a última linha, essa representará uma integral na variável em questão, observe,

$$\int f(x)g'(x)dx = +f(x)g(x) - \int f'(x)g(x)dx$$

Vamos aplicar essa técnica ao nosso primeiro exemplo, $\int x\cos x\,dx$:

$$\int x\cos x\,dx$$

	D	I
+	x	$\cos x$
−	1	$\text{sen}\,x$

$$\int x\cos x\,dx = +x\,\text{sen}\,x - \int \text{sen}\,x\,dx = x\,\text{sen}\,x + \cos x + C$$

Acontece o caso em que algumas vezes, se farão necessárias novas linhas para finalmente conseguir simplificar a integral (o produto dos elementos de uma mesma linha), observe:

Calcule a integral $-\int 2\cos x\, dx$

	D	*I*
+	x^2	$\cos x$
−	$2x$	$\operatorname{sen} x$
+	2	$-\cos x$

Devemos focar nos produtos de uma linha, pois deveremos saber integrar o resultado, caso contrário, devemos prosseguir. Se parássemos na 1ª linha, teríamos: $\int x^2 \cos x\, dx$, na 2ª linha, $-\int 2x \operatorname{sen} x\, dx$, ainda não somos capazes de resolver, já na 3ª linha o produto é $-\int 2\cos x\, dx$, que somos capazes de resolver!

$$\int x^2 \cos x\, dx = +x^2 \operatorname{sen} x - 2x(-\cos x) + \int 2(-\cos x)\, dx = x^2 \operatorname{sen} x + 2x\cos x - 2\int \cos x\, dx$$

$$\int x^2 \cos x\, dx = x^2 \operatorname{sen} x + 2x \cos x - 2\operatorname{sen} x + C\ .$$

A justificativa do método é simples, tudo se passa como se aplicássemos a integração por partes duas vezes e para isso, basta escrever mais uma linha.

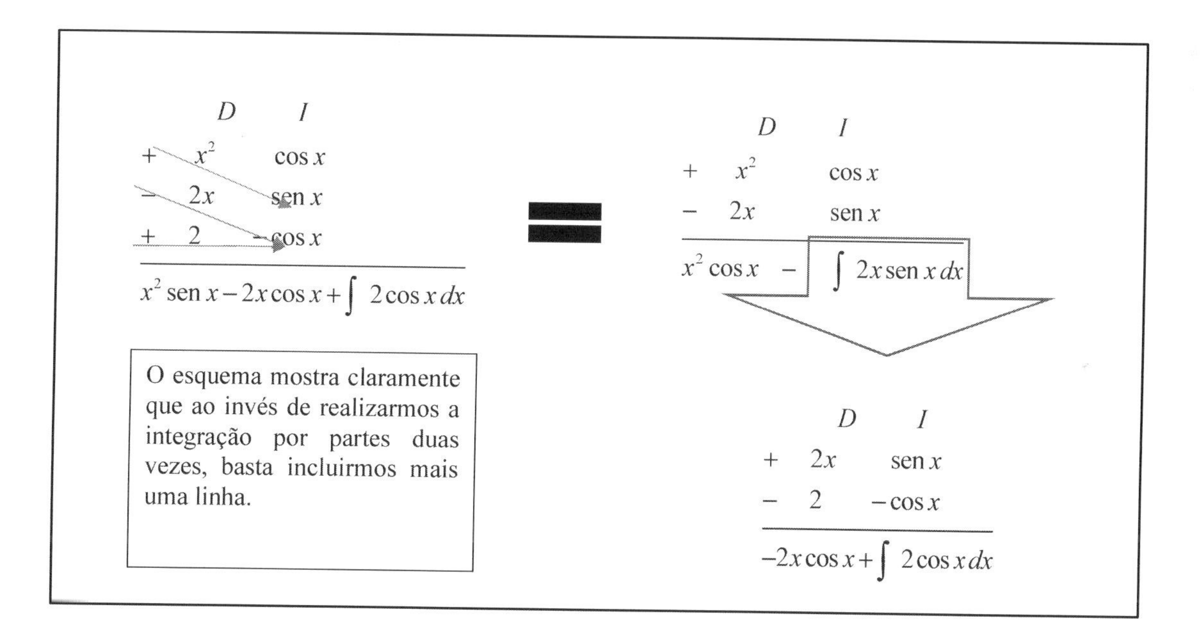

Vamos verificar agora quais devem ser os critérios para sabermos se devemos, ou não, parar em uma determinada linha:

Condições de Parada no Método DI

I) Quando aparecer um ZERO na coluna das derivadas.
Exemplo: Vamos refazer a integral interior por mais uma linha.

$-\int 2\cos x\,dx$

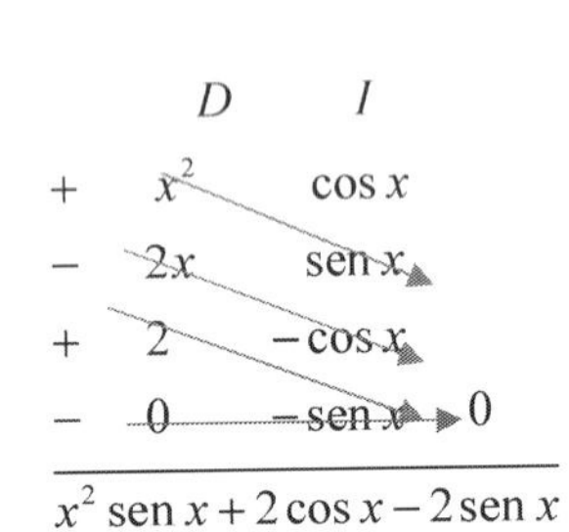

$x^2 \operatorname{sen} x + 2\cos x - 2\operatorname{sen} x$

Perceba que se tivéssemos acrescentado a 4ª linha no exemplo anterior, não precisaríamos ter calculado a integral

$$\int 2\cos x\,dx$$

só o fizemos por que estávamos apresentando a técnica.

II) Quando formos capazes de integrar o produto da última linha executada e as seguintes não forem produzir um zero dentro de poucos passos.
Exemplo: Calcule a integral $\int x^5 \ln x\,dx$.

$\int x^2 \ln x\,dx$

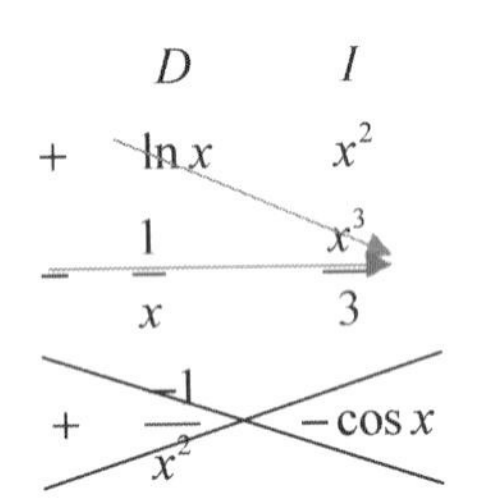

Observe que a partir da 2ª linha, além das derivadas e integrais irem se complicando, o produto dos elementos da mesma linha terão sempre o mesmo grau da segunda. Desse modo, a 2ª linha é um BOM ponto de parada.

$$\int x^2 \ln x\,dx = \frac{x^3}{3}\ln x - \int \frac{1}{x}\frac{x^3}{3}dx = \frac{x^3}{3}\ln x - \frac{1}{3}\int x^2 dx = \frac{x^3}{3}\left(\ln x - \frac{1}{3}\right) + C$$

III) Quando uma linha se repetir independente do sinal.

Exemplo: Calcule a integral $\int e^x \cos x \, dx$.

$\int e^x \cos x \, dx$

	D	I
+	e^x	$\cos x$
−	e^x	$\operatorname{sen} x$
+	e^x	$-\cos x$

Observe que a 1ª e a 3ª linhas se repetiram com sinais opostos, por tanto, a integral obtida pela terceira linha passará para o 1º membro dobrando o valor da integral inicial.

$$\int e^x \cos x \, dx = e^x \operatorname{sen} x + e^x \cos x - \int e^x \cos x \, dx$$

$$2\int e^x \cos x \, dx = e^x (\operatorname{sen} x + \cos x) \Rightarrow \int e^x \cos x \, dx = \frac{e^x (\operatorname{sen} x + \cos x)}{2} + C$$

a) Calcule a integral $\int \sec^3 x \, dx$.

Solução:

$\int \sec^3 x \, dx = \int \sec x \sec^2 x \, dx$

	D	I
+	$\sec x$	$\sec^2 x$
−	$\sec x \operatorname{tg} x$	$\operatorname{tg} x$

$$\int \sec^3 x \, dx = \sec x \operatorname{tg} x - \int \sec x \operatorname{tg}^2 x \, dx$$

$$\int \sec^3 x \, dx = \sec x \operatorname{tg} x - \int \sec x (\sec^2 x - 1) dx = \sec x \operatorname{tg} x - \int \sec^3 x \, dx + \int \sec x \, dx$$

$$2\int \sec^3 x \, dx = \sec x \operatorname{tg} x - \int \sec x (\sec^2 x - 1) dx = \sec x \operatorname{tg} x - \ln|\sec x + \operatorname{tg} x|$$

$$\int \sec^3 x \, dx = \sec x \operatorname{tg} x - \ln|\sec x + \operatorname{tg} x| + C$$

b) (IIT 2003) Calcule a integral $\int x^4 \operatorname{sen} x \, dx$.

Solução:

	D	I
$+$	x^4	$\operatorname{sen} x$
$-$	$4x^3$	$-\cos x$
$+$	$12x^2$	$-\operatorname{sen} x$
$-$	$24x$	$\cos x$
$+$	24	$\operatorname{sen} x$
$-$	0	$-\cos x$

$$\int x^4 \operatorname{sen} x\, dx = -x^4 \cos x + 4x^3 \operatorname{sen} x + 12x^2 \cos x - 24x \operatorname{sen} x - 24 \cos x + C$$

c) Calcule a integral $\int e^{2x} \operatorname{sen} 3x\, dx$.

	D	I
$+$	e^{2x}	$\operatorname{sen} 3x$
$-$	$2e^{2x}$	$-\frac{1}{3}\cos 3x$
$+$	$4e^{2x}$	$-\frac{1}{9}\operatorname{sen} 3x$

$$\int e^{2x} \operatorname{sen} 3x\, dx = -\frac{1}{3}e^{2x}\cos 3x + \frac{2}{9}e^{2x}\operatorname{sen} 3x - \frac{4}{9}\int e^{2x}\operatorname{sen} 3x\, dx$$

$$\frac{13}{9}\int e^{2x}\operatorname{sen} 3x\, dx = -\frac{1}{3}e^{2x}\cos 3x + \frac{2}{9}e^{2x}\operatorname{sen} 3x$$

$$\int e^{2x}\operatorname{sen} 3x\, dx = \frac{1}{13}\left(2e^{2x}\operatorname{sen} 3x - 3e^{2x}\cos 3x\right) + C$$

d) Mostre que $\int e^{ax}\operatorname{sen} bx\, dx = \frac{e^{ax}}{a^2+b^2}[a\operatorname{sen} bx - b\cos bx] + C$.

Solução:

$$\int e^{ax}\operatorname{sen} bx\, dx$$

	D	I
$+$	e^{ax}	$\operatorname{sen} bx$
$-$	ae^{ax}	$-\frac{1}{b}\cos bx$
$+$	a^2e^{ax}	$-\frac{1}{b^2}\operatorname{sen} bx$

$$\int e^{ax}\operatorname{sen} bx\, dx = -\frac{1}{b}e^{ax}\cos bx + ae^{ax}\frac{1}{b^2}\operatorname{sen} bx - \frac{a^2}{b^2}\int e^{ax}\operatorname{sen} bx\, dx$$

$$\left(\frac{a^2+b^2}{b^2}\right)\int e^{ax}\operatorname{sen} bx\, dx = \frac{a}{b^2}e^{ax}\operatorname{sen} bx - \frac{b}{b^2}e^{ax}\cos bx$$

$$\left(a^2+b^2\right)\int e^{ax}\operatorname{sen} bx\, dx = ae^{ax}\operatorname{sen} bx - be^{ax}\cos bx$$

$$\int e^{ax}\operatorname{sen} bx\,dx=\frac{e^{ax}}{a^2+b^2}[a\operatorname{sen} bx-b\cos bx]+C.$$

e) Mostre que $\int e^{ax}\cos bx\,dx=\frac{e^{ax}}{a^2+b^2}[a\operatorname{sen} bx-b\cos bx]+C$.

Solução:

$\int e^{ax}\cos bx\,dx$

	D	I
$+$	e^{ax}	$\cos bx$
$-$	ae^{ax}	$\frac{1}{b}\operatorname{sen} bx$
$+$	a^2e^{ax}	$-\frac{1}{b^2}\cos bx$

$$\int e^{ax}\cos bx\,dx=\frac{1}{b}e^{ax}\operatorname{sen} bx+ae^{ax}\frac{1}{b^2}\cos bx-\frac{a^2}{b^2}\int e^{ax}\cos bx\,dx$$

$$\left(\frac{a^2+b^2}{b^2}\right)\int e^{ax}\cos bx\,dx=\frac{a}{b^2}e^{ax}\cos bx-\frac{b}{b^2}e^{ax}\operatorname{sen} bx$$

$$\left(a^2+b^2\right)\int e^{ax}\cos bx\,dx=ae^{ax}\cos bx-be^{ax}\operatorname{sen} bx$$

$$\int e^{ax}\cos bx\,dx=\frac{e^{ax}}{a^2+b^2}[a\cos bx-b\operatorname{sen} bx]+C.$$

f) (MIT Integration Bee 2013) Calcule a integral $\int e^{\sqrt[4]{x}}dx$.

Solução:

Seja $u=\sqrt[4]{x}=x^{\frac{1}{4}}$, por tanto, $du=\frac{1}{4}x^{\frac{-3}{4}}dx=\frac{1}{4\sqrt[4]{x^3}}dx=\frac{1}{4t^3}dx$, assim, $dx=4t^3du$,

$$\int e^{\sqrt[4]{x}}dx=\int e^u4u^3du$$

	D	I
$+$	u^3	e^u
$-$	$3u^2$	e^u
$+$	$6u$	e^u
$-$	6	e^u
$+$	0	e^u

$$4\int u^3e^udu=4\left(u^3e^u-3u^2e^u+6ue^u-6e^u\right)+C$$

$$\int e^{\sqrt[4]{x}}dx=4\left(x^{\frac{3}{4}}e^{x^{\frac{1}{4}}}-3x^{\frac{2}{4}}e^{x^{\frac{1}{4}}}+6x^{\frac{1}{4}}e^{x^{\frac{1}{4}}}-6e^{x^{\frac{1}{4}}}\right)+C=4\left(\sqrt[4]{x^3}e^{\sqrt[4]{x}}-3\sqrt[4]{x^2}e^{\sqrt[4]{x}}+6\sqrt[4]{x}e^{\sqrt[4]{x}}-6e^{\sqrt[4]{x}}\right)+C.$$

g) Calcule a integral $\int \sqrt{1-x^2}\,dx$.

Solução:

Considerando o integrando como o produto de $f(x) = 1$ e $g(x) = \sqrt{1-x^2}$, pelo método DI, temos,

	D	I
+	$\sqrt{1-x^2}$	1
−	$\dfrac{-2x}{2\sqrt{1-x^2}}$	x

$$\int \sqrt{1-x^2}\,dx = x\sqrt{1-x^2} - \int \frac{-x^2}{\sqrt{1-x^2}}\,dx = x\sqrt{1-x^2} + \left(-\int \frac{1-x^2-1}{\sqrt{1-x^2}}\,dx\right), \text{ assim,}$$

$$2\int \sqrt{1-x^2}\,dx = x\sqrt{1-x^2} + \int \frac{1}{\sqrt{1-x^2}}\,dx$$

$$\int \sqrt{1-x^2}\,dx = \frac{1}{2}x\sqrt{1-x^2} + \frac{1}{2}\operatorname{sen}^{-1} x + C$$

h) (India IIT JEE Exam Prep Problem) Calcule a integral $\int \dfrac{x^2}{(x\operatorname{sen} x + \cos x)^2}\,dx$.

Solução:

Se fossemos fazer uma substituição, a tentativa mais provável seria fazermos $u = x\operatorname{sen} x + \cos x$, por tanto, $du = \cancel{\operatorname{sen} x} + x\cos x - \cancel{\operatorname{sen} x}\,dx$, assim, $du = x\cos x\,dx$. Ao invés de *substituirmos*, vamos expandir a integral, preparando-a para uma integração por partes, utilizando a ideia da substituição, ou seja, vamos multiplicar e dividir por $\cos x$,

$$\int \frac{x^2}{(x\operatorname{sen} x + \cos x)^2}\,dx = \int \frac{x}{\cos x}\frac{x\cos x}{(x\operatorname{sen} x + \cos x)^2}\,dx$$

Realizando a integração por partes,

	D	I
+	$\dfrac{x}{\cos x}$	$\dfrac{x\cos x}{(x\operatorname{sen} x + \cos x)^2}$
−	$\dfrac{\cos x - (-\operatorname{sen} x)x}{\cos^2 x}$	$\dfrac{-1}{x\operatorname{sen} x + \cos x}$

$$\int \frac{x^2}{(x\operatorname{sen} x + \cos x)^2}\,dx = \frac{-x}{\cos x(x\operatorname{sen} x + \cos x)} + \int \frac{\cancel{(\operatorname{sen} x + \cos x)}}{\cos^2 x\cancel{(x\operatorname{sen} x + \cos x)}}\,dx$$

$$\int \frac{x^2}{(x\operatorname{sen} x + \cos x)^2}\,dx = \frac{-x}{\cos x(x\operatorname{sen} x + \cos x)} + \int \frac{1}{\cos^2 x}\,dx$$

$$\int \frac{x^2}{(x\operatorname{sen} x + \cos x)^2}\,dx = \frac{-x}{\cos x(x\operatorname{sen} x + \cos x)} + \operatorname{tg} x + C, \text{ fatorando,}$$

$$\int \frac{x^2}{(x\operatorname{sen} x + \cos x)^2}\,dx = \frac{-x}{\cos x(x\operatorname{sen} x + \cos x)} + \frac{\operatorname{sen} x(x\operatorname{sen} x + \cos x)}{\cos x(x\operatorname{sen} x + \cos x)} + C = \frac{-x + \operatorname{sen}^2 x + \operatorname{sen} x\cos x}{\cos x(x\operatorname{sen} x + \cos x)} + C$$

$$\int \frac{x^2}{(x\operatorname{sen} x + \cos x)^2}\,dx = \frac{-x + x\operatorname{sen}^2 x + \operatorname{sen} x\cos x}{\cos x(x\operatorname{sen} x + \cos x)} + C = \frac{-x + x(1-\cos^2 x) + \operatorname{sen} x\cos x}{\cos x(x\operatorname{sen} x + \cos x)} + C$$

$$\int \frac{x^2}{(x\operatorname{sen} x + \cos x)^2}\,dx = \frac{-x + x\operatorname{sen}^2 x + \operatorname{sen} x\cos x}{\cos x(x\operatorname{sen} x + \cos x)} + C = \frac{-x + x(1-\cos^2 x) + \operatorname{sen} x\cos x}{\cos x(x\operatorname{sen} x + \cos x)} + C$$

$$\int \frac{x^2}{(x\operatorname{sen} x + \cos x)^2}\,dx = \frac{-x\cos^2 x + \operatorname{sen} x\cos x}{\cos x(x\operatorname{sen} x + \cos x)} + C = \frac{-x\cos x + \operatorname{sen} x}{x\operatorname{sen} x + \cos x} + C$$

A integração por partes, sua ideia e sua prática nos possibilitaram o desenvolvimento de novas técnicas como a integração repetida de Cauchy, que nos leva diretamente ao cálculo fracionário, ou ainda a transformada de Laplace e suas diversas aplicações, que decorrem diretamente da ideia da integração por partes.

10)Fórmulas de Redução Trigonométricas

I. $$\int \text{sen}^n x\,dx = -\frac{1}{n}\text{sen}^{n-1} x \cos x + \frac{n-1}{n}\int \text{sen}^{n-2} x\,dx + C$$

Demonstração:
Reescrevendo a função,

$\int \text{sen}^n x\,dx = \int \text{sen}^{n-1} x\ \text{sen}\,x\,dx$, integrando por partes,

	D	I
+	$\text{sen}^{n-1} x$	$\text{sen}\,x$
−	$(n-1)\text{sen}^{n-2} x \cos x$	$-\cos x$

$$\int \text{sen}^n x\,dx = -\text{sen}^{n-1} x \cos x + (n-1)\int \text{sen}^{n-2} x \cos^2 x\,dx$$

$$\int \text{sen}^n x\,dx = -\text{sen}^{n-1} x \cos x + (n-1)\int \text{sen}^{n-2} x\left(1-\text{sen}^2 x\right)dx$$

$$\int \text{sen}^n x\,dx = -\text{sen}^{n-1} x \cos x + (n-1)\int \text{sen}^{n-2} x\,dx - (n-1)\int \text{sen}^n x\,dx$$

$$n\int \text{sen}^n x\,dx = -\text{sen}^{n-1} x \cos x + (n-1)\int \text{sen}^{n-2} x\,dx$$

$$\int \text{sen}^n x\,dx = -\frac{1}{n}\text{sen}^{n-1} x \cos x + \frac{(n-1)}{n}\int \text{sen}^{n-2} x\,dx$$

□

II. $$\int \cos^n x\,dx = \frac{1}{n}\cos^{n-1} x\,\text{sen}\,x + \frac{n-1}{n}\int \cos^{n-2} x\,dx + C$$

Demonstração:
Segue análoga à anterior.

III. $$\int \text{tg}^n x\,dx = \frac{1}{n-1}\text{tg}^{n-1} x + \int \text{tg}^{n-2} x\,dx + C$$

Demonstração:
Reescrevendo,

$$\int \text{tg}^n x\,dx = \int \text{tg}^{n-2} x\,\text{tg}^2 x\,dx = \int \text{tg}^{n-2} x\left(\sec^2 x - 1\right)dx = \int \text{tg}^{n-2} x \sec^2 x\,dx - \int \text{tg}^{n-2} x\,dx$$

Na primeira integral do segundo membro acima, seja $u = \text{tg}\,x$, por tanto, $du = \sec^2 x\,dx$, substituindo,

$$\int \text{tg}^n x\,dx = \int u^{n-2} \cancel{\sec^2 x}\,\frac{du}{\cancel{\sec^2 x}} - \int \text{tg}^{n-2} x\,dx = \int u^{n-2} du - \int \text{tg}^{n-2} x\,dx$$

$$\int \operatorname{tg}^n x\,dx = \frac{u^{n-1}}{n-1} - \int \operatorname{tg}^{n-2} x\,dx + C_o = \frac{1}{n-1}\operatorname{tg}^{n-1} x - \int \operatorname{tg}^{n-2} x\,dx + C$$

□

IV. $$\int \sec^n x\,dx = \frac{1}{n-1}\sec^{n-2} x \operatorname{tg} x + \frac{n-2}{n-1}\int \sec^{n-2} x\,dx + C$$

Demonstração:
Reescrevendo,

$\int \sec^n x\,dx = \int \sec^{n-2} x \sec^2 x\,dx$,

Seja $u = \sec^{n-2} x$, por tanto, $du = (n-2)\sec^{n-3} x \sec x \operatorname{tg} x = (n-2)\sec^{n-2} x \operatorname{tg} x\,dx$, ainda, $dv = \sec^2 x$, por tanto, $v = \operatorname{tg} x$. Integrando por partes,

$$\int u\,dv = uv - \int v\,du$$

$$\int \sec^{n-2} x \sec^2 x\,dx = \sec^{n-2} x \operatorname{tg} x - \int \operatorname{tg} x\,(n-2)\sec^{n-2} x \operatorname{tg} x\,dx$$

$$\int \sec^n x\,dx = \sec^{n-2} x \operatorname{tg} x - (n-2)\int \operatorname{tg}^2 x \sec^{n-2} x\,dx$$

$$\int \sec^n x\,dx = \sec^{n-2} x \operatorname{tg} x - (n-2)\int (\sec^2 x - 1) \sec^{n-2} x\,dx$$

$$\int \sec^n x\,dx = \sec^{n-2} x \operatorname{tg} x - (n-2)\int \sec^n x\,dx + (n-2)\int \sec^{n-2} x\,dx$$

$$(n-1)\int \sec^n x\,dx = \sec^{n-2} x \operatorname{tg} x + (n-2)\int \sec^{n-2} x\,dx$$

$$\int \sec^n x\,dx = \frac{1}{(n-1)}\sec^{n-2} x \operatorname{tg} x + \frac{(n-2)}{(n-1)}\int \sec^{n-2} x\,dx$$

□

V. $$\int \operatorname{cossec}^n x\,dx = -\frac{1}{n-1}\operatorname{cossec}^{n-2} x \operatorname{cotg} x + \frac{n-2}{n-1}\int \operatorname{cossec}^{n-2} x\,dx + C$$

Demonstração:
Segue análoga à anterior.

VI. $$\int \operatorname{cotg}^n x\,dx = -\frac{1}{n-1}\operatorname{cotg}^{n-1} x - \int \operatorname{cotg}^{n-2} x\,dx + C$$

Demonstração:
Segue análoga à da tangente.

11)Funções Racionais e Frações Parciais

As funções racionais, com coeficientes reais, são um dos casos mais simples de integração onde a integral pode ser expressa em termos de funções elementares, desse modo para abordarmos as diversas técnicas utilizadas para sua solução, vamos dividi-las em casos. Para começarmos, vamos tomar o caso geral em que tenhamos a seguinte função racional $P(x)/D(x)$ com coeficientes reais. Quando o grau de $P(x)$ é menor que o grau de $D(x)$, e estes polinômios não possuem raízes comuns, essa fração é denominada uma fração própria. Já quando o grau de $P(x)$ é maior que o grau de $D(x)$, essa fração é denominada uma fração imprópria e poderá ser transformada algebricamente na soma de um polinômio com uma fração própria, basta para tal executarmos a divisão polinomial:

$$\frac{P(x)}{D(x)} \Rightarrow P(x) = D(x).Q(x) + R(x) \Rightarrow \frac{P(x)}{D(x)} = \underbrace{Q(x)}_{polinômio} + \underbrace{\frac{R(x)}{D(x)}}_{fração\ própria}$$

Como a integral do polinômio não oferece dificuldade, vamos nos ocupar de estudar a resolução das integrais das frações próprias. Abaixo temos alguns casos simples nas quais essas se dividem e em seguida generalizaremos o desenvolvimento das frações racionais em frações parciais:

I. $$\int \frac{a}{(x-x_1)}\,dx = a\ln|x-x_1| + C$$

Demonstração:

$\int \frac{a}{(x-x_1)}\,dx$, seja $u = x - x_1$, por tanto, $du = dx$,

$$\int \frac{a}{(x-x_1)}\,dx = \int \frac{a}{u}\,du = a\ln u + C = a\ln|x-x_1| + C \quad \square$$

II. $$\int \frac{a}{(x-x_1)^n}\,dx = a\frac{(x-x_1)^{1-n}}{1-n} + C, \ n \geq 2$$

Demonstração:

$\int \frac{a}{(x-x_1)^n}\,dx$, seja $u = x - x_1$, por tanto, $du = dx$,

$$\int \frac{a}{(x-x_1)^n}\,dx = \int \frac{a}{u^n}\,du = a\frac{u^{1-n}}{1-n} + C = a\frac{(x-x_1)^{1-n}}{1-n} + C \quad \square$$

III. $\int \frac{ax+b}{(x-x_1)(x-x_2)}dx = \int \frac{A}{(x-x_1)} + \frac{B}{(x-x_2)}dx = A\ln|x-x_1| + B\ln|x-x_2| + C$

Demonstração:

Queremos encontrar A e B tais que:

$$\frac{ax+b}{(x-x_1)(x-x_2)} = \frac{A}{(x-x_1)} + \frac{B}{(x-x_2)}$$

$$\frac{ax+b}{(x-x_1)(x-x_2)} = \frac{A(x-x_2)+B(x-x_1)}{(x-x_1)(x-x_2)} = \frac{(A+B)x-(Ax_2+Bx_1)}{(x-x_1)(x-x_2)}$$

Da igualdade de polinômios, temos que:

$$\begin{cases} A+B=a \\ Ax_2+Bx_1=b \end{cases} \Rightarrow A = \frac{ax_1+b}{x_1-x_2} \text{ e } B = \frac{ax_2+b}{x_1-x_2} \quad \square$$

IV. $\int \frac{ax+b}{(x-x_1)^2}dx = \int \frac{A_1}{(x-x_1)^1} + \frac{A_2}{(x-x_1)^2}dx = A_1\ln|x-x_1| - \frac{A_2}{(x-x_1)} + C$

Demonstração:

Observe o desenvolvimento:

$$\frac{ax+b}{(x-x_1)^2} = \frac{ax-ax_1+ax_1+b}{(x-x_1)^2} = \frac{a(x-x_1)}{(x-x_1)^2} + \frac{ax_1+b}{(x-x_1)^2} = \frac{a}{(x-x_1)} + \frac{ax_1+b}{(x-x_1)^2},$$

assim, para $A_1 = a$ e $A_2 = ax_1+b$ temos:

$$\frac{ax+b}{(x-x_1)^2} = \frac{A_1}{(x-x_1)^1} + \frac{A_2}{(x-x_1)^2} \quad \square$$

Estudaremos no próximo capítulo os denominadores de 2º grau, no entanto, do caso IV acima, vale mencionarmos como o nosso próximo caso aquele cujo o denominador da nossa fração própria possui uma raiz complexa de multiplicidade 2 (teorema das raízes conjugadas), ou seja, uma vez que as raízes complexas aparecem em duplas, junto a sua conjugada, na verdade teremos uma equação de 2º grau irredutível elevada a 2ª potência.

V. $\int \frac{ax+b}{(x^2+px+q)^2}dx = \frac{A_1x+B_1}{(x^2+px+q)^1} + \frac{A_2x+B_2}{(x^2+px+q)^2}$

A demonstração do caso acima, assim como a sua generalização é consequência direta dos teoremas a seguir, onde provaremos que qualquer fração racional própria, por tanto, sem raízes comuns e com coeficientes reais, pode ser escrita como uma soma de frações parciais.

Teorema 1: "Seja uma fração própria qualquer, $P(x)/p(x)$, temos que esta pode ser escrita na forma de frações parciais como a seguir:

$$\boxed{\frac{P(x)}{p(x)}=\frac{A}{(x-x_1)^k}+\frac{P_1(x)}{(x-x_1)^{k-1}p_1(x)}}$$

Onde A é um número real e x_1 é uma raiz real de multiplicidade k do denominador, ou seja, $p(x)=(x-x_1)^k p_1(x)$ com $p_1(x_1)\neq 0$ e $P_1(x)$ é um polinômio com grau menor que o grau do denominador $(x-x_1)^{k-1}p_1(x)$".

Demonstração:

Seja x_1 é uma raiz real de multiplicidade k do denominador, de modo que $p(x)=(x-x_1)^k p_1(x)$, assim,

$$\frac{P(x)}{p(x)}=\frac{P(x)}{(x-x_1)^k p_1(x)}=\frac{P(x)+Ap_1(x)-Ap_1(x)}{(x-x_1)^k p_1(x)}=\frac{A}{(x-x_1)^k}+\frac{P(x)-Ap_1(x)}{(x-x_1)^k p_1(x)},$$

onde A é número real tal que, $P(x)-Ap_1(x)$ seja divisível por $(x-x_1)$, ou seja,

$$x_1 \mid [P(x)-Ap_1(x)] \Leftrightarrow P(x_1)-Ap(x_1)=0,$$

de onde da hipótese temos $P(x_1)\neq 0$ e $p_1(x_1)\neq 0$, por tanto, $\boxed{A=\frac{P(x_1)}{p(x_1)}}$

para o A definido acima podemos escrever que $P(x)-Ap_1(x)=(x-x_1)P_1(x)$, sendo $P_1(x)$ um polinômio de grau menor que $P(x)$, desse modo,

$$\frac{P(x)}{p(x)}=\frac{A}{(x-x_1)^k}+\frac{P(x)-Ap_1(x)}{(x-x_1)^k p_1(x)}=\frac{A}{(x-x_1)^k}+\frac{(x-x_1)P_1(x)}{(x-x_1)^k p_1(x)}=\frac{A}{(x-x_1)^k}+\frac{P_1(x)}{(x-x_1)^{k-1}p_1(x)}$$

□

Corolário: O teorema 1 pode ser aplicado a fração racional própria $\frac{P_1(x)}{(x-x_1)^{k-1}p_1(x)}$ e assim sucessivamente até que possamos escrever:

$$\frac{P(x)}{p(x)}=\frac{A_1}{(x-x_1)^1}+\frac{A_2}{(x-x_1)^2}+\frac{A_3}{(x-x_1)^3}+\ldots+\frac{A_k}{(x-x_1)^k}+\frac{P_k(x)}{p_k(x)},$$ onde $\frac{P_k(x)}{p_k(x)}$ também é uma fração própria.

Vamos agora considerar o caso em que exista uma raiz complexa, o que pelo teorema das raízes conjugadas, nos diz que, "se um polinômio de coeficientes reais possui uma raiz complexa z, o conjugado

$\bar{z}$ também será raiz desse polinômio", por tanto, $(x-z)(x-\bar{z}) = x^2 + px + q$, onde p e q são números reais, por tanto, se essa raiz complexa tiver multiplicidade k, teremos então $(x-z)^k (x-\bar{z})^k = (x^2 + px + q)^k$.

Teorema 2: "Seja uma fração própria, $P(x)/p(x)$ em que z seja uma raiz complexa de multiplicidade k de $p(x)$, assim pelo teorema das raízes complexas, o seu conjugado, $\bar{z}$, também será raiz de $p(x)$. Afim de trabalharmos com coeficientes reais, seja $(x^2 + px + q)^k$, com p e q reais, o trinômio que representa esse par de raízes complexas de multiplicidade k, podemos escrever que:

$$\boxed{\frac{P(x)}{p(x)} = \frac{Mx+N}{(x^2+px+q)^k} + \frac{P_1(x)}{(x^2+px+q)^{k-1} p_1(x)}}$$

Onde, M e N são números reais, $p(x) = (x^2+px+q)^k p_1(x)$ e $P_1(x)$ é um polinômio com grau menor que o grau do denominador $(x^2+px+q)^{k-1} p_1(x)$".

Demonstração:
Seja

$$\frac{P(x)}{p(x)} = \frac{P(x)}{(x^2+px+q)^k p_1(x)} = \frac{P(x)+(Mx+N)p_1(x)-(Mx+N)p_1(x)}{(x^2+px+q)^k p_1(x)} = \frac{Mx+N}{(x^2+px+q)^k} + \frac{P(x)-(Mx+N)p_1(x)}{(x^2+px+q)^k p_1(x)}$$

onde M e N são números reais tais que, $P(x)-(Mx+N)p_1(x)$ seja divisível por x^2+px+q, ou seja,

$$(x^2+px+q) \mid [P(x)-(Mx+N)p_1(x)] \Leftrightarrow P(z)-(Mx+N)p(z)=0 \ ou \ P(\bar{z})-(Mx+N)p(\bar{z})=0,$$

Por tanto, $M(z)+N = \frac{P(z)}{p_1(z)}$, para $z = a+bi$ e para o coeficiente $\frac{P(z)}{p_1(z)} = u+vi$, temos,

$$M(a+bi)+N = u+vi \Leftrightarrow \begin{cases} Ma+N=u \\ Mb=v \end{cases} \Leftrightarrow \boxed{M = \frac{v}{b} \ e \ N = \frac{bu-av}{b}}$$

Para os valores de M e N definidos acima, podemos escrever que $P(x)-(Mx-n)p_1(x) = (x^2+px+q)P_1(x)$, sendo $P_1(x)$ um polinômio de grau menor que $P(x)$, desse modo,

$$\frac{P(x)}{p(x)} = \frac{Mx+N}{(x^2+px+q)^k} + \frac{P(x)-(Mx+N)p_1(x)}{(x^2+px+q)^k p_1(x)} = \frac{Mx+N}{(x^2+px+q)^k} + \frac{(x^2+px+q)P_1(x)}{(x^2+px+q)^k p_1(x)} =$$

$$\frac{P(x)}{p(x)} = \frac{Mx+N}{(x^2+px+q)^k} + \frac{P_1(x)}{(x^2+px+q)^{k-1} p_1(x)}$$

□

Ou seja, para uma fração própria $\frac{R(x)}{D(x)}$, onde $D(x)$ é um polinômio de coeficientes reais do tipo:

$$D(x)=(x-x_1)^{\alpha}(x-x_2)^{\beta}\ldots(x^2+px+q)^{\lambda}\ldots(x^2+rx+s)^{\zeta}$$

Se faz sempre possível a representação a seguir:

$$\frac{R(x)}{D(x)}=\frac{A_1}{(x-x_1)^1}+\frac{A_2}{(x-x_1)^2}+\ldots+\frac{A_\alpha}{(x-x_1)^\alpha}+\frac{B_1}{(x-x_2)^1}+\frac{B_2}{(x-x_2)^2}+\ldots+\frac{B_\beta}{(x-x_2)^\beta}+\ldots+\frac{M_1x+N_1}{(x^2+px+q)^1}+$$
$$+\frac{M_2x+N_2}{(x^2+px+q)^2}+\ldots+\frac{M_\lambda x+N_\lambda}{(x^2+px+q)^\lambda}+\ldots+\frac{U_1x+V_1}{(x^2+rx+s)^1}+\frac{U_2x+V_2}{(x^2+rx+s)^2}+\ldots+\frac{U_\zeta x+V_\zeta}{(x^2+rx+s)^\zeta}$$

Assim como também serão possíveis os sistemas que nos permitem descobrir os coeficientes das frações parciais.

a) Mostre que $\int \frac{ax+b}{cx+d}dx=\frac{a}{c}x+\left(\frac{bc-ad}{c}\right)\ln|cx+d|+C$, onde a,b,c,d e C são reais.

Solução:
Fazendo a divisão,

$$\begin{array}{l|l} ax+b & cx+d \\ ax+\frac{ad}{c} & \frac{a}{c} \\ \hline \frac{bc-ad}{c} & \end{array}$$

de onde podemos escrever,

$$ax+b=(cx+d)\frac{a}{c}+\left(\frac{bc-ad}{c}\right)\Rightarrow\frac{ax+b}{cx+d}=\frac{a}{c}+\left(\frac{bc-ad}{c}\right)\frac{1}{cx+d}, \text{ assim,}$$

$$\int\frac{ax+b}{cx+d}dx=\int\frac{a}{c}+\left(\frac{bc-ad}{c}\right)\frac{1}{cx+d}dx=\frac{a}{c}x+\left(\frac{bc-ad}{c}\right)\ln|cx+d|+C$$

$$\boxed{\int\frac{ax+b}{cx+d}dx=\frac{a}{c}x+\left(\frac{bc-ad}{c}\right)\ln|cx+d|+C}$$

b) Calcule a integral $\int\frac{3x-2}{x^2-7x+10}dx$.

Solução:

$$\frac{3x-2}{x^2-7x+10}=\frac{3x-2}{(x-2)(x-5)}=\frac{A}{x-2}+\frac{B}{x-5}=\frac{A(x-5)}{(x-2)(x-5)}+\frac{B(x-2)}{(x-2)(x-5)}=\frac{(A+B)x-(5A+2B)}{(x-2)(x-5)},$$

Da igualdade de polinômios, temos que $\begin{cases} A+B=3 \\ 5A+2B=2 \end{cases} \Rightarrow A=-\dfrac{4}{3}\ e\ B=\dfrac{13}{3}$, por tanto,

$$\int \frac{3x-2}{x^2-7x+10}dx=\int \frac{A}{x-2}+\frac{B}{x-5}dx=-\frac{4}{3}\ln|x-2|+\frac{13}{3}\ln|x-5|+C$$

c) Calcule a integral $\int \dfrac{1}{\left(x^2+a^2\right)\left(x^2+b^2\right)}dx,\ a\neq b\neq 0$.

Solução:

$$\frac{1}{\left(x^2+a^2\right)\left(x^2+b^2\right)}=\frac{Ax+B}{x^2+a^2}+\frac{Cx+D}{x^2+b^2}$$

$$\frac{1}{\left(x^2+a^2\right)\left(x^2+b^2\right)}=\frac{(Ax+B)\left(x^2+b^2\right)+(Cx+D)\left(x^2+a^2\right)}{\left(x^2+a^2\right)\left(x^2+b^2\right)}$$

$$\frac{1}{\left(x^2+a^2\right)\left(x^2+b^2\right)}=\frac{(A+C)x^3+(B+D)x^2+\left(Ab^2+a^2C\right)x+Bb^2+a^2D}{\left(x^2+a^2\right)\left(x^2+b^2\right)}$$, temos,

$A+C=0\Rightarrow A=-C\ (I)$

$B+D=0\Rightarrow B=-D\ (II)$

$Ab^2+a^2C=0,\ de\ (I),\ A\left(b^2-a^2\right)=0\ \therefore\ A=C=0\ e\ a=-b$, uma vez que $a\neq b$

$Bb^2+a^2D=1\ de\ (II),\ B\left(b^2-a^2\right)=1\ \therefore\ B=\dfrac{1}{b^2-a^2}\ e\ D=\dfrac{-1}{b^2-a^2}$, ou seja, podemos escrever,

$$\frac{1}{\left(x^2+a^2\right)\left(x^2+b^2\right)}=\frac{1}{b^2-a^2}\left[\frac{1}{x^2+a^2}-\frac{1}{x^2+b^2}\right]$$, retomando nossa integral,

$$\int \frac{1}{\left(x^2+a^2\right)\left(x^2+b^2\right)}dx=\int \frac{1}{b^2-a^2}\left[\frac{1}{x^2+a^2}-\frac{1}{x^2+b^2}\right]dx=\frac{1}{b^2-a^2}\int \left[\frac{1}{x^2+a^2}-\frac{1}{x^2+b^2}\right]dx$$

$$\int \frac{1}{\left(x^2+a^2\right)\left(x^2+b^2\right)}dx=\frac{1}{b^2-a^2}\left[\int \frac{1}{x^2+a^2}dx-\int \frac{1}{x^2+b^2}dx\right]=\frac{1}{b^2-a^2}\left[\frac{1}{a^2}\int \frac{1}{\left(\frac{x}{a}\right)^2+1}dx-\frac{1}{b^2}\int \frac{1}{\left(\frac{x}{b}\right)^2+1}dx\right]$$

$$\int \frac{1}{\left(x^2+a^2\right)\left(x^2+b^2\right)}dx=\frac{1}{b^2-a^2}\left[\frac{1}{a^{\not 2}}\left(\not a\ \mathrm{tg}^{-1}\left(\frac{x}{a}\right)\right)-\frac{1}{b^{\not 2}}\left(\not b\ \mathrm{tg}^{-1}\left(\frac{x}{b}\right)\right)\right]$$

$$\int \frac{1}{\left(x^2+a^2\right)\left(x^2+b^2\right)}dx=\frac{1}{b^2-a^2}\left[\frac{\mathrm{tg}^{-1}\left(\frac{x}{a}\right)}{a}-\frac{\mathrm{tg}^{-1}\left(\frac{x}{b}\right)}{b}\right]$$, finalmente,

$$\int \frac{1}{\left(x^2+a^2\right)\left(x^2+b^2\right)}dx=\frac{b\,\mathrm{tg}^{-1}\left(\frac{x}{a}\right)-a\,\mathrm{tg}^{-1}\left(\frac{x}{b}\right)}{ab\left(b^2-a^2\right)}+C$$

Obs.: Regra de Heaviside [41] ou Heaviside Corvering-up - Regra prática para encontrar o valor dos coeficientes:

I) Raízes de Multiplicidade Unitária:

Exemplo:

$$\int \frac{3x-2}{(x-2)(x-5)}dx = \int \frac{A}{x-2}+\frac{B}{x-5}dx$$

Para encontrarmos o valor de A e B:
Basta substituirmos o valor de x que zera o denominador que está sobre o A, no 2º membro, na fração algébrica do 1º membro, porém, "cobrindo" (covering-up) o mesmo monômio no denominador da fração, $(x-2)$:

$A=\frac{3(2)-2}{(2)-5}=-\frac{4}{3}$, analogamente para o coeficiente B,

$B=\frac{3(5)-2}{(5)-2}=\frac{13}{3}$, assim,

$$\int \frac{3x-2}{(x-2)(x-5)}dx = \frac{1}{3}\int \frac{-4}{x-2}+\frac{13}{x-5}dx$$

Justificativa:
Basta multiplicarmos ambos os lados pelo denominador do 1º membro,

$\frac{3x-2}{\cancel{(x-2)(x-5)}}\cancel{(x-2)(x-5)}=\frac{A}{\cancel{(x-2)}}\cancel{(x-2)}(x-5)+\frac{B}{\cancel{(x-5)}}(x-2)\cancel{(x-5)}$, assim,

Para $x=2$,

$$A(x-5)+\cancel{B(x-2)}=3x-2 \Rightarrow A=\frac{3x-2}{x-5}=\frac{3(2)-2}{(2)-5}=-\frac{4}{3}$$

Para $x=5$,

$$\cancel{A(x-5)}+B(x-2)=3x-2 \Rightarrow B=\frac{3x-2}{x-2}=\frac{3(5)-2}{(5)-2}=\frac{13}{3}$$

[41] "Heaviside Cover-up" – Método prático usado pelo inglês, autodidata em engenharia elétrica, matemática e física, Oliver Heaviside (1850-1925), responsável entre outras coisas, pela utilização dos números complexos na resolução de circuitos elétricos, inventou o cálculo operacional, uma técnica semelhante à transformada de Laplace para a resolução de equações diferenciais, desenvolveu de maneira independente o cálculo vetorial, reescreveu as equações de Maxwell na forma como utilizamos hoje e apesar de suas desavenças com o *establishment* científico de sua época, que alegava a falta de rigor em seus trabalhos, Heaviside mudou a face das telecomunicações (suas equações do telégrafo tornaram-se importantes ainda durante a sua própria vida), matemática e ciência. Hunt, Bruce J. "Oliver Heaviside: A first-rate oddity". Physics Today, november 1st, pg.48. Acessado em março de 2021. (https://physicstoday.scitation.org/doi/10.1063/PT.3.1788)

II) Raiz de Multiplicidade Dupla:

Exemplo:

$$\int \frac{2x-1}{(x-2)^2(x-1)}dx = \int \frac{A}{(x-2)^2} + \frac{B}{x-2} + \frac{C}{x-1}dx$$

Para encontrarmos o valor de A e C:
Basta substituirmos o valor de x que zera o denominador da raiz dupla que está sobre o A, no 2º membro, na fração algébrica do 1º membro, porém, "cobrindo" (covering-up) o mesmo monômio no denominador da fração, $(x-2)^2$:

$A = \frac{2(2)-1}{(2-1)} = 3$, analogamente para o coeficiente C,

$$C = \frac{2(1)-1}{(1-2)^2} = 1$$

Para encontrarmos o coeficiente B:
Podemos, agora que encontramos A e C, simplesmente substituir um valor qualquer para x e encontrarmos o valor de B, ou podemos multiplicar dos dois lados pelo monômio que está sobre o B e passar o limite para $x \to \infty$, na expressão resultante,

$$\frac{(2x-1)(x-2)}{(x-2)^2(x-1)} = \frac{3(x-2)}{(x-2)^2} + \frac{B(x-2)}{x-2} + \frac{1(x-2)}{x-1}$$

$$\lim_{x\to\infty} \frac{2x-1}{(x-2)(x-1)} = \lim_{x\to\infty}\left[\frac{3}{x-2} + B + \frac{x-2}{x-1}\right]$$

$$\searrow 0 \qquad\qquad \searrow 0 \qquad\qquad \searrow 1$$

$0 = 0 + B + 1 \Rightarrow B = -1$

$$\int \frac{2x-1}{(x-2)^2(x-1)}dx = \int \frac{3}{(x-2)^2} - \frac{1}{x-2} + \frac{1}{x-1}dx$$

Justificativa:
Análoga à anterior.

III) Raiz de Multiplicidade Qualquer:

Exemplo:

$$\int \frac{3x^2-2x+1}{(x-2)^3(x-1)}dx = \int \frac{A}{(x-2)^3}+\frac{B}{(x-2)^2}+\frac{C}{x-2}+\frac{D}{x-1}dx$$

Para encontrarmos o valor de A e D:
Basta substituirmos o valor de x que zera o denominador da raiz tripla que está sobre o A, no 2º membro, na fração algébrica do 1º membro, porém, "cobrindo" (covering-up) o mesmo monômio no denominador da fração, $(x-2)^3$:

$$A=\frac{3(2)^2-2(2)+1}{(2-1)}=9$$, analogamente para o coeficiente D,

$$D=\frac{3(1)^2-2(1)+1}{(1-2)^3}=-2$$

Para encontrarmos o valor de C, o termo de menor grau da sequência $(x-2)^3,(x-2)^2,(x-2)$:
Podemos, agora que encontramos A e D, simplesmente substituir dois valores qualquer para x e resolvermos um sistema para encontrarmos o valor de B e C, ou podemos multiplicar dos dois lados pelo monômio que está sobre o C e passar o limite para $x \to \infty$, na expressão resultante,

$$\frac{(3x^2-2x+1)(x-2)}{(x-2)^3(x-1)}=\frac{9(x-2)}{(x-2)^3}+\frac{B(x-2)}{(x-2)^2}+\frac{C(x-2)}{x-2}-\frac{2(x-2)}{x-1}$$

$$\lim_{x\to\infty}\frac{3x^2-2x+1}{(x-2)^2(x-1)}=\lim_{x\to\infty}\left[\frac{9}{(x-2)^2}+\frac{B}{x-2}+C-\frac{2(x-2)}{x-1}\right]$$

$$0 \qquad\qquad 0 \qquad 0 \qquad\qquad -2$$

$0=0+0+C-2 \Rightarrow C=2$

Para encontrarmos B:
Agora não temos alternativa a não ser substituir um valor qualquer para x, e resolvermos a equação para encontrarmos o valor de B.

Fazendo $x=3$,

$$\frac{3(3)^2-2(3)+1}{(3-2)^3(3-1)}=\frac{9}{(3-2)^3}+\frac{B}{(3-2)^2}+\frac{2}{3-2}-\frac{2}{3-1}$$

$11=9+B+2-1 \Rightarrow B=1$

$$\int \frac{3x^2-2x+1}{(x-2)^3(x-1)}dx = \int \frac{9}{(x-2)^3}+\frac{1}{(x-2)^2}+\frac{2}{x-2}-\frac{2}{x-1}dx$$

Justificativa: análoga às anteriores.

12) Função Racional do 2º Grau

As integrais que possuem uma função de 2º grau com coeficientes reais em seu denominador possuem uma rápida e conhecida solução através da técnica de completarmos o quadrado, observe:

$$\int \frac{1}{ax^2+bx+c}dx = \int \frac{1}{x^2+\frac{b}{a}x+\frac{c}{a}}dx = \int \frac{1}{a\left[x^2+2\frac{b}{2a}x+\left(\frac{b}{2a}\right)^2-\left(\frac{b}{2a}\right)^2+\frac{c}{a}\right]}dx$$

$$\int \frac{1}{ax^2+bx+c}dx = \int \frac{1}{a\left[\left(x+\frac{b}{2a}\right)^2-\left(\frac{b^2-4ac}{4a^2}\right)\right]}dx = \int \frac{1}{a\left[\left(x+\frac{b}{2a}\right)^2-\left(\frac{\Delta}{4a^2}\right)\right]}dx,\ \Delta = b^2-4ac$$

ou seja, a solução, depende do valor do descriminante da equação de 2º grau,

para $\Delta < 0$, por tanto, a equação não possui raízes reais,

a solução será dada através de uma substituição que nos levará a uma primitiva[42] envolvendo a função $\text{tg}^{-1}x$:

I) $$\int \frac{1}{ax^2+bx+c}dx = \frac{2}{\sqrt{-\Delta}}\text{tg}^{-1}\left(\frac{2ax+b}{\sqrt{-\Delta}}\right)+C$$

para $\Delta \geq 0$, por tanto, a equação possui raízes reais, x_1 e x_2,

a solução será dada através de uma substituição que nos levará a uma primitiva envolvendo a função[43] $\ln x$:

II) $$\int \frac{1}{ax^2+bx+c}dx = \frac{1}{\sqrt{\Delta}}\ln\left(\frac{x-x_1}{x-x_2}\right)+C,\ |x_1| \leq |x_2|$$

Estamos prontos agora para resolver uma função racional de 2º grau genérica:

III) $$\int \frac{Ax+B}{ax^2+bx+c}dx = \frac{A}{2a}\ln\left|ax^2+bx+c\right| + \int \frac{1}{ax^2+bx+c}dx$$

Observe o desenvolvimento a seguir,

---

[42] $\int \frac{1}{x^2+a^2}dx = \frac{1}{a}\text{tg}^{-1}\left(\frac{x}{a}\right)+C$

[43] $\int \frac{1}{x^2-a^2}dx = \frac{1}{2a}\ln\left|\frac{x-a}{x+a}\right|+C$

$$\int \frac{Ax+B}{ax^2+bx+c}dx = \int \frac{\frac{A}{2a}(2ax+b)+\left(B-\frac{Ab}{2a}\right)}{ax^2+bx+c}dx = \frac{A}{2a}\int \frac{2ax+b}{ax^2+bx+c}dx + \left(B-\frac{Ab}{2a}\right)\int \frac{1}{ax^2+bx+c}dx$$

Na primeira integral, seja $u = ax^2+bx+c$, por tanto, $du = 2ax+b$, assim,

$$\frac{A}{2a}\int \frac{2ax+b}{ax^2+bx+c}dx = \frac{A}{2a}\int \frac{2ax+b}{u}\frac{du}{2ax+b} = \frac{A}{2a}\int \frac{du}{u} = \frac{A}{2a}\ln|u|+C = \frac{A}{2a}\ln\left|ax^2+bx+c\right|+C,$$

finalmente,

$$\int \frac{Ax+B}{ax^2+bx+c}dx = \frac{A}{2a}\ln\left|ax^2+bx+c\right| + \int \frac{1}{ax^2+bx+c}dx$$

Seja agora a função irracional,

IV) $$\int \frac{1}{\sqrt{ax^2+bx+c}}dx$$

Novamente completando o quadrado, esta por sua vez poderá ser reduzida a uma das duas formas seguintes,

$a > 0$, temos,

$\int \frac{1}{\sqrt{u^2 \pm k^2}}du$, que nos levará a uma função logarítmica[44];

$a < 0$, temos,

$\int \frac{1}{\sqrt{k^2-u^2}}du$, que nos levará a uma função arco seno[45].

Para a função irracional completa abaixo,

V) $$\int \frac{Ax+B}{\sqrt{ax^2+bx+c}}dx = \frac{A}{a}\sqrt{ax^2+bx+c} + \left(B-\frac{Ab}{2a}\right)\int \frac{1}{\sqrt{ax^2+bx+c}}dx$$

devemos efetuar transformações semelhantes às efetuadas anteriormente, observe:

---

[44] $\int \frac{1}{\sqrt{x^2 \pm a^2}}dx = \ln\left|x+\sqrt{x^2 \pm a^2}\right|+C$

[45] $\int \frac{1}{\sqrt{a^2-x^2}}dx = \text{arcsen}\left(\frac{x}{a}\right)+C$

$$\int \frac{Ax+B}{\sqrt{ax^2+bx+c}}dx=\int \frac{\frac{A}{2a}(2ax+b)+\left(B-\frac{Ab}{2a}\right)}{\sqrt{ax^2+bx+c}}dx=\frac{A}{2a}\int \frac{2ax+b}{\sqrt{ax^2+bx+c}}dx+\left(B-\frac{Ab}{2a}\right)\int \frac{1}{\sqrt{ax^2+bx+c}}dx$$

De onde, da 1ª integral, seja $u=ax^2+bx+c$, por tanto, $du = 2ax+b$, assim,

$$\frac{A}{2a}\int \frac{2ax+b}{\sqrt{ax^2+bx+c}}dx=\frac{A}{2a}\int \frac{2ax+b}{\sqrt{u}}\frac{du}{2ax+b}=\frac{A}{2a}\int \frac{1}{\sqrt{u}}du=\frac{A}{2a}2\sqrt{u}+C=\frac{A}{a}\sqrt{ax^2+bx+c}+C,$$

Teremos então:

$$\int \frac{Ax+B}{\sqrt{ax^2+bx+c}}dx=\frac{A}{a}\sqrt{ax^2+bx+c}+\left(B-\frac{Ab}{2a}\right)\int \frac{1}{\sqrt{ax^2+bx+c}}dx$$

a) Calcule a integral $\int \frac{1}{x^2-a^2}dx$.

Solução:

$$\int \frac{1}{x^2-a^2}dx=\int \frac{1}{(x+a)(x-a)}dx,$$

A grande "sacada" aqui, é a forma encontrada para separar essa fração algébrica em duas, basta para isso escrevermos no denominador $x+a-x+a$ e multiplicarmos a integral por $\frac{1}{2a}$ para preservar a igualdade, observe:

$$\int \frac{1}{x^2-a^2}dx=\int \frac{1}{(x+a)(x-a)}dx=\frac{1}{2a}\int \frac{x+a-x+a}{(x+a)(x-a)}dx=\frac{1}{2a}\left[\int \frac{(x+a)-(x-a)}{(x+a)(x-a)}dx\right]=$$

$$\int \frac{1}{x^2-a^2}dx=\frac{1}{2a}\left[\int \frac{(x+a)}{(x+a)(x-a)}dx-\int \frac{(x-a)}{(x+a)(x-a)}dx\right]=\frac{1}{2a}\left[\int \frac{1}{x-a}dx-\int \frac{1}{x+a}dx\right]=$$

$$\int \frac{1}{x^2-a^2}dx=\frac{1}{2a}\left[\ln|x-a|-\ln|x+a|\right]+C=\frac{1}{2a}\ln\left|\frac{x-a}{x+a}\right|+C.$$

b) Calcule a integral $\int \frac{1}{x^2+a^2}dx$.

Solução:

$\int \frac{1}{x^2+a^2}dx=\frac{1}{a^2}\int \frac{1}{\left(\frac{x}{a}\right)^2+1}dx$, para $u=\frac{x}{a}$, por tanto, $du=\frac{1}{a}dx \Rightarrow dx=a\,du$, temos,

$$\int \frac{1}{x^2+a^2}dx=\frac{1}{a^2}\int \frac{1}{\left(\frac{x}{a}\right)^2+1}dx=\frac{1}{a^2}\int \frac{1}{u^2+1}a\,du=\frac{1}{a}\int \frac{1}{u^2+1}du=\frac{1}{a}\text{tg}^{-1}u+C=\frac{1}{a}\text{tg}^{-1}\left(\frac{x}{a}\right)+C.$$

c) Calcule a integral $\int \frac{1}{(ax^2+1)(bx^2+1)}dx$.

Solução:
Observe a igualdade,

$$\frac{1}{(ax^2+1)(bx^2+1)}=\frac{1}{ab\left[x^2+\left(\frac{1}{\sqrt{a}}\right)^2\right]\left[x^2+\left(\frac{1}{\sqrt{b}}\right)^2\right]}$$, segue,

$$\int \frac{1}{(ax^2+1)(bx^2+1)}dx=\frac{1}{ab}\int \frac{1}{\left[x^2+\left(\frac{1}{\sqrt{a}}\right)^2\right]\left[x^2+\left(\frac{1}{\sqrt{b}}\right)^2\right]}dx$$

$$\int \frac{1}{(ax^2+1)(bx^2+1)}dx=\frac{1}{ab}\left[\frac{\frac{1}{\sqrt{b}}\operatorname{tg}^{-1}\left(\sqrt{a}\,x\right)-\frac{1}{\sqrt{a}}\operatorname{tg}^{-1}\left(\sqrt{b}\,x\right)}{\frac{1}{\sqrt{ab}}\left(\frac{1}{b}-\frac{1}{a}\right)}\right]$$

$$\int \frac{1}{(ax^2+1)(bx^2+1)}dx=\frac{1}{ab}\left[\frac{\frac{\sqrt{a}}{\sqrt{ab}}\operatorname{tg}^{-1}\left(\sqrt{a}\,x\right)-\frac{\sqrt{b}}{\sqrt{ab}}\operatorname{tg}^{-1}\left(\sqrt{b}\,x\right)}{\frac{1}{\sqrt{ab}}\left(\frac{a-b}{ab}\right)}\right]$$

$$\int \frac{1}{(ax^2+1)(bx^2+1)}dx=\frac{1}{\cancel{ab}}\left[\frac{\sqrt{a}\operatorname{tg}^{-1}\left(\sqrt{a}\,x\right)-\sqrt{b}\operatorname{tg}^{-1}\left(\sqrt{b}\,x\right)}{\frac{a-b}{\cancel{ab}}}\right]$$

$$\int \frac{1}{(ax^2+1)(bx^2+1)}dx=\frac{\sqrt{a}\operatorname{tg}^{-1}\left(\sqrt{a}\,x\right)-\sqrt{b}\operatorname{tg}^{-1}\left(\sqrt{b}\,x\right)}{a-b}$$

d) Calcule a integral $\int \frac{1}{x^2-7x+12}dx$ completando os quadrados.

Solução:

$$\int \frac{1}{x^2-7x+12}dx=\int \frac{1}{x^2-2\frac{7}{2}x+\left(\frac{7}{2}\right)^2-\left(\frac{7}{2}\right)^2+12}dx=\int \frac{1}{\left(x-\frac{7}{2}\right)^2-\left(\frac{1}{2}\right)^2}dx=\int \frac{1}{(x-3)(x-4)}dx$$

$$\int \frac{1}{x^2-7x+12}dx=\int \frac{1}{(x-3)(x-4)}dx=\int \frac{x-3-x+4}{(x-3)(x-4)}dx=\int \frac{1}{x-3}dx-\int \frac{1}{x-4}dx$$

$$\int \frac{1}{x^2-7x+12}dx=\ln(x-3)-\ln(x-4)+C_0=\ln\left(\frac{x-3}{x-4}\right)+C.$$

e) Calcule a integral $\int \frac{1}{x^2+4x+13}dx$.

Solução:

$$\int \frac{1}{x^2+4x+13}dx = \int \frac{1}{x^2+2(2)x+(2)^2+9}dx = \int \frac{1}{(x+2)^2+(3)^2}dx = \frac{1}{3}\text{tg}^{-1}\left(\frac{x+2}{3}\right)+C.$$

f) Calcule a integral $\int \frac{ax+b}{1+x^2}dx$.

Solução:

$$\int \frac{ax+b}{1+x^2}dx = a\int \frac{x}{1+x^2}dx + b\int \frac{1}{1+x^2}dx,$$

Da 1ª integral,

$a\int \frac{x}{1+x^2}dx$, seja $u = 1+x^2$, por tanto, $du = 2x\,dx \Rightarrow dx = \frac{1}{2x}du$, assim,

$$a\int \frac{x}{1+x^2}dx = a\int \frac{x}{u}\frac{1}{2x}du = \frac{a}{2}\int \frac{1}{u}du = \frac{a}{2}\ln|u| + c = \frac{a}{2}\ln\left|1+x^2\right| + C_1,$$

Da 2ª integral,

$$b\int \frac{1}{1+x^2}dx = b\,\text{tg}^{-1}x + C_2,$$

Ficamos com,

$$\int \frac{ax+b}{1+x^2}dx = \frac{a}{2}\ln\left|1+x^2\right| + C_1 + b\,\text{tg}^{-1}x + C_2 = \frac{a}{2}\ln\left|1+x^2\right| + b\,\text{tg}^{-1}x + C.$$

g) Calcule a integral $\int \frac{2x-3}{x^2-2x+3}dx$.

Solução:

$$\int \frac{2x-3}{x^2-2x+3}dx = \int \frac{(2x-2)-1}{x^2-2x+3}dx = \int \frac{2x-2}{x^2-2x+3}dx - \int \frac{1}{x^2-2x+3}dx,$$

Na 1ª integral, seja $u = x^2-2x+3$, por tanto, $du = 2x-2$, assim,

$$\int \frac{2x-2}{x^2-2x+3}dx = \int \frac{2x-2}{u}\frac{du}{2x-2} = \int \frac{du}{u} = \ln|u| + C_1 = \ln\left|x^2-2x+3\right| + C_1$$

Na 2ª integral, vamos completar o quadrado,

$$\int \frac{1}{x^2-2x+3}dx = \int \frac{1}{x^2-2x+1+2}dx = \int \frac{1}{(x-1)^2+\left(\sqrt{2}\right)^2}dx = \frac{1}{\sqrt{2}}\text{tg}^{-1}\left(\frac{x-1}{\sqrt{2}}\right)+C_2$$

Da 1ª e da 2ª , finalmente temos,

$$\int \frac{2x-3}{x^2-2x+3}dx = \ln\left|x^2-2x+3\right| - \frac{1}{\sqrt{2}}\text{tg}^{-1}\left(\frac{x-1}{\sqrt{2}}\right)+C.$$

h) Calcule a integral $\int \frac{1}{\sqrt{x^2+x+2}}dx$.

Solução:

$$\int \frac{1}{\sqrt{x^2+2x+2}}dx = \int \frac{1}{\sqrt{x^2+2(1)x+(1)^2+1}}dx = \int \frac{1}{\sqrt{(x+1)^2+1}}dx = \ln\left|x+1+\sqrt{x^2+2x+2}\right|+C$$

i) Calcule a integral $\int \frac{2x+4}{\sqrt{x^2+2x+2}}dx$.

Solução:

$$\int \frac{2x+4}{\sqrt{x^2+2x+2}}dx = \int \frac{(2x+2)+2}{\sqrt{x^2+2x+2}}dx = \int \frac{2x+2}{\sqrt{x^2+2x+2}}dx + 2\int \frac{1}{\sqrt{x^2+2x+2}}dx,$$

Na 1ª integral, seja $u = x^2+2x+2$, por tanto, $du = 2x+2$, assim,

$$\int \frac{2x+2}{\sqrt{x^2+2x+2}}dx = \int \frac{2x+2}{\sqrt{u}}\frac{du}{2x+2} = \int \frac{1}{\sqrt{u}}du = 2\sqrt{u}+C_1 = 2\sqrt{x^2+2x+2}+C_1,$$

Na 2ª integral, como feita no exercício anterior, temos,

$$\int \frac{1}{\sqrt{x^2+2x+2}}dx = \int \frac{1}{\sqrt{x^2+2(1)x+(1)^2+1}}dx = \int \frac{1}{\sqrt{(x+1)^2+1}}dx = \ln\left|x+1+\sqrt{x^2+2x+2}\right|+C_2$$

Assim,

$$\int \frac{2x+4}{\sqrt{x^2+2x+2}}dx = 2\sqrt{x^2+2x+2}+\ln\left|x+1+\sqrt{x^2+2x+2}\right|+C.$$

j) Calcule a integral[46] $\int \frac{Ax+B}{(x^2+px+q)^k}dx$, sabendo que a equação x^2+px+q não possui raízes reais.

Solução:

$$\int \frac{Ax+B}{(x^2+px+q)^k}dx = \int \frac{\frac{A}{2}(2x+p)+\left(B-\frac{Ap}{2}\right)}{(x^2+px+q)^k}dx = \frac{A}{2}\underbrace{\int \frac{2x+p}{(x^2+px+q)^k}dx}_{A_1} + \left(B-\frac{Ap}{2}\right)\underbrace{\int \frac{1}{(x^2+px+q)^k}dx}_{A_2},$$

A_1: Fazendo $u = x^2+px+q$, por tanto, $du = (2x+p)dx$, na 1ª integral, segue,

$$\int \frac{2x+p}{(x^2+px+q)^k}dx = \int \frac{1}{u^k}du = \frac{u^{1-k}}{1-k}+C = \frac{(x^2+px+q)^{1-k}}{1-k}+C$$

A_2: Completando os quadrados dentro da integral teremos,

$$\int \frac{1}{(x^2+px+q)^k}dx = \int \frac{1}{\left[\left(x+\frac{p}{2}\right)^2+\left(q-\frac{p^2}{4}\right)^2\right]^k}dx$$

[46] N. *Piskunov. Differential and Integral Calculus*. Mir, 1969.

13) Substituições Trigonométricas

A substituição trigonométrica é uma técnica muito utilizada quando o possuímos um integrando algébrico que se assemelha a uma função trigonométrica, que pode ser inversa ($\frac{1}{x^2 \pm a^2}$, $\frac{1}{\sqrt{x^2 \pm a^2}}$, etc.), ou não e mesmo a uma identidade trigonométrica ($1-x^2, \sqrt{x^2 \pm 1}, \sqrt{1-x^2}$ etc.). Alguns autores optam por dividir em casos os usos das substituições trigonométricas, a saber, normalmente três casos: I) $1-x^2$, $x = \operatorname{sen}\theta = \cos\theta$, II) $a^2 + x^2$, $x = a\operatorname{tg}\theta$ e III) $a^2 - x^2$, $x = a\sec\theta$, no entanto acreditamos que essas substituições podem ser mais abrangentes e devemos levar em conta os domínios das funções do integrando e das funções pelas quais foram substituídas.

Algumas vezes a propriedade abaixo nos ajuda a transformar uma integral onde aparece a variável como função do 1º grau, multiplicando uma função de argumento igual ao seno dessa variável em uma integral trigonométrica, observe:

I) Propriedade: $\int_0^{\pi} (ax+b) f(\operatorname{sen} x)\,dx = \left(a\frac{\pi}{2}+b\right)\int_0^{\pi} f(\operatorname{sen} x)\,dx$

Demonstração:

$$\int_0^{\pi} (ax+b) f(\operatorname{sen} x)\,dx = a\int_0^{\pi} x\, f(\operatorname{sen} x)\,dx + b\int_0^{\pi} f(\operatorname{sen} x)\,dx$$

Para a integral, $\int_0^{\pi} x\, f(\operatorname{sen} x)\,dx$,

Seja $u = \pi - x$, $du = -dx$, ainda, $\begin{cases} x = \pi \rightarrow u = 0 \\ x = 0 \rightarrow u = \pi \end{cases}$,

$$\int_0^{\pi} x\, f(\operatorname{sen} x)\,dx = \int_{\pi}^{0} (\pi - u) f(\operatorname{sen}(\pi - u))(-du)$$

$$\int_0^{\pi} x\, f(\operatorname{sen} x)\,dx = \int_0^{\pi} (\pi - u) f(\operatorname{sen}\pi\cos u - \operatorname{sen} u\cos\pi)\,du$$

$$\int_0^{\pi} x\, f(\operatorname{sen} x)\,dx = \int_0^{\pi} (\pi - u) f(\operatorname{sen} u)\,du = \pi\int_0^{\pi} f(\operatorname{sen} u)\,du - \int_0^{\pi} u\, f(\operatorname{sen} u)\,du$$

Sem perda de generalidade podemos reescrever a equação acima sob a variável x,

$$\int_0^{\pi} x\, f(\operatorname{sen} x)\,dx = \pi\int_0^{\pi} f(\operatorname{sen} x)\,dx - \int_0^{\pi} x\, f(\operatorname{sen} x)\,dx$$

$$2\int_0^{\pi} x\, f(\operatorname{sen} x)\,dx = \pi\int_0^{\pi} f(\operatorname{sen} x)\,dx$$

$$\int_0^{\pi} x\, f(\operatorname{sen} x)\,dx = \frac{\pi}{2}\int_0^{\pi} f(\operatorname{sen} x)\,dx$$

Finalmente,

$$\int_0^\pi (ax+b) f(\operatorname{sen} x)\,dx = a\int_0^\pi x f(\operatorname{sen} x)\,dx + b\int_0^\pi f(\operatorname{sen} x)\,dx$$

$$\int_0^\pi (ax+b) f(\operatorname{sen} x)\,dx = a\frac{\pi}{2}\int_0^\pi f(\operatorname{sen} x)\,dx + b\int_0^\pi f(\operatorname{sen} x)\,dx$$

$$\int_0^\pi (ax+b) f(\operatorname{sen} x)\,dx = \left(a\frac{\pi}{2}+b\right)\int_0^\pi f(\operatorname{sen} x)\,dx$$

□

a) Calcule a integral $\int \sqrt{\frac{1-x}{1+x}}dx,\ x\in(-1,1)$ [47].

Solução:

Seja $x = \operatorname{sen}\theta$, por tanto, $dx=\cos\theta d\theta$,

$$\int \sqrt{\frac{1-x}{1+x}}dx = \int \sqrt{\frac{1-\operatorname{sen}\theta}{1+\operatorname{sen}\theta}}\cos\theta\, d\theta,$$ observe a relação,

$$\frac{1-\operatorname{sen}\theta}{1+\operatorname{sen}\theta} = \frac{\cos^2\theta}{(1+\operatorname{sen}\theta)^2}\quad \left\{ \begin{array}{l} dem.: \\ \dfrac{\cos^2\theta}{(1+\operatorname{sen}\theta)^2} = \dfrac{(1-\operatorname{sen}\theta)\cancel{(1+\operatorname{sen}\theta)}}{(1+\operatorname{sen}\theta)^{\cancel{2}}} = \dfrac{1-\operatorname{sen}\theta}{1+\operatorname{sen}\theta} \quad \square \end{array}\right.$$

Substituindo,

$$\int \sqrt{\frac{1-x}{1+x}}dx = \int \sqrt{\frac{\cos^2\theta}{(1+\operatorname{sen}\theta)^2}}\cos\theta\, d\theta = \int \frac{\cos^2\theta}{1+\operatorname{sen}\theta}d\theta = \int \frac{(1-\operatorname{sen}\theta)\cancel{(1+\operatorname{sen}\theta)}}{\cancel{1+\operatorname{sen}\theta}}d\theta$$

$$\int \sqrt{\frac{1-x}{1+x}}dx = \int 1-\operatorname{sen}\theta\, d\theta = \theta+\cos\theta + C,$$

Como $\theta=\operatorname{sen}^{-1} x$, segue,

$$\int \sqrt{\frac{1-x}{1+x}}dx = \operatorname{sen}^{-1} x + \sqrt{1-x^2} + C.$$

b) Calcule a integral $\int \sqrt{x^2+4x+5}\ dx$

Solução:

Vamos primeiro completar os quadrados dentro da raiz,

$$\int \sqrt{x^2+4x+5}\ dx = \int \sqrt{x^2+2(2x)+4+1}\,dx = \int \sqrt{(x+2)^2+1}\,dx$$

Seja agora $x+2=\operatorname{tg}\theta$, por tanto, $dx=\sec^2\theta\, d\theta$, substituindo,

$$\int \sqrt{x^2+4x+5}\ dx = \int \sqrt{\underbrace{\operatorname{tg}^2\theta+1}_{\sec^2\theta}}\sec^2\theta\, d\theta = \int \sec^3\theta\, d\theta = \int \sec\theta\sec^2\theta\, d\theta$$

Pela integração por partes,

[47] Titu Andreescu, Razvan Gelca - Putnam and Beyond - Springer, 2007 - 815p

	D	I
+	$\sec\theta$	$\sec^2\theta$
−	$\sec\theta\,\text{tg}\,\theta$	$\text{tg}\,\theta$

$$\int \sec^3\theta\, d\theta = \sec\theta\,\text{tg}\,\theta - \int \sec\theta\,\text{tg}^2\theta\, d\theta$$

$$\int \sec^3\theta\, d\theta = \sec\theta\,\text{tg}\,\theta - \int \sec\theta\left(\sec^2\theta - 1\right)d\theta = \sec\theta\,\text{tg}\,\theta - \int \sec^3\theta\, d\theta + \int \sec\theta\, d\theta$$

$$2\int \sec^3\theta\, d\theta = \sec\theta\,\text{tg}\,\theta + \ln\left|\sec\theta + \text{tg}\,\theta\right|$$

$$\int \sec^3\theta\, d\theta = \frac{1}{2}\left(\sec\theta\,\text{tg}\,\theta + \ln\left|\sec\theta + \text{tg}\,\theta\right|\right),\ \text{assim,}$$

$$\int \sqrt{x^2+4x+5}\; dx = \int \sec^3\theta\, d\theta = \frac{1}{2}\left(\sec\theta\,\text{tg}\,\theta + \ln\left|\sec\theta + \text{tg}\,\theta\right|\right) + C$$

Do triângulo abaixo, temos,

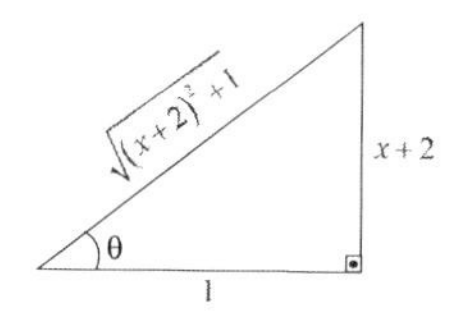

$$\int \sqrt{x^2+4x+5}\; dx = \frac{1}{2}(x+2)\sqrt{x^2+4x+1} + \ln\left|(x+2)+\sqrt{x^2+4x+1}\right| + C.$$

c) Mostre que $\int \frac{1}{\sqrt{x^2+a^2}}dx = \ln\left|x+\sqrt{x^2+a}\right| + C$.

Solução:

Essa é uma integral conhecida cuja primitiva está presente em todas as tabelas de integração, no entanto, para chegarmos a esse resultado, se faz uso de uma substituição trigonométrica, observe,

$\int \frac{1}{\sqrt{x^2+a^2}}dx$, seja $x = a\,\text{tg}\,\theta$, por tanto, $dx = a\sec^2\theta\, d\theta$, assim,

$$\int \frac{1}{\sqrt{x^2+a^2}}dx = \int \frac{1}{\sqrt{a^2\,\text{tg}^2\theta + a^2}}a\sec^2\theta\, d\theta = \int \frac{\cancel{a}\sec^2\theta}{\cancel{a}\sqrt{\text{tg}^2\theta+1}}d\theta = \int \frac{\sec\cancel{^2}\theta}{\cancel{\sec\theta}}d\theta = \int \sec\theta d\theta$$

$\int \frac{1}{\sqrt{x^2+a^2}}dx = \ln\left|\sec\theta + \text{tg}\,\theta\right| + C_0$, lembrando que $\sec^2\theta = \text{tg}^2\theta + 1$, segue,

$$\int \frac{1}{\sqrt{x^2+a^2}}dx = \ln\left|\sqrt{\text{tg}^2\theta+1} + \text{tg}\,\theta\right| + C_0 = \ln\left|\sqrt{\left(\frac{x}{a}\right)^2+1} + \frac{x}{a}\right| + C_0 = \ln\left|\frac{x}{a} + \frac{\sqrt{x^2+a}}{a}\right| + C_0$$

$$\int \frac{1}{\sqrt{x^2+a^2}}dx = \ln\left|x+\sqrt{x^2+a}\right| - \ln a + C_0 = \ln\left|x+\sqrt{x^2+a}\right| + C.$$

d) Mostre que $\int \frac{1}{\sqrt{x^2-a^2}}dx = \ln\left|x+\sqrt{x^2-a}\right| + C$.

Solução:

Assim como a anterior, essa é integral se encontra em todas as tabelas de primitivação, vamos calculá-la:

$\int \frac{1}{\sqrt{x^2-a^2}}dx$, seja $x = a\sec\theta$, por tanto, $dx = a\sec\theta\,\text{tg}\,\theta d\theta$, assim,

$$\int \frac{1}{\sqrt{x^2-a^2}}dx = \int \frac{1}{\sqrt{a^2\sec^2\theta - a^2}}a\sec\theta\,\mathrm{tg}\,\theta\, d\theta = \int \frac{\cancel{a}\sec\theta\,\mathrm{tg}\,\theta}{\cancel{a}\sqrt{\sec^2\theta-1}}d\theta = \int \frac{\sec\theta\,\cancel{\mathrm{tg}\,\theta}}{\cancel{\mathrm{tg}\,\theta}}d\theta = \int \sec\theta d\theta$$

$\displaystyle\int \frac{1}{\sqrt{x^2+a^2}}dx = \ln\left|\sec\theta + \mathrm{tg}\,\theta\right| + C_0$, lembrando que $\mathrm{tg}^2\,\theta = \sec^2\theta - 1$, segue,

$$\int \frac{1}{\sqrt{x^2+a^2}}dx = \ln\left|\sec\theta + \sqrt{\sec^2\theta-1}\right| + C_0 = \ln\left|\frac{x}{a} + \sqrt{\left(\frac{x}{a}\right)^2 - 1}\right| + C_0 = \ln\left|x + \sqrt{x^2-a}\right| \underbrace{-\ln a + C_0}_{C}$$

$$\int \frac{1}{\sqrt{x^2-a^2}}dx = \ln\left|x + \sqrt{x^2-a}\right| + C.$$

e) Calcule a integral $\displaystyle\int \frac{1}{\left(x^2+1\right)^2}dx$.

Solução:

Seja $\mathrm{tg}\,u = x$, por tanto, $\sec^2 u\, du = dx$,

$$\int \frac{1}{\left(x^2+1\right)^2}dx = \int \frac{1}{\left(\mathrm{tg}^2\,u+1\right)^2}\sec^2 u\, du = \int \frac{\sec^2 u}{\left(\sec^2 u\right)^2}du = \int \cos^2 u\, du$$

Onde, $\cos 2u = \cos^2 u - \mathrm{sen}^2\, u = \cos^2 u - \left(1-\cos^2 u\right) = 2\cos^2 u - 1 \Rightarrow \cos^2 u = \dfrac{\cos 2u + 1}{2}$,

$$\int \frac{1}{\left(x^2+1\right)^2}dx = \int \cos^2 u\, du = \frac{1}{2}\int \cos 2u + 1\, du = \frac{1}{2}\left(\frac{\mathrm{sen}\,2u}{2} + u\right) + C = \frac{\mathrm{sen}\,2u}{4} + \frac{u}{2} + C$$

$$\int \frac{1}{\left(x^2+1\right)^2}dx = \frac{\mathrm{sen}\,2u}{4} + \frac{u}{2} + C = \frac{1}{4}\mathrm{sen}\,2\left(\mathrm{tg}^{-1}\,x\right) + \frac{\mathrm{tg}^{-1}\,x}{2} + C$$

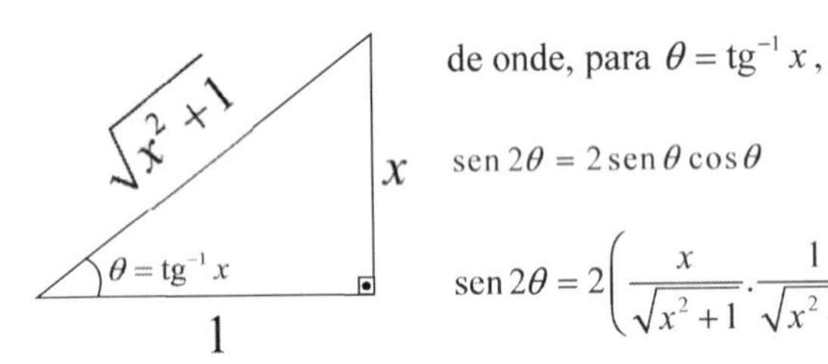

de onde, para $\theta = \mathrm{tg}^{-1}\,x$,

$$\mathrm{sen}\,2\theta = 2\,\mathrm{sen}\,\theta\cos\theta$$

$\mathrm{sen}\,2\theta = 2\left(\dfrac{x}{\sqrt{x^2+1}}.\dfrac{1}{\sqrt{x^2+1}}\right) = \dfrac{2x}{x^2+1}$, assim,

$$\int \frac{1}{\left(x^2+1\right)^2}dx = \frac{1}{2}\left(\frac{x}{x^2+1} + \mathrm{tg}^{-1}\,x\right) + C$$

f) Calcule a integral $\displaystyle\int_0^{\pi}\left(2x+3\right)\frac{\mathrm{sen}^3\,x}{\cos^2 x+1}dx$.

Solução:

Uma vez que podemos escrever o integrando como uma função de sen x, observe,

$\dfrac{\mathrm{sen}^3\,x}{\cos^2 x+1} = \dfrac{\mathrm{sen}^3\,x}{\left(1-\mathrm{sen}^2\,x\right)+1}$, desse modo,

Se $f(u)=\dfrac{u^3}{(1-u^2)+1}$, então, para $u=\operatorname{sen} x$, teremos,

$$f(\operatorname{sen} x)=\frac{\operatorname{sen}^3 x}{(1-\operatorname{sen}^2 x)+1}=\frac{\operatorname{sen}^3 x}{\cos^2 x+1}$$

Desse modo podemos usar a propriedade,

$\int_0^{\pi}(ax+b)f(\operatorname{sen} x)dx=\left(a\dfrac{\pi}{2}+b\right)\int_0^{\pi}f(\operatorname{sen} x)dx$, assim,

$$\int_0^{\pi}(2x+3)\frac{\operatorname{sen}^3 x}{\cos^2 x+1}dx=(\pi+3)\int_0^{\pi}\frac{\operatorname{sen}^3 x}{\cos^2 x+1}dx$$

$$\int_0^{\pi}\frac{\operatorname{sen}^3 x}{\cos^2 x+1}dx=\int_0^{\pi}\frac{\operatorname{sen}^2 x}{\cos^2 x+1}\operatorname{sen} x\,dx=\int_0^{\pi}\frac{1-\cos^2 x}{1+\cos^2 x}\operatorname{sen} x\,dx$$

Seja $u=\cos x$, $du=-\operatorname{sen} x\,dx$, ainda, $\begin{cases}x=\pi\rightarrow u=-1\\ x=0\rightarrow u=1\end{cases}$,

$$\int_0^{\pi}\frac{\operatorname{sen}^3 x}{\cos^2 x+1}dx=\int_0^{\pi}\frac{1-\cos^2 x}{1+\cos^2 x}\operatorname{sen} x\,dx=\int_1^{-1}\frac{1-u^2}{1+u^2}\cancel{\operatorname{sen} x}\frac{du}{-\cancel{\operatorname{sen} x}}$$

$$\int_0^{\pi}\frac{\operatorname{sen}^3 x}{\cos^2 x+1}dx=\int_{-1}^{1}\frac{1-u^2}{1+u^2}du,$$

Como o integrando é uma função par[48], temos,

$$\int_0^{\pi}\frac{\operatorname{sen}^3 x}{\cos^2 x+1}dx=2\int_0^{1}\frac{1-u^2}{1+u^2}du$$

O integrando pode ser reescrito como,

$$\frac{1-u^2}{1+u^2}=\frac{2-1-u^2}{1+u^2}=\frac{2}{1+u^2}-\frac{1+u^2}{1+u^2}=\frac{2}{1+u^2}-1$$

Ficamos com,

$$\int_0^{\pi}\frac{\operatorname{sen}^3 x}{\cos^2 x+1}dx=2\int_0^{1}\frac{2}{1+u^2}-1\,du=4\int_0^{1}\frac{1}{1+u^2}du-2\int_0^{1}1\,du$$

$$\int_0^{\pi}\frac{\operatorname{sen}^3 x}{\cos^2 x+1}dx=4\int_0^{1}\frac{1}{1+u^2}du-2\int_0^{1}1\,du=2\left[2\operatorname{tg}^{-1}u-u\right]_0^1=2\left[2\frac{\pi}{4}-1\right]$$

---

[48] $f(u)=\dfrac{1-u^2}{1+u^2}=\dfrac{1-(-u)^2}{1+(-u)^2}=f(-u)$

$\int_0^{\pi} \frac{\text{sen}^3 x}{\cos^2 x + 1} dx = \pi - 2$, finalmente,

$$\int_0^{\pi} (2x+3) \frac{\text{sen}^3 x}{\cos^2 x + 1} dx = (\pi + 3)(\pi - 2)$$

14) Função Harmônica

Através do estudo do movimento harmônico simples (MHS), na Física, tomamos contato com as chamadas funções harmônicas do movimento,

$$\boxed{x(t) = A\cos(t+\varphi)}$$

onde temos a posição x em função do tempo t, com uma amplitude A, a partir de um ângulo inicial φ.

A expressão acima, dá o nome da técnica que vamos apresentar para simplificar o cálculo integral. A simplificação se substituirmos uma adição entre um seno e um cosseno pela expressão acima,

I) $$\boxed{a\,\text{sen}\,x + b\cos x = A\cos(x+\varphi)\text{ , onde } A=\sqrt{a^2+b^2} \text{ e } \text{tg}\,\varphi = \frac{a}{b}}$$

A justificativa é simples,

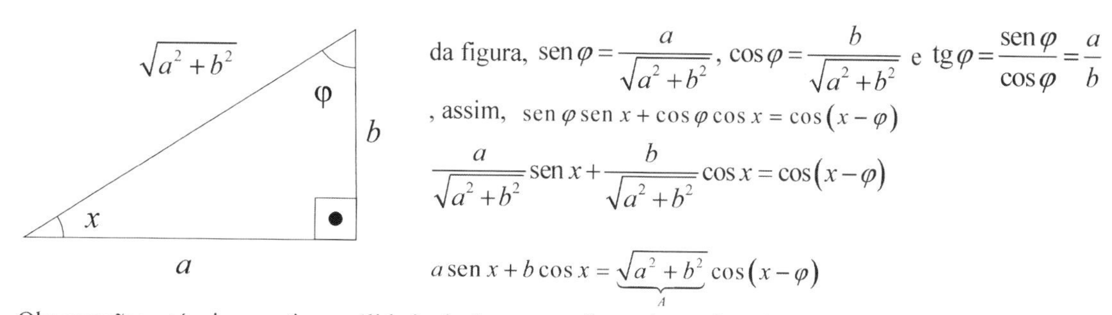

da figura, $\text{sen}\,\varphi = \dfrac{a}{\sqrt{a^2+b^2}}$, $\cos\varphi = \dfrac{b}{\sqrt{a^2+b^2}}$ e $\text{tg}\,\varphi = \dfrac{\text{sen}\,\varphi}{\cos\varphi} = \dfrac{a}{b}$, assim, $\text{sen}\,\varphi\,\text{sen}\,x + \cos\varphi\cos x = \cos(x-\varphi)$

$$\frac{a}{\sqrt{a^2+b^2}}\text{sen}\,x + \frac{b}{\sqrt{a^2+b^2}}\cos x = \cos(x-\varphi)$$

$$a\,\text{sen}\,x + b\cos x = \underbrace{\sqrt{a^2+b^2}}_{A}\cos(x-\varphi)$$

Observação: a técnica continua válida inclusive para valores de a e b maiores do que 1.

a) $\displaystyle\int \frac{x^2}{(x\,\text{sen}\,x+\cos x)^2}dx$[49]

Solução:

Aplicando a função harmônica ao denominador,

$$a\,\text{sen}\,x + b\cos x = \underbrace{\sqrt{a^2+b^2}}_{A}\cos\left(x - \underbrace{\text{tg}^{-1}\left(\frac{a}{b}\right)}_{\varphi}\right)\text{, assim,}$$

$$\int \frac{x^2}{(x\,\text{sen}\,x+\cos x)^2}dx = \int \frac{x^2}{\left[\sqrt{x^2+1}\cos\left(x-\text{tg}^{-1}x\right)\right]^2}dx = \int \frac{1}{\cos^2\left(x-\text{tg}^{-1}x\right)}\frac{x^2}{x^2+1}dx$$

$$\int \frac{x^2}{(x\,\text{sen}\,x+\cos x)^2}dx = \int \sec^2\left(x-\text{tg}^{-1}x\right)\frac{x^2}{x^2+1}dx$$

[49] É o exercício h do capítulo "Integração por Partes", dessa vez resolvido pela função harmônica.

Seja $t = x - \operatorname{tg}^{-1} x$, $dt = \left(1 - \frac{1}{1+x^2}\right)dx \Rightarrow dx = \frac{1+x^2}{x^2}dt$,

$$\int \frac{x^2}{(x\operatorname{sen} x + \cos x)^2}dx = \int \sec^2 t \frac{x^2}{x^2+1}\frac{1+x^2}{x^2}dt = \int \sec^2 t\, dt$$

$$\int \frac{x^2}{(x\operatorname{sen} x + \cos x)^2}dx = \int \sec^2 t\, dt = \operatorname{tg} t + C$$

$$\int \frac{x^2}{(x\operatorname{sen} x + \cos x)^2}dx = \operatorname{tg}\left(x - \operatorname{tg}^{-1} x\right) + C$$, da trigonometria,

$$\operatorname{tg}(a-b) = \frac{\operatorname{tg} a - \operatorname{tg} b}{1 + \operatorname{tg} a \operatorname{tg} b}$$, assim,

$$\int \frac{x^2}{(x\operatorname{sen} x + \cos x)^2}dx = \frac{\operatorname{tg} x - \operatorname{tg}\left(\operatorname{tg}^{-1} x\right)}{1 + \operatorname{tg} x \operatorname{tg}\left(\operatorname{tg}^{-1} x\right)} + C$$

$$\int \frac{x^2}{(x\operatorname{sen} x + \cos x)^2}dx = \frac{\operatorname{tg} x - x}{1 + x \operatorname{tg} x} + C$$

$$\int \frac{x^2}{(x\operatorname{sen} x + \cos x)^2}dx = \frac{\frac{\operatorname{sen} x}{\cos x} - x}{1 + x\frac{\operatorname{sen} x}{\cos x}} + C = \frac{\operatorname{sen} x - x\cos x}{\cos x + x\operatorname{sen} x} + C$$

b) (India IIT JEE Exam Prep Problem) Calcule a integral $\int \frac{x^2+20}{(x\operatorname{sen} x + 5\cos x)^2}dx$.

Solução:

$$\int \frac{x^2+20}{(x\operatorname{sen} x + 5\cos x)^2}dx$$

Aplicando a função harmônica ao denominador,

$$a\operatorname{sen} x + b\cos x = \underbrace{\sqrt{a^2+b^2}}_{A}\cos\left(x - \underbrace{\operatorname{tg}^{-1}\left(\frac{a}{b}\right)}_{\varphi}\right)$$, assim,

$$\int \frac{x^2+20}{(x\operatorname{sen} x + 5\cos x)^2}dx = \int \frac{x^2+20}{\left[\sqrt{x^2+5}\cos\left(x - \operatorname{tg}^{-1}\left(\frac{x}{5}\right)\right)\right]^2}dx$$

$$\int \frac{x^2+20}{(x\,\text{sen}\,x+5\cos x)^2}dx=\int \frac{1}{\cos^2\left(x-\text{tg}^{-1}\left(\frac{x}{5}\right)\right)}\frac{x^2+20}{x^2+5}dx$$

$$\int \frac{x^2+20}{(x\,\text{sen}\,x+5\cos x)^2}dx=\int \sec^2\left(x-\text{tg}^{-1}\left(\frac{x}{5}\right)\right)\frac{x^2+20}{x^2+5}dx$$

Seja $t=x-\text{tg}^{-1}\left(\frac{x}{5}\right)$, $dt=1-\frac{1}{1+\left(\frac{x}{5}\right)^2}\frac{1}{5}dx \Rightarrow dx=\frac{x^2+25}{x^2+20}dt$, substituindo,

$$\int \frac{x^2+20}{(x\,\text{sen}\,x+5\cos x)^2}dx=\int \sec^2 t\,\frac{\cancel{x^2+20}}{\cancel{x^2+5}}\frac{\cancel{x^2+25}}{\cancel{x^2+20}}dt$$

$$\int \frac{x^2+20}{(x\,\text{sen}\,x+5\cos x)^2}dx=\int \sec^2 t\,dt=\text{tg}\,t+C$$

$$\int \frac{x^2+20}{(x\,\text{sen}\,x+5\cos x)^2}dx=\text{tg}\left(x-\text{tg}^{-1}\left(\frac{x}{5}\right)\right)+C$$, da trigonometria,

$\text{tg}(a-b)=\frac{\text{tg}\,a-\text{tg}\,b}{1+\text{tg}\,a\,\text{tg}\,b}$, assim,

$$\int \frac{x^2+20}{(x\,\text{sen}\,x+5\cos x)^2}dx=\frac{\text{tg}\,x-\text{tg}\left(\text{tg}^{-1}\left(\frac{x}{5}\right)\right)}{1+\text{tg}\,x\,\text{tg}\left(\text{tg}^{-1}\left(\frac{x}{5}\right)\right)}+C$$

$$\int \frac{x^2+20}{(x\,\text{sen}\,x+5\cos x)^2}dx=\frac{\frac{\text{sen}\,x}{\cos x}-\frac{x}{5}}{1+\frac{x}{5}\frac{\text{sen}\,x}{\cos x}}+C=\frac{\left(\frac{\text{sen}\,x}{\cos x}-\frac{x}{5}\right)5\cos x}{\left(1+\frac{x}{5}\frac{\text{sen}\,x}{\cos x}\right)5\cos x}+C$$

$$\int \frac{x^2+20}{(x\,\text{sen}\,x+5\cos x)^2}dx=\frac{5\,\text{sen}\,x-x\cos x}{5\cos x+x\,\text{sen}\,x}+C$$

15) Integrais da Tangente de x

a) (India IIT JEE Exam Prep Problem) Calcule $\int \sqrt{\operatorname{tg} x}\, dx$.

Solução:

Seja $u = \sqrt{\operatorname{tg} x}$, por tanto, $u^2 = \operatorname{tg} x \Rightarrow 2u\, du = \sec^2 x\, dx$

De onde vale lembrarmos que $\sec^2 x = 1 + \operatorname{tg}^2 x$, onde, $\operatorname{tg}^2 x = u^4$, assim,

$2u\, du = \sec^2 x\, dx = (\operatorname{tg}^2 x + 1)dx = (u^4 + 1)dx \Rightarrow dx = \dfrac{2u}{u^4+1}$, substituindo,

$$\int \sqrt{\operatorname{tg} x}\, dx = \int u \frac{2u}{u^4+1} du = \int \frac{2u^2}{u^4+1} du = \int \frac{2}{\frac{u^4+1}{u^2}} du$$

$\displaystyle\int \sqrt{\operatorname{tg} x}\, dx = \int \frac{2}{u^2 + \frac{1}{u^2}} du$, cujo denominador pode ser fatorado[50],

$$\int \sqrt{\operatorname{tg} x}\, dx = \int \frac{2}{u^2 + 2 + \frac{1}{u^2} - 2} du = \int \frac{2}{\left(u + \frac{1}{u}\right)^2 - \left(\sqrt{2}\right)^2} du,$$

Uma vez que $\left(u + \frac{1}{u}\right)^2 - 2 = \left(u - \frac{1}{u}\right)^2 + 2$, podemos reescrever a integral como,

$\displaystyle\int \sqrt{\operatorname{tg} x}\, dx = \int \frac{1}{\left(u + \frac{1}{u}\right)^2 - 2} du + \int \frac{1}{\left(u - \frac{1}{u}\right)^2 + 2} du$, ainda,

$$\int \sqrt{\operatorname{tg} x}\, dx = \int \frac{1 - \frac{1}{u^2}}{\left(u + \frac{1}{u}\right)^2 - 2} du + \int \frac{1 + \frac{1}{u^2}}{\left(u - \frac{1}{u}\right)^2 + 2} du,$$

Seja agora uma nova substituição $\begin{cases} r = u + \frac{1}{u} \\ s = u - \frac{1}{u} \end{cases}$, por tanto, $\begin{cases} dr = \left(1 - \frac{1}{u^2}\right) du \\ ds = \left(1 + \frac{1}{u^2}\right) du \end{cases}$,

$$\int \sqrt{\operatorname{tg} x}\, dx = \int \frac{1 - \frac{1}{u^2}}{\left(u + \frac{1}{u}\right)^2 - 2} du + \int \frac{1 + \frac{1}{u^2}}{\left(u - \frac{1}{u}\right)^2 + 2} du = \int \frac{1}{r^2 - 2} dr + \int \frac{1}{s^2 + 2} ds$$

$$\int \sqrt{\operatorname{tg} x} dx = \frac{1}{2\sqrt{2}} \ln\left|\frac{r - \sqrt{2}}{r + \sqrt{2}}\right| + \frac{1}{\sqrt{2}} \operatorname{tg}^{-1}\left(\frac{s}{\sqrt{2}}\right) = \frac{1}{2\sqrt{2}} \ln\left|\frac{\sqrt{\operatorname{tg} x} + \sqrt{\operatorname{cotg} x} - \sqrt{2}}{\sqrt{\operatorname{tg} x} + \sqrt{\operatorname{cotg} x} + \sqrt{2}}\right| + \frac{1}{\sqrt{2}} \operatorname{tg}^{-1}\left(\frac{\sqrt{\operatorname{tg} x} - \sqrt{\operatorname{cotg} x}}{\sqrt{2}}\right) + C$$

---

[50] $u^2 + 2u\frac{1}{u} + \frac{1}{u^2} = u^2 + 2 + \frac{1}{u^2} = \left(u + \frac{1}{u}\right)^2$

b) (India IIT JEE Exam Prep Problem) Calcule a integral[51] $\int \sqrt[3]{\operatorname{tg} x}\, dx$.

Solução:

Seja $u=\sqrt[3]{\operatorname{tg} x}$, por tanto, $u^3=\operatorname{tg} x \Rightarrow 3u^2du=\sec^2 x\,dx$, lembrando que $\sec^2 x=\operatorname{tg}^2 x+1$,

De onde vale lembrarmos que $\sec^2 x=\operatorname{tg}^2 x+1$, onde, $\operatorname{tg}^2 x=u^6$, assim,

$$3u^2du=\sec^2 x\,dx=\left(\operatorname{tg}^2 x+1\right)dx=\left(u^6+1\right)dx \Rightarrow dx=\frac{3u^2}{u^6+1}du \text{, substituindo,}$$

$$\int \sqrt[3]{\operatorname{tg} x}\, dx=\int u\frac{3u^2}{u^6+1}du=\int \frac{3u^3}{u^6+1}du \text{, vamos reduzir o grau dessa integral,}$$

O que será feito, surpreendentemente, através de uma nova substituição,

Seja $t=u^2$, por tanto, $dt=2u\,du \Rightarrow du=\frac{1}{2u}dt$,

$$\int \sqrt[3]{\operatorname{tg} x}\, dx=\int \frac{3\left(u^2\right)u}{\underbrace{\left(u^2\right)}_{t}{}^3+1}du=\int \frac{3t\cancel{u}}{t^3+1}\frac{dt}{2\cancel{u}}$$

$$\int \sqrt[3]{\operatorname{tg} x}\, dx=\frac{3}{2}\int \frac{t}{t^3+1}dt=\frac{3}{2}\int \frac{t}{(t+1)\left(t^2-t+1\right)}dt \text{, onde,}$$

$$\frac{t}{(t+1)\left(t^2-t+1\right)}=\frac{A}{t+1}+\frac{Bt+C}{t^2-t+1} \Rightarrow \begin{cases} A=\frac{-1}{3} \\ B=\frac{1}{3} \\ C=\frac{1}{3} \end{cases}$$

$$\int \sqrt[3]{\operatorname{tg} x}\, dx=\frac{3}{2}\int \frac{t}{(t+1)\left(t^2-t+1\right)}dt=\frac{\cancel{3}}{2}\frac{1}{\cancel{3}}\left(\underbrace{\int \frac{-1}{t+1}dt}_{I_1}+\underbrace{\int \frac{t+1}{t^2-t+1}dt}_{I_2}\right) \text{, separando as integrais,}$$

$$I_1=\int \frac{-1}{t+1}dt=-\ln|t+1|+C_1$$

$$I_2=\int \frac{t+1}{t^2-t+1}dt-\int \frac{t+1}{\left(t^2-2\frac{1}{2}t+\frac{1}{4}\right)+\frac{3}{4}}dt-\int \frac{t+1}{\left(t-\frac{1}{2}\right)^2+\left(\frac{\sqrt{3}}{2}\right)^2}dt$$

Seja agora a substituição $v=t-\frac{1}{2}$, por tanto, $dt=dv$,

$$I_2=\int \frac{t+1}{t^2-t+1}dt=\int \frac{v+\frac{3}{2}}{v^2+\left(\frac{\sqrt{3}}{2}\right)^2}dv=\int \frac{v}{v^2+\left(\frac{\sqrt{3}}{2}\right)^2}dv+\frac{3}{2}\int \frac{1}{v^2+\left(\frac{\sqrt{3}}{2}\right)^2}dv$$

[51]S.B. IIT JEE integral, Integral of cube root of tanx
https://www.youtube.com/watch?v=fmFaKuhCV0s&list=PLzzqBYg7CbNqi-np1YDPBAgVcLrLBI7kY&index=4

$$I_2=\int \frac{t+1}{t^2-t+1}dt=\int \frac{v}{v^2+\left(\frac{\sqrt{3}}{2}\right)^2}dv+\frac{3}{2}\int \frac{1}{v^2+\left(\frac{\sqrt{3}}{2}\right)^2}dv=\frac{1}{2}\ln\left|v^2+\frac{3}{4}\right|+\frac{3}{\cancel{2}}\frac{\cancel{2}}{\sqrt{3}}\operatorname{tg}^{-1}\left(\frac{2v}{\sqrt{3}}\right)+C_2$$

$$I_2=\frac{1}{2}\ln\left|t^2-t+1\right|+\sqrt{3}\operatorname{tg}^{-1}\left(\frac{2t-1}{\sqrt{3}}\right)+C_2$$

$$\int \sqrt[3]{\operatorname{tg} x}\,dx=\frac{3}{2}\int \frac{t}{(t+1)(t^2-t+1)}dt=\frac{1}{2}(I_1+I_2)=\frac{1}{2}\left(-\ln|t+1|+\frac{1}{2}\ln\left|t^2-t+1\right|+\sqrt{3}\operatorname{tg}^{-1}\left(\frac{2t-1}{\sqrt{3}}\right)\right)+C$$

$$\int \sqrt[3]{\operatorname{tg} x}\,dx=-\frac{1}{2}\ln\left|\sqrt[3]{\operatorname{tg}^2}+1\right|+\frac{1}{4}\ln\left|\sqrt[3]{\operatorname{tg}^4}-\sqrt[3]{\operatorname{tg}^2}+1\right|+\frac{\sqrt{3}}{2}\operatorname{tg}^{-1}\left(\frac{2\sqrt[3]{\operatorname{tg}^2}-1}{\sqrt{3}}\right)+C$$

c) Calcule a integral $\int \frac{1}{\sqrt{\operatorname{tg} x}}dx$.

Solução:

Seja $u=\sqrt{\operatorname{tg} x}$, por tanto, $u^2=\operatorname{tg} x \Rightarrow 2u\,du=\sec^2 x\,dx$

De onde vale lembrarmos que $\sec^2 x=1+\operatorname{tg}^2 x$, onde, $\operatorname{tg}^2 x=u^4$, assim,

$2u\,du=\sec^2 x\,dx=\left(\operatorname{tg}^2 x+1\right)dx=\left(u^4+1\right)dx \Rightarrow dx=\frac{2u}{u^4+1}du$, substituindo,

$$\int \frac{1}{\sqrt{\operatorname{tg} x}}dx=\int \frac{1}{\cancel{u}}\frac{2\cancel{u}}{u^4+1}du=\int \frac{2}{u^4+1}du=\int \frac{u^2+1-u^2+1}{u^4+1}du$$

$$\int \frac{1}{\sqrt{\operatorname{tg} x}}dx=\int \frac{u^2+1}{u^4+1}du-\int \frac{u^2-1}{u^4+1}du=\int \frac{\frac{u^2+1}{u^2}}{\frac{u^4+1}{u^2}}du-\int \frac{\frac{u^2-1}{u^2}}{\frac{u^4+1}{u^2}}du$$

$$\int \frac{1}{\sqrt{\operatorname{tg} x}}dx=\int \frac{1+\frac{1}{u^2}}{u^2+\frac{1}{u^2}}du-\int \frac{1-\frac{1}{u^2}}{u^2+\frac{1}{u^2}}du=\int \frac{1+\frac{1}{u^2}}{\left(u-\frac{1}{u}\right)^2+2}du-\int \frac{1-\frac{1}{u^2}}{\left(u+\frac{1}{u}\right)^2-2}du,$$

Seja agora uma nova substituição $\begin{cases} r=u-\frac{1}{u} \\ s=u+\frac{1}{u} \end{cases}$, por tanto, $\begin{cases} dr=\left(1+\frac{1}{u^2}\right)du \\ ds=\left(1-\frac{1}{u^2}\right)du \end{cases}$,

$$\int \frac{1}{\sqrt{\operatorname{tg} x}}dx=\int \frac{1+\frac{1}{u^2}}{\left(u-\frac{1}{u}\right)^2+2}du-\int \frac{1-\frac{1}{u^2}}{\left(u+\frac{1}{u}\right)^2-2}du=\int \frac{1}{r^2+2}dr-\int \frac{1}{s^2-2}ds$$

$$\int \frac{1}{\sqrt{\operatorname{tg} x}}dx=\int \frac{1}{r^2+2}dr-\int \frac{1}{s^2-2}ds=\frac{1}{\sqrt{2}}\operatorname{tg}^{-1}\left(\frac{\sqrt{\operatorname{tg} x}+\sqrt{\operatorname{cotg} x}}{\sqrt{2}}\right)-\frac{1}{2\sqrt{2}}\ln\left|\frac{\sqrt{\operatorname{tg} x}-\sqrt{\operatorname{cotg} x}-\sqrt{2}}{\sqrt{\operatorname{tg} x}-\sqrt{\operatorname{cotg} x}+\sqrt{2}}\right|+C$$

d) Calcule a integral $\int \frac{1}{\sqrt[3]{\operatorname{tg} x}}dx$.

Solução:
Seja a substituição,

$$u^3 = \operatorname{tg}^2 x \Leftrightarrow \operatorname{tg} x = u^{\frac{3}{2}},\ 3u^2 du = 2\operatorname{tg} x \sec^2 x\, dx \Rightarrow dx = \frac{3}{2}\frac{u^2}{\operatorname{tg} x \sec^2 x}du = \frac{3}{2}\frac{u^2}{u^{\frac{3}{2}}\left(1+u^3\right)}du,$$

$$\int \frac{1}{\sqrt[3]{\operatorname{tg} x}}dx = \int \frac{1}{\sqrt[3]{u^{\frac{3}{2}}}}\frac{3}{2}\frac{u^2}{u^{\frac{3}{2}}\left(1+u^3\right)}du = \frac{3}{2}\int \frac{1}{1+u^3}du \text{, fatorando o denominador,}$$

$$\int \frac{1}{\sqrt[3]{\operatorname{tg} x}}dx = \frac{3}{2}\int \frac{1}{(1+u)\left(1-u+u^2\right)}du = \frac{3}{2}\left[\int \frac{A}{1+u}du + \int \frac{Bu+C}{1-u+u^2}du\right] \text{, de onde temos,}$$

$A = \frac{1}{3}$, $B = \frac{-1}{3}$, $C = \frac{2}{3}$, assim,

$$\int \frac{1}{\sqrt[3]{\operatorname{tg} x}}dx = \frac{3}{2}\left[\frac{1}{3}\int \frac{1}{1+u}du + \frac{1}{3}\int \frac{-u+2}{1-u+u^2}du\right] = \frac{1}{2}\left[\int \frac{1}{1+u}du - \int \frac{u-2}{1-u+u^2}du\right]$$

$$\int \frac{1}{\sqrt[3]{\operatorname{tg} x}}dx = \frac{1}{2}\int \frac{1}{1+u}du - \frac{1}{2}\int \frac{2u-1}{u^2-u+1}du + \frac{3}{2}\int \frac{1}{u^2-u+1}du$$

Observe que na 2ª integral, podemos substituir $t = u^2 - u + 1$, que nosso dt será o nosso numerador, $dt = (2u-1)du$, assim,

$$\int \frac{1}{\sqrt[3]{\operatorname{tg} x}}dx = \frac{1}{2}\int \frac{1}{1+u}du - \frac{1}{2}\int \frac{1}{t}dt + \frac{3}{2}\int \frac{1}{\left(u-\frac{1}{2}\right)^2 + \left(\frac{\sqrt{3}}{2}\right)^2}du$$

$$\int \frac{1}{\sqrt[3]{\operatorname{tg} x}}dx = \frac{1}{2}\int \frac{1}{1+u}du - \frac{1}{2}\int \frac{1}{t}dt + \frac{3}{2}\frac{1}{\left(\frac{\sqrt{3}}{2}\right)^2}\int \frac{1}{\left(\frac{u-\frac{1}{2}}{\frac{\sqrt{3}}{2}}\right)^2 + (1)^2}du$$

$$\int \frac{1}{\sqrt[3]{\operatorname{tg} x}}dx = \frac{1}{2}\int \frac{1}{1+u}du - \frac{1}{2}\int \frac{1}{t}dt + 2\int \frac{1}{\left(\frac{2u-1}{\sqrt{3}}\right)^2 + (1)^2}du \text{, fazendo } v = \frac{2u-1}{\sqrt{3}},\ dv = \frac{2}{\sqrt{3}}du,$$

$$\int \frac{1}{\sqrt[3]{\operatorname{tg} x}}dx = \frac{1}{2}\ln|1+u| - \frac{1}{2}\ln\left|u^2-u+1\right| + 2\frac{\sqrt{3}}{2}\int \frac{1}{v^2+1}dv,$$

$$\int \frac{1}{\sqrt[3]{\operatorname{tg} x}}dx = \frac{1}{2}\ln|1+u| - \frac{1}{2}\ln\left|u^2-u+1\right| + \sqrt{3}\operatorname{tg}^{-1}\left(\frac{2u-1}{\sqrt{3}}\right) + C$$

$$\int \frac{1}{\sqrt[3]{\operatorname{tg} x}}dx = \frac{1}{2}\ln\left|\operatorname{tg}^{\frac{2}{3}} x + 1\right| - \frac{1}{2}\ln\left|\operatorname{tg}^{\frac{4}{3}} x - \operatorname{tg}^{\frac{2}{3}} x + 1\right| + \sqrt{3}\operatorname{tg}^{-1}\left(\frac{2\operatorname{tg}^{\frac{2}{3}} x - 1}{\sqrt{3}}\right) + C$$

16)A Substituição de Euler

É um método que nos permite através de substituições resolver integrais do tipo $\int R\left(x,\sqrt{ax^2+bx+c}\right)dx$ em transformando-as em funções racionais mais facilmente integráveis.

I) 1ª Substituição: Se $a>0$

$\sqrt{ax^2+bx+c}=\pm\sqrt{a}\,x+t$	que nos levará a	$x=\dfrac{c-t^2}{\pm 2\sqrt{a}\,t-b}$

2ª Substituição: Se $c>0$

$\sqrt{ax^2+bx+c}=tx\pm\sqrt{c}$	que nos levará a	$x=\dfrac{\pm 2t\sqrt{c}-b}{a-t^2}$

3ª Substituição: Se o polinômio tive raízes reais α e β

$\sqrt{a(x-\alpha)(x-\beta)}=(x-\alpha)t$	que nos levará a	$x=\dfrac{a\beta-\alpha t^2}{a-t^2}$

As substituições de Euler podem ainda ser generalizadas para permitir o uso de números imaginários, o que nos permitirá utilizar qualquer uma das substituições independentemente dos coeficientes da equação quadrática.

a) Calcule a integral $\int \dfrac{1}{\sqrt{x^2+c}}dx$.

Solução:
Das substituições de Euler, a 1ª substituição é a mais indicada, assim,

$$\sqrt{x^2+c}=-x+t \Rightarrow \cancel{x^2}+c=\cancel{x^2}-2xt+t^2 \Rightarrow x=\frac{t^2-c}{2t} \text{ e } t=x+\sqrt{x^2+c}$$

$$\frac{dx}{dt}=\frac{4t^2-2\left(t^2-c\right)}{4t^2} \Rightarrow dx=\frac{t^2+c}{2t^2}dt\text{, substituindo,}$$

$$\int \frac{1}{\sqrt{x^2+c}}dx=\int \frac{1}{-\frac{\left(t^2-c\right)}{2t}+t}\frac{t^2+c}{2t^2}dt=\int \frac{\cancel{2t}}{c-t^2+2t^2}\frac{t^2+c}{\cancel{2}t^{\cancel{2}}}dt=\int \frac{1}{\cancel{t^2+c}}\frac{\cancel{t^2+c}}{t}dt$$

$$\int \frac{1}{\sqrt{x^2+c}}dx=\int \frac{1}{t}dt=\ln|t|+C=\ln\left|x+\sqrt{x^2+c}\right|+C.$$

b) (MIT 2006 Integration Bee) Calcule a integral $\int_0^\infty \frac{1}{\left(x+\sqrt{1+x^2}\right)^2}dx$.

Solução:
Vamos utilizar a 1ª substituição de Euler,

$\sqrt{x^2+1} = -x+t$, de onde vem, $x=\frac{t^2-c}{2t}$, $t=x+\sqrt{1+x^2}$, $dx=\frac{t^2+c}{2t^2}dt$ $dx=\frac{t^2+c}{2t^2}dt$ e $\begin{cases} x\to\infty,\ t\to\infty \\ x=0,\ t=1 \end{cases}$

$$\int_0^\infty \frac{1}{\left(x+\sqrt{1+x^2}\right)^2}dx = \int_1^\infty \frac{1}{(t)^2}\frac{t^2+1}{2t^2}dt = \int_1^\infty \frac{t^2+1}{2t^4}dt = \frac{1}{2}\left[\int \frac{1}{t^2}dt + \int \frac{1}{t^4}dt\right] = \frac{1}{2}\left[\left[-\frac{1}{x}\right]_1^\infty + \left[-\frac{1}{3x^3}\right]_1^\infty\right]$$

$$\int_0^\infty \frac{1}{\left(x+\sqrt{1+x^2}\right)^2}dx = \frac{1}{2}\left[1+\frac{1}{3}\right] = \frac{2}{3}.$$

c) Calcule a integral $\int \frac{1}{(x-2)\sqrt{-x^2+x+2}}dx$.

Solução:
Uma vez que o coeficiente da equação quadrática possui $c > 0$, vamos utilizar a 2ª substituição de Euler,

$\sqrt{-x^2+x+2} = xt+\sqrt{2}$, $t=\frac{\sqrt{-x^2+x+2}-\sqrt{2}}{x}$, $x=\frac{1-2\sqrt{2}\,t}{1+t^2}$, $dx=\frac{-2\sqrt{2}-2t+2\sqrt{2}\,t^2}{\left(1+t^2\right)^2}dt$,

$\sqrt{-x^2+x+2}=\frac{1-2\sqrt{2}\,t}{1+t^2}t+\sqrt{2} \Rightarrow \sqrt{-x^2+x+2}=\frac{\sqrt{2}+t-\sqrt{2}\,t^2}{1+t^2}$

Substituindo,

$$\int \frac{1}{(x-2)\sqrt{-x^2+x+2}}dx = \int \frac{1}{\left(\frac{1-2\sqrt{2}t}{1+t^2}-2\right)\left(\frac{\sqrt{2}+t-\sqrt{2}\,t^2}{1+t^2}\right)}\frac{-2\sqrt{2}-2t+2\sqrt{2}\,t^2}{\left(1+t^2\right)^2}dt$$

$$\int \frac{1}{(x-2)\sqrt{-x^2+x+2}}dx = -2\int \frac{1}{\left(\frac{1-2\sqrt{2}t}{1+t^2}-2\right)\left(\frac{\cancel{\sqrt{2}+t-\sqrt{2}\,t^2}}{\cancel{1+t^2}}\right)}\frac{\cancel{\sqrt{2}+t-\sqrt{2}\,t^2}}{\left(1+t^2\right)^{\cancel{2}}}dt$$

$$\int \frac{1}{(x-2)\sqrt{-x^2+x+2}}dx = -2\int \frac{1}{\left(\frac{-1-2\sqrt{2}t-2t^2}{\cancel{1+t^2}}\right)\cancel{\left(1+t^2\right)}}dt$$

$$\int \frac{1}{(x-2)\sqrt{-x^2+x+2}}dx = 2\int \frac{1}{1+2\sqrt{2}t+2t^2}dt = \int \frac{1}{\frac{1}{2}+\sqrt{2}t+t^2}dt = \int \frac{1}{\left(t-\frac{\sqrt{2}}{2}\right)^2}dt$$

$$\int \frac{1}{(x-2)\sqrt{-x^2+x+2}}dx = \frac{-1}{t-\frac{\sqrt{2}}{2}}+C$$

$$\int \frac{1}{(x-2)\sqrt{-x^2+x+2}}dx = \frac{-1}{t-\frac{\sqrt{2}}{2}}+C = \frac{-2x}{2\sqrt{-x^2+x+2}-3\sqrt{2}}+C$$

d) Calcule a integral $\int \frac{1}{\sqrt{-x^2+7x-12}}dx$.

Solução:
Como a equação quadrática abaixo possui raízes reais, vamos adotar a 3ª Substituição de Euler,
$\sqrt{-x^2+7x-12} = \sqrt{-(x-3)(x-4)} = (x-4)t$,

$3-x=(x-4)t^2 \Rightarrow t=\sqrt{\frac{3-x}{x-4}}$, ainda $3-x=xt^2-4t^2 \Rightarrow x=\frac{3+4t^2}{1+t^2}$ e $dx=\frac{2t}{\left(1+t^2\right)^2}dt$.

$$\int \frac{1}{\sqrt{-x^2+7x-12}}dx = \int \frac{1}{\sqrt{\left(3-\frac{3+4t^2}{1+t^2}\right)\left(\frac{3+4t^2}{1+t^2}-4\right)}}\frac{2t}{\left(1+t^2\right)^2}dt = \int \frac{1}{\sqrt{\left(\frac{-t^2}{1+t^2}\right)\left(\frac{-1}{1+t^2}\right)}}\frac{2t}{\left(1+t^2\right)^2}dt$$

$$\int \frac{1}{\sqrt{-x^2+7x-12}}dx = \int \frac{1}{\sqrt{\left(\frac{-t^2}{1+t^2}\right)\left(\frac{-1}{1+t^2}\right)}}\frac{2t}{\left(1+t^2\right)^2}dt = \int \frac{2\cancel{t}}{\frac{\cancel{t}}{\cancel{(1+t^2)}}.\left(1+t^2\right)^{\cancel{2}}}dt = 2\int \frac{1}{1+t^2}dt$$

$$\int \frac{1}{\sqrt{-x^2+7x-12}}dx = 2\int \frac{1}{1+t^2}dt = 2\,\mathrm{tg}^{-1}\,t + C = 2\,\mathrm{tg}^{-1}\left(\sqrt{\frac{3-x}{x-4}}\right)+C$$

e) Calcule a integral $\int \frac{x^2}{\sqrt{-x^2+6x-12}}dx$.

Solução:
Como a equação quadrática abaixo possui raízes reais, vamos adotar a 3ª Substituição de Euler,
$\sqrt{-x^2+6x-12} = \sqrt{-(x-2)(x-4)} = (x-2)t$,

$$t=\frac{\sqrt{-x^2+6x-12}}{x-2},\ x=\frac{4+2t^2}{1+t^2},\ dx=\frac{4t\left(1+t^2\right)-2t\left(4+2t^2\right)}{\left(1+t^2\right)^2}dt=\frac{-4t}{\left(1+t^2\right)^2}dt$$

Substituindo,

$$\int \frac{x^2}{\sqrt{-x^2+6x-12}}dx = \int \frac{\left(\frac{4+2t^2}{1+t^2}\right)^2}{\frac{2t}{1+t^2}}\frac{-4t}{\left(1+t^2\right)^2}dt = -8\int \frac{\left(2+t^2\right)^2}{\left(1+t^2\right)^3}dt,$$

O que reduziu nossa integral a uma integral de frações parciais,

$$\frac{\left(2+t^2\right)^2}{\left(1+t^2\right)^3} = \frac{A}{\left(1+t^2\right)} + \frac{B}{\left(1+t^2\right)^2} + \frac{C}{\left(1+t^2\right)^3} \Rightarrow \begin{cases} A=1 \\ B=2 \\ C=1 \end{cases}$$

Podendo agora ser resolvida.

17) Integral de uma Função Inversa

Seja $f^{-1}: A \to B$, suponha a existência de $f: B \to A$, tal que $f^{-1}(f(x)) = f(f^{-1}(x)) = x$. Suponha ainda que exista $F(x)$, primitiva de $f(x)$. Então:

$$\int f^{-1}(x)dx = xf^{-1}(x) - F(f^{-1}(x)) + C$$

Demonstração:

Seja $x = f(z)$, por tanto, $z = f^{-1}(x)$ e $dx = df(z)$, então,

$\int f^{-1}(x)dx = \int f^{-1}(f(z))df(z)$, integrando por partes,

$$\begin{array}{ccc} & D & I \\ + & z & df(z) \\ - & 1 & f(z) \\ \hline \end{array}$$ assim,

$z f(z) - \int f(z)dz$

$$\int f^{-1}(x)dx = z f(z) - \int f(z)dz + C$$

$\int f^{-1}(x)dx = z f(z) - \int f(z)dz + C$, lembrando que $z = f^{-1}(x)$,

$$\int f^{-1}(x)dx = xf^{-1}(x) - F(f^{-1}(x)) + C$$

$\square$

a) Calcule $\int \operatorname{sen}^{-1} x\, dx$.

Solução:

Utilizando a expressão,

$$\int f^{-1}(x)dx = xf^{-1}(x) - F(f^{-1}(x)) + C,$$

Onde, $f(x) = \operatorname{sen} x$, $F(x) = -\cos x$, segue,

$$\int \operatorname{sen}^{-1} x\, dx = x \operatorname{sen}^{-1} x + \cos(\operatorname{sen}^{-1} x) + C$$

Do triângulo retângulo abaixo,

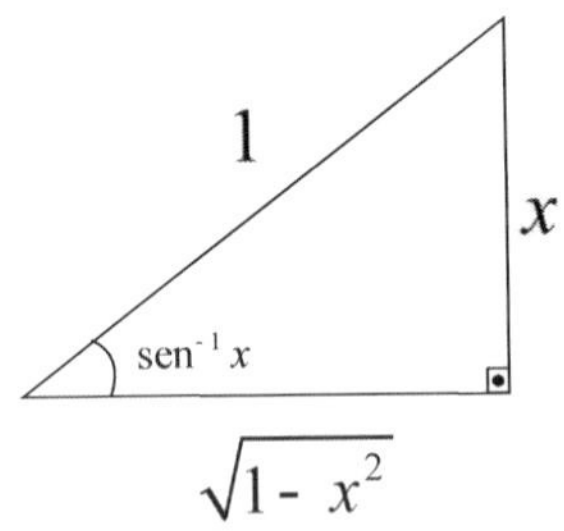

$\cos\left(\operatorname{sen}^{-1} x\right) = \sqrt{1-x^2}$, assim ficamos com,

$$\int \operatorname{sen}^{-1} x\, dx = x \operatorname{sen}^{-1} x + \sqrt{1-x^2} + C.$$

b) Calcule $\int \cos^{-1} x\, dx$.

Solução:

Utilizando a expressão,

$$\int f^{-1}(x)dx = x f^{-1}(x) - F\left(f^{-1}(x)\right) + C,$$

Onde, $f(x) = \cos x$, $F(x) = \operatorname{sen} x$, segue,

$$\int \cos^{-1} x\, dx = x \cos^{-1} x - \operatorname{sen}\left(\cos^{-1} x\right) + C$$

Do triângulo retângulo abaixo,

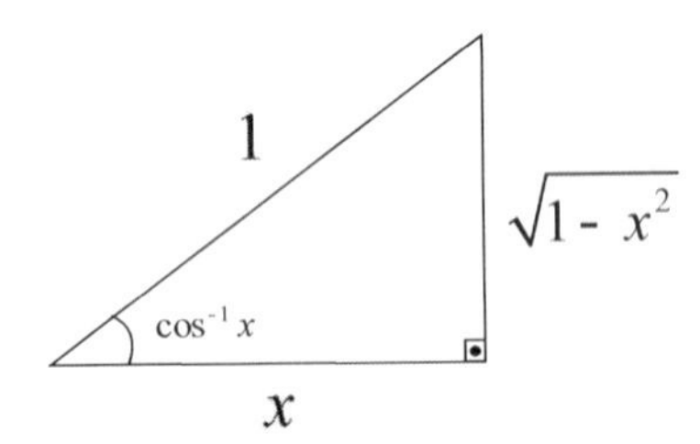

$$\int \cos^{-1} x\, dx = x \cos^{-1} x - \sqrt{1-x^2} + C$$

c) Calcule a integral $\int \operatorname{tg}^{-1} x\, dx$

Solução:

Utilizando a expressão,

$$\int f^{-1}(x)dx = x f^{-1}(x) - F\left(f^{-1}(x)\right) + C,$$

Onde, $f(x) = \operatorname{tg} x$, $F(x) = \ln|\sec x|$, segue,

$$\int \operatorname{tg}^{-1} x\, dx = x \operatorname{tg}^{-1} x - \ln\left|\sec\left(\operatorname{tg}^{-1} x\right)\right| + C$$

Do triângulo retângulo abaixo,

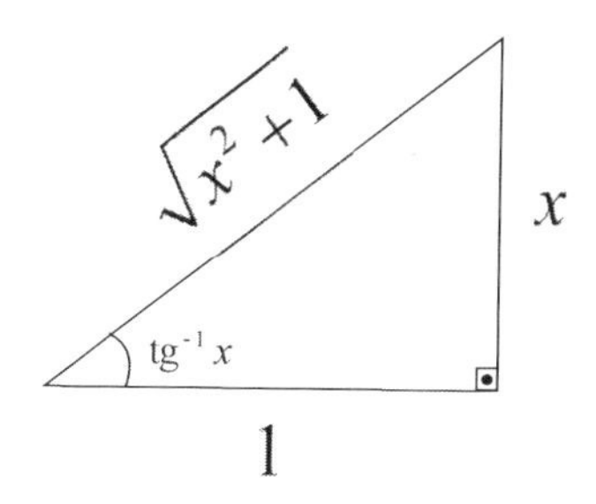

$$\int \text{tg}^{-1} x\,dx = x\,\text{tg}^{-1} x - \ln\left|\frac{1}{\sqrt{1+x^2}}\right| + C$$

d) Calcule a integral $\int \ln|x|dx$

Solução:

Utilizando a expressão,

$$\int f^{-1}(x)dx = x f^{-1}(x) - F\left(f^{-1}(x)\right) + C,$$

Onde, $f^{-1}(x) = \ln|x|$, $f(x) = e^x$, $F(x) = e^x$, segue,

$$\int \ln|x|dx = x\ln|x| - e^{\ln|x|} + C = x\ln|x| - x + C$$

e) a) Calcule a integral $\int W(x)dx$, onde W é a função de Lambert.

b) Calcule a derivada de $W(x)$.

Solução:

a) Sabemos que a função W de Lambert é a inversa da função $f(x) = xe^x$, o que significa que $W\left(xe^x\right) = x$ e $f\left(W(x)\right) = W(x)e^{W(x)} = x$, mas para aplicarmos a fórmula, necessitamos calcular $\int xe^x dx$, segue,

	D	I
$+$	x	e^x
$-$	1	e^x
$+$	0	e^x
	$xe^x - e^x$	

por tanto, $\int xe^x dx = xe^x - e^x + C_0$

Aplicando a fórmula,

$$\int f^{-1}(x)dx = x f^{-1}(x) - F\left(f^{-1}(x)\right) + C$$

$$\int W(x)dx = x\,W(x) - F\left(W(x)\right) + C, \text{ onde,}$$

$$F\left(W(x)\right) = W(x)e^{W(x)} - e^{W(x)} = x - e^{W(x)} \text{ e } e^{W(x)} = \frac{x}{W(x)} \text{ substituindo,}$$

$$\int W(x)\,dx = x\,W(x) - x + \frac{x}{W(x)} + C$$

$$\int W(x)\,dx = x\left(W(x) + \frac{1}{W(x)} - 1\right) + C$$

b) Como sabemos,

$W(x)e^{W(x)} = x,$

Assim, diferenciando ambos os lados em relação a x, temos,

$$\frac{d}{dx}\left[W(x)e^{W(x)}\right] = \frac{d}{dx}x$$

$$W'(x)e^{W(x)} + W(x)e^{W(x)}W'(x) = 1$$

$$W'(x)\left[e^{W(x)} + \underbrace{W(x)e^{W(x)}}_{x}\right] = 1$$

$$W'(x) = \frac{1}{e^{W(x)} + 1} = \frac{1}{\dfrac{x}{W(x)} + 1}$$

$$W'(x) = \frac{W(x)}{x(W(x)+1)}$$

18) Uma Integral Famosa: $\int_0^1 \frac{x^4(1-x)^4}{1+x^2}dx$

Essa integral, de resolução relativamente simples, já apareceu *Putnam Competition* de 1968 (questão A1) e na prova do *JEE Advanced 2010* (questão 41). A ideia, em ambas as vezes era realizar o cálculo do valor da integral, mas ela, na verdade, guarda uma relação muito bonita com o número π.[52]

a) Mostre que $\int_0^1 \frac{x^4(1-x)^4}{1+x^2}dx = \frac{22}{7} - \pi$.

Solução:

Do integrando, seja a expansão em binômio de Newton,

$(1-x)^4 = 1 - 4x + 6x^2 - 4x^3 + x^4$, substituindo,

$$\frac{x^4(1-4x+6x^2-4x^3+x^4)}{1+x^2} = \frac{x^8-4x^7+6x^6-3x^5+x^4}{1+x^2}$$

Efetuando a divisão,

$x^8 - 4x^7 + 6x^6 - 3x^5 + x^4 = x^6 - 4x^5 + 5x^4 - 4x^2 + 4 - \frac{4}{x^2+1}$, de volta à integral,

$$\int_0^1 \frac{x^4(1-x)^4}{1+x^2}dx = \int_0^1 x^6 - 4x^5 + 5x^4 - 4x^2 + 4 - \frac{4}{x^2+1}dx = \int_0^1 x^6 - 4x^5 + 5x^4 - 4x^2 + 4dx - 4\int_0^1 \frac{1}{1+x^2}dx$$

$$\int_0^1 \frac{x^4(1-x)^4}{1+x^2}dx = \left[\frac{x^7}{7} - \frac{2x^6}{3} + x^5 - \frac{4x^3}{3} + 4x\right]_0^1 - 4\left[\operatorname{tg}^{-1} x\right]_0^1$$

$$\int_0^1 \frac{x^4(1-x)^4}{1+x^2}dx = \left(\frac{1}{7} - \frac{2}{3} + 1 - \frac{4}{3} + 4\right) - 4\left(\frac{\pi}{4}\right) = \frac{22}{7} - \pi$$

b) Prove que $\pi < \frac{22}{7}$.

Demonstração:

Da solução anterior, já temos que,

$$\int_0^1 \frac{x^4(1-x)^4}{1+x^2}dx = \frac{22}{7} - \pi,$$

---

[52] Vale mencionar que a melhor aproximação que podemos obter de π por um número racional com um denominador menor que 16600, devemos a Zu Chongshi (429-500), matemático, astrônomo, político, inventor e escritor chinês que conseguiu a melhor aproximação do número π até então, e permaneceu assim por mais de 800 anos. Chongshi, estimou que $3{,}1415926 < \pi < 3{,}14154927$ e encontrou uma fração capaz de nos dar o π com a precisão de 7 dígitos, essa fração é $\frac{355}{113} = 3{,}141592+$, que hoje é conhecida na literatura chinesa como *fração Zu*. O matemático australiano Stephen Lucas, em 2005, baseando-se em outros trabalhos conseguiu encontrar uma integral racional positiva capaz de dar o resultado em termos de π e da fração de Zu, $\int_0^1 \frac{x^8(1-x)^8(25+816x^2)}{3164(1+x^2)}dx = \frac{355}{113} - \pi$ (Lucas, Stephen. "Integral proofs that $355/113 > \pi$". Australian Mathematical Society Gazette, 32, 2005).

Resta provarmos que $\int_0^1 \frac{x^4(1-x)^4}{1+x^2}dx > 0$, no intervalo de 0 à 1,

Observe, para $x \in]0,1[$,

$x < 1 \Rightarrow 0 < 1 - x \Rightarrow 0 < (1-x)^4$, ainda,

$0 < x \Rightarrow 0 < x^4$, por tanto, $0 < x^4(1-x)^4$,

Da mesma forma,

$0 < x \Rightarrow 0 < x^2 \Rightarrow 0 < x^2 + 1$, assim,

$$0 < \frac{x^4(1-x)^4}{1+x^2} \Rightarrow 0 < \int_0^1 \frac{x^4(1-x)^4}{1+x^2}dx,$$

Substituindo,

$$0 < \frac{22}{7} - \pi \Rightarrow \pi < \frac{22}{7}$$

□

19) Integral de Serret[53]

A integral de Serret, apresentada como teorema[54] abaixo, está associada com várias fórmulas matemáticas[55], por exemplo:

$$\int_0^1 \frac{\ln(1+x)}{1+x^2}dx = \int_1^2 \frac{\ln x}{2-2x+x^2}dx = \int_0^{\ln 2} \frac{xe^x}{2-2e^x+e^{2x}}dx = \int_1^{\infty} \frac{1}{1+x^2}\ln\left(1+\frac{1}{x}\right)dx = \int_0^{\ln(\sqrt{2}+1)} \frac{\ln(1+\operatorname{senh} x)}{\cosh x}dx = \ldots$$

Teorema: "$\int_0^1 \frac{\ln(1+x)}{1+x^2}dx = \frac{\pi}{8}\ln 2$"

Demonstração:

Seja a mudança de variável $x = \operatorname{tg}\theta$, por tanto, $dx = \sec^2\theta\, d\theta$, que nos conduz a novos limites de integração: $\begin{cases} \operatorname{tg}\theta = 0 \to \theta = 0 \\ \operatorname{tg}\theta = 1 \to \theta = \frac{\pi}{4} \end{cases}$,

Lembrando ainda a relação: $\sec^2\theta = \operatorname{tg}^2\theta + 1$, segue,

$$\int_0^1 \frac{\ln(1+x)}{1+x^2}dx = \int_0^{\frac{\pi}{4}} \frac{\ln(\operatorname{tg}\theta+1)}{\operatorname{tg}^2\theta+1}\sec^2\theta\, d\theta = \int_0^{\frac{\pi}{4}} \ln(\operatorname{tg}\theta+1)d\theta = \int_0^{\frac{\pi}{4}} \ln\left(\frac{\operatorname{sen}\theta}{\cos\theta}+1\right)d\theta = \int_0^{\frac{\pi}{4}} \ln\left(\frac{\operatorname{sen}\theta+\cos\theta}{\cos\theta}\right)d\theta$$

Da trigonometria, temos que,

$$\operatorname{sen}\theta+\cos\theta = \sqrt{2}\left(\cos\theta.\frac{\sqrt{2}}{2}+\frac{\sqrt{2}}{2}.\operatorname{sen}\theta\right) = \sqrt{2}\cos\left(\theta-\frac{\pi}{4}\right)$$, substituindo,

$$\int_0^1 \frac{\ln(1+x)}{1+x^2}dx = \int_0^{\frac{\pi}{4}} \ln\left(\frac{\operatorname{sen}\theta+\cos\theta}{\cos\theta}\right)d\theta = \int_0^{\frac{\pi}{4}} \ln\sqrt{2}\cos\left(\theta-\frac{\pi}{4}\right) - \ln\cos\theta\, d\theta$$

$$\int_0^1 \frac{\ln(1+x)}{1+x^2}dx = \int_0^{\frac{\pi}{4}} \ln\sqrt{2}\cos\left(\theta-\frac{\pi}{4}\right) - \ln\cos\theta\, d\theta = \int_0^{\frac{\pi}{4}} \ln\sqrt{2}\, d\theta + \int_0^{\frac{\pi}{4}} \cos\left(\theta-\frac{\pi}{4}\right)d\theta - \int_0^{\frac{\pi}{4}} \ln\cos\theta\, d\theta$$

$$\int_0^1 \frac{\ln(1+x)}{1+x^2}dx = \frac{\pi}{4}\ln 2^{\frac{1}{2}} + \int_0^{\frac{\pi}{4}} \cos\left(\theta-\frac{\pi}{4}\right)d\theta - \int_0^{\frac{\pi}{4}} \ln\cos\theta\, d\theta$$

$$\int_0^1 \frac{\ln(1+x)}{1+x^2}dx = \frac{\pi}{8}\ln 2 + \int_0^{\frac{\pi}{4}} \cos\left(\theta-\frac{\pi}{4}\right)d\theta - \int_0^{\frac{\pi}{4}} \ln\cos\theta\, d\theta$$

Vamos então observar o comportamento das duas integrais acima

$\int_0^{\frac{\pi}{4}} \ln\cos\left(\theta-\frac{\pi}{4}\right)d\theta$, seja $u = \theta - \frac{\pi}{4}$, por tanto, $du = d\theta$ e ainda $\begin{cases} \theta = \frac{\pi}{4} \to u = 0 \\ \theta = 0 \to u = -\frac{\pi}{4} \end{cases}$

Assim,

---

[53] Joseph Alfred Serret (1819-1885) Matemático francês mais conhecido pelas fórmulas Frenet-Serret para a parametrização do espaço-curvo.

[54] O teorema já apareceu com questão no *Putnam Exam Integral*.

[55] Edgar Valdebenito. *Serret Integral, 1844*. (https://vixra.org/abs/1601.0286)

$\int_0^{\frac{\pi}{4}} \ln\cos\left(\theta-\frac{\pi}{4}\right)d\theta=\int_{-\frac{\pi}{4}}^{0}\ln\cos u\,du$ de onde, como sabemos, pela simetria, não importa a letra da variável, assim, podemos reescrever $\int_{-\frac{\pi}{4}}^{0}\ln\cos u\,du=\int_{-\frac{\pi}{4}}^{0}\ln\cos\theta\,d\theta$, por tanto, ficamos com,

$$\int_0^1 \frac{\ln(1+x)}{1+x^2}dx=\frac{\pi}{8}\ln 2+\underbrace{\int_{-\frac{\pi}{4}}^{0}\ln\cos\theta\,d\theta-\int_0^{\frac{\pi}{4}}\ln\cos\theta\,d\theta}_{0}=\frac{\pi}{8}\ln 2.$$ [56]

□

a) Mostre que[57] $\int_0^a \frac{\ln(1+ax)}{1+x^2}dx=\frac{1}{2}\text{tg}^{-1}a\ln\left(1+a^2\right)$, utilizando uma substituição do tipo[58] $x=\frac{b_1+c_1t}{b_2+c_2t}$.

Solução:

Seria interessante se a transformação em questão não precisasse alterar os nossos limites de integração, assim, seria interessante fazermos,

De $\begin{cases} x=0 \\ t=a \end{cases} \to 0=\frac{b_1+b_2a}{c_1+c_2a}$ e $\begin{cases} x=a \\ t=0 \end{cases} \to a=\frac{b_1+b_2 0}{c_1+c_2 0}=\frac{b_1}{c_1}$, segue, $x=\frac{a-t}{1+at}$

Por tanto, $dx=-\frac{1+a^2}{(1+at)^2}dt$

$$\int_0^a \frac{\ln(1+ax)}{1+x^2}dx=\int_a^0 \frac{\ln\left(1+a\left(\frac{a-t}{1+at}\right)\right)}{1+\left(\frac{a-t}{1+at}\right)^2}\left(-\frac{1+a^2}{(1+at)^2}\right)dt=\int_0^a \frac{\ln\left(\frac{1+a^2}{1+at}\right)}{1+t^2}dt=$$

$$\int_0^a \frac{\ln(1+ax)}{1+x^2}dx=\int_0^a \frac{\ln\left(1+a^2\right)}{1+t^2}dt-\int_0^a \frac{1+at}{1+t^2}dt=\ln\left(1+a^2\right)\int_0^a \frac{1}{1+t^2}dt-\int_0^a \frac{\ln(1+at)}{1+t^2}dt=$$

$$\int_0^a \frac{\ln(1+ax)}{1+x^2}dx=\ln\left(1+a^2\right)\text{tg}^{-1}a-\int_0^a \frac{\ln(1+ax)}{1+x^2}dx=$$

$$2\int_0^a \frac{\ln(1+ax)}{1+x^2}dx=\ln\left(1+a^2\right)\text{tg}^{-1}a$$

$$\int_0^a \frac{\ln(1+ax)}{1+x^2}dx=\frac{1}{2}\ln\left(1+a^2\right)\text{tg}^{-1}a.$$

---

[56] A razão pela qual as duas integrais se anulam, vem do fato que ambas integram a função $\ln x$ com valores tomados do $\cos x$, como a função $\cos x$ é par, os valores da função de 0 até $\frac{\pi}{4}$ e de $-\frac{\pi}{4}$ até 0 de onde são tomados os logaritmos, são iguais.

[57] Kemono Chen (https://math.stackexchange.com/users/521015/kemono-chen), A generalization for Serret's integral $\int_0^a \frac{\ln(1+ax)}{1+x^2}dx$, URL (version: 2019-08-31): https://math.stackexchange.com/q/3339892

[58] Essa substituição é conhecida como transformação de Möbius e é muito utilizada no plano complexo, capaz de combinar rotação, translação, aumento linear e inversão.

20) Integral de Froullani

O Teorema abaixo foi apresentado pela primeira vez, em carta, em 1821 por Giuliano Froullani (1795-1834), mas infelizmente sua demonstração não estava correta, logo após, em 1823 Cauchy apresentou uma demonstração satisfatória e desde então o Teorema vem sendo estudado por diversos matemáticos. Somente em 1949 que Alexander Ostrowski[59] trouxe o Teorema a sua forma clássica:

"Seja $f(x)$ uma função local e integrável no intervalo $]0,\infty[$. Então, se ambos os limites $m(f)=\lim_{x\to 0^+} x\int_x^1 \frac{f(t)}{t}dt$ e $M(f)=\lim_{x\to\infty}\frac{1}{x}\int_1^x f(t)dt$ existirem, para quaisquer a e b positivos teremos:

$$\boxed{\int_0^\infty \frac{f(ax)-f(bx)}{x}dx=\left(M(f)-m(f)\right)\ln\left(\frac{a}{b}\right)=\left(m(f)-M(f)\right)\ln\left(\frac{b}{a}\right)}$$

Reciprocamente, se a integral acima for convergente para um par de números positivos, a e b, ambos, $M(f)$ e $m(f)$ existirão".

Apresentaremos a seguir uma versão mais simples do teorema, que satisfaz as necessidades deste texto e cuja demonstração é mais simples, uma vez que uma prova rigorosa escapa de nosso escopo, devendo pertencer a um curso de análise.

"Seja $f(x)$ uma função contínua e diferenciável em $\mathbb{R}^+$ e que exista o $\lim_{x\to\infty} f(x)$ e seja finito, então

$$\int_0^\infty \frac{f(ax)-f(bx)}{x}dx=\left(L-f(0)\right)\ln\left(\frac{a}{b}\right)=\left(f(0)-L\right)\ln\left(\frac{b}{a}\right)"$$

Demonstração:

$\int_0^\infty \frac{f(ax)-f(bx)}{x}dx=\int_0^\infty\left[\frac{f(xt)}{x}\right]_{t=b}^{t=a}dx=\int_0^\infty\int_b^a f'(xt)dt\,dx$, o Teorema de Fubini[60] nos garante,

$\int_0^\infty\int_b^a f'(xt)dt\,dx=\int_b^a\int_0^\infty f'(xt)dx\,dt$, assim,

$$\int_0^\infty \frac{f(ax)-f(bx)}{x}dx=\int_0^\infty\left[\frac{f(xt)}{x}\right]_{t=b}^{t=a}dx=\int_0^\infty\int_b^a f'(xt)dt\,dx=\int_b^a\int_0^\infty f'(xt)dx\,dt=\int_b^a\left[\frac{f(xt)}{t}\right]_{x=0}^{x\to\infty}dt=$$

vamos denominar por $L-\lim_{x\to\infty} f(x)$,

$=\int_b^a \frac{L-f(0)}{t}dt=\left(L-f(0)\right)\int_b^a\frac{1}{t}dt=\left(L-f(0)\right)\left[\ln a-\ln b\right]$, de onde se conclui,

$$\int_0^\infty \frac{f(ax)-f(bx)}{x}dx=\left(L-f(0)\right)\ln\left(\frac{a}{b}\right)=\left(f(0)-L\right)\ln\left(\frac{b}{a}\right) \qquad \square$$

---

[59] Juan Arias-De-Reyna. "*On the theorem of Frullani*". Proceedings of the American Mathematical Society. Volume 109, Number 1. May 1990.

[60] Na verdade apesar de nos referirmos a este teorema como teorema de Fubini, atualmente, ele é uma combinação do Teorema de Fubini (1907) com o Teorema de Tonelli (1909).

a) Calcule a integral $\int_0^{\infty} \frac{e^{-x}-e^{-5x}}{x}dx$.

Solução:

Seja $f(x)=e^{-x}$ uma função contínua e diferenciável em $\mathbb{R}^+$ e cujo o $\lim\limits_{x\to\infty} f(x)=\lim\limits_{x\to\infty} e^{-x}=0$. Nessas condições é válido o Teorema de Frullani,

$$\int_0^{\infty} \frac{f(ax)-f(bx)}{x}dx=\big(f(0)-L\big)\ln\left(\frac{b}{a}\right), \text{ por tanto,}$$

$$\text{Assim, } \int_0^{\infty} \frac{e^{-x}-e^{-5x}}{x}dx=\int_0^{\infty} \frac{f(1x)-f(5x)}{x}dx=\big(\overset{1}{f(0)}-\overset{0}{L}\big)\ln\left(\frac{5}{1}\right)=\ln 5.$$

b) Calcule a integral $\int_0^{\infty} \frac{e^{-ax}-e^{-bx}}{x}dx$, onde $a>0$ e $b>0$.

Solução:

Seja $f(x)=e^{-x}$ uma função contínua e diferenciável em $\mathbb{R}^+$ e cujo o $\lim\limits_{x\to\infty} f(x)=\lim\limits_{x\to\infty} e^{-x}=0$, sejam ainda a e b dois números positivos. Nessas condições é válido o Teorema de Frullani,

$$\int_0^{\infty} \frac{f(ax)-f(bx)}{x}dx=\big(f(0)-L\big)\ln\left(\frac{b}{a}\right), \text{ por tanto,}$$

$$\int_0^{\infty} \frac{e^{-ax}-e^{-bx}}{x}dx=\int_0^{\infty} \frac{f(ax)-f(bx)}{x}dx=\big(\overset{1}{f(0)}-\overset{0}{L}\big)\ln\left(\frac{b}{a}\right)=\ln\left(\frac{b}{a}\right).$$

c) Calcule a integral $\int_0^{\infty} \frac{\operatorname{tg}^{-1}(x)-\operatorname{tg}^{-1}(2x)}{x}dx$.

Solução:

Seja $f(x)=\operatorname{tg}^{-1}x$ uma função contínua e diferenciável em $\mathbb{R}^+$ e cujo o $\lim\limits_{x\to\infty} f(x)=\operatorname{tg}^{-1}x=\frac{\pi}{2}$. Nessas condições é válido o Teorema de Frullani,

$$\int_0^{\infty} \frac{f(ax)-f(bx)}{x}dx=\big(f(0)-L\big)\ln\left(\frac{b}{a}\right), \text{ temos,}$$

$$\int_0^{\infty} \frac{\operatorname{tg}^{-1}(x)-\operatorname{tg}^{-1}(2x)}{x}dx=\int_0^{\infty} \frac{f(1x)-f(2x)}{x}dx=\big(f(0)-L\big)\ln\left(\frac{b}{a}\right),$$

onde $f(0)=\operatorname{tg}^{-1}0=0$ e $\lim\limits_{x\to\infty}\operatorname{tg}^{-1}x=\frac{\pi}{2}$, assim,

$$\int_0^{\infty} \frac{\operatorname{tg}^{-1}(x)-\operatorname{tg}^{-1}(2x)}{x}dx=\int_0^{\infty} \frac{f(1x)-f(2x)}{x}dx=\left(0-\frac{\pi}{2}\right)\ln\left(\frac{2}{1}\right)=-\frac{\pi}{2}\ln 2.$$

21) Substituição de Euler-Weierstrass

Essa é uma substituição usada para resolvermos alguns tipos de integrais com funções trigonométricas e/ou funções racionais. A substituição apesar de normalmente ser conhecida apenas por substituição de Weierstrass, já aparecia na obra de Euler. Como curiosidade, o autor Michael Spivak[61] em seu livro considera "essa substituição como a mais sorrateira do mundo". A técnica consiste em substituirmos a tangente do arco metade por t, observe:

$$t = \text{tg}\frac{x}{2}$$

$$dx = \frac{2}{1+t^2}dt$$

$$\cos x = \frac{1-t^2}{1+t^2}$$

$$\text{sen}\, x = \frac{2t}{1+t^2}$$

Podemos, no entanto, nos perguntarmos qual uma possível ideia que possa ter sugerido essa substituição, observe a integral:

$\int \text{cossec}\, 2x\, dx$, um possível desenvolvimento seria,

$$\int \text{cossec}\, 2x\, dx = \int \frac{1}{\text{sen}\, 2x}dx = \int \frac{1}{2\,\text{sen}\, x \cos x}dx = \frac{1}{2}\int \frac{\text{sen}^2 x + \cos^2 x}{\text{sen}\, x \cos x}dx = \frac{1}{2}\int \frac{\cos x}{\text{sen}\, x} + \frac{\text{sen}\, x}{\cos x}dx =$$

$$= \frac{1}{2}\left(\int \frac{\cos x}{\text{sen}\, x}dx + \int \frac{\text{sen}\, x}{\cos x}dx\right) = \frac{1}{2}\left(\ln(\text{sen}\, x) - \ln(\cos x)\right) = \frac{1}{2}\ln(\text{tg}\, x) + C$$

Observe que saímos de $\int \text{cossec}\, 2x\, dx = \ln(\text{tg}\, x) + C$, o que significa que se mantivermos os mesmos desenvolvimentos, teremos:

$$\int \text{cossec}\, x\, dx = \ln\left(\text{tg}\frac{x}{2}\right) + C$$

Se fossemos trabalhar em uma integral do tipo do resultado obtido no segundo membro, nada mais natural seria do que fazermos uma substituição $u = \text{tg}\left(\frac{x}{2}\right)$, mais comumente conhecida como $t - \text{tg}\left(\frac{x}{2}\right)$.

Resta deduzirmos as expressões de seno e cosseno de x em função de t, para isso, seja o triângulo abaixo:

$\sqrt{1+t^2}$ t $x/2$ 1

$$\text{sen}\, x = \text{sen}\, 2\left(\frac{x}{2}\right) = 2\,\text{sen}\left(\frac{x}{2}\right)\cos\left(\frac{x}{2}\right)$$

Do triângulo,

$$\text{sen}\, x = 2\frac{t}{\sqrt{1+t^2}}.\frac{1}{\sqrt{1+t^2}} = \frac{2t}{1+t^2}$$

$$\cos x = \cos 2\left(\frac{x}{2}\right) = 2\cos^2\left(\frac{x}{2}\right) - 1$$

Do triângulo,

$$\cos x = 2\left(\frac{t}{\sqrt{1+t^2}}\right)^2 - 1 = \frac{1-t^2}{1-t^2}$$

---

[61] Spivak, Michael. "*Calculus*" Cambridge University Press, 2006.

Em relação ao diferencial, observe:

$$\operatorname{tg}\left(\frac{x}{2}\right)=t \Rightarrow \frac{x}{2}=\operatorname{tg}^{-1} t \Rightarrow x=2\operatorname{tg}^{-1} t$$

$$\frac{d}{dt}x=\frac{d}{dt}2\operatorname{tg}^{-1} t \Rightarrow dx=\frac{2}{1+t^2}dt.$$

Como exemplo, vamos resolver a integral inicial,

$$\int \operatorname{cossec} x\,dx=\int \frac{1}{\operatorname{sen} x}dx=\int \frac{1}{\frac{2t}{1+t^2}}\frac{2}{1+t^2}dt=\int \frac{1+t^2}{2t}.\frac{2}{1+t^2}dt=\int \frac{1}{t}dt=\ln \operatorname{tg}\left(\frac{x}{2}\right)+C$$

Vale mencionar, que do mesmo modo que as funções trigonométricas circulares podem fazer uso eficiente dessa substituição, com as funções trigonométricas hiperbólicas também se faz poderosa essa técnica de substituição, observe:

Para $t=\operatorname{tgh}\left(\frac{x}{2}\right)$, temos:

$$\operatorname{senh} x=\frac{2t}{1-t^2} \qquad \operatorname{sech} x=\frac{1-t^2}{1+t^2}$$

$$\cosh x=\frac{1+t^2}{1-t^2} \qquad \operatorname{cossech} x=\frac{1-t^2}{2t}$$

$$\operatorname{tgh} x=\frac{2t}{1+t^2} \qquad \operatorname{cotgh} x=\frac{1+t^2}{2t}$$

$$dx=\frac{2}{1-t^2}dt$$

Lembrando que: $t=\operatorname{tgh}\left(\frac{x}{2}\right)=\frac{\operatorname{senh} x}{\cosh x+1}=\frac{\cosh x-1}{\operatorname{senh} x}$

a) Prove que:

a) $\operatorname{tg}\frac{x}{2}=\frac{\operatorname{sen}x}{1+\cos x}$

b) $\operatorname{tg}\frac{x}{2}=\frac{1-\cos x}{\operatorname{sen}x}$

Solução:

Observe o desenvolvimento,

$$\cos 2\theta=\cos^2\theta-\operatorname{sen}^2\theta \qquad \cos 2\theta=\cos^2\theta-\operatorname{sen}^2\theta$$

$$\cos 2\theta=\left(1-\operatorname{sen}^2\theta\right)-\operatorname{sen}^2\theta \qquad \cos 2\theta=\cos^2\theta-\left(1-\cos^2\theta\right)$$

$$\cos 2\theta=1-2\operatorname{sen}^2\theta \qquad \cos 2\theta=2\cos^2\theta-1$$

$$2\operatorname{sen}^2\theta=1-\cos 2\theta \qquad 2\cos^2\theta=\cos 2\theta+1$$

$$\operatorname{sen}\theta=\sqrt{\frac{1-\cos 2\theta}{2}} \qquad \cos\theta=\sqrt{\frac{\cos 2\theta+1}{2}}$$

por tanto, para $\theta=\frac{x}{2}$, temos $\begin{cases}\operatorname{sen}\theta=\sqrt{\frac{1-\cos 2\theta}{2}}\Rightarrow\operatorname{sen}\frac{x}{2}=\sqrt{\frac{1-\cos x}{2}}\\ \cos\theta=\sqrt{\frac{\cos 2\theta+1}{2}}\Rightarrow\cos\frac{x}{2}=\sqrt{\frac{\cos x+1}{2}}\end{cases}$

a) $\operatorname{tg}\frac{x}{2}=\frac{\operatorname{sen}\frac{x}{2}}{\cos\frac{x}{2}}=\frac{\sqrt{\frac{1-\cos x}{2}}}{\sqrt{\frac{\cos x+1}{2}}}=\frac{\sqrt{1-\cos x}}{\sqrt{\cos x+1}}=\frac{\sqrt{1-\cos x}}{\sqrt{\cos x+1}}\frac{\sqrt{1+\cos x}}{\sqrt{\cos x+1}}=\frac{\sqrt{1-\cos^2 x}}{\sqrt{\left(\cos x+1\right)^2}}=\frac{\operatorname{sen}x}{\cos x+1}$

b) $\operatorname{tg}\frac{x}{2}=\frac{\operatorname{sen}\frac{x}{2}}{\cos\frac{x}{2}}=\frac{\sqrt{\frac{1-\cos x}{2}}}{\sqrt{\frac{\cos x+1}{2}}}=\frac{\sqrt{1-\cos x}}{\sqrt{\cos x+1}}=\frac{\sqrt{1-\cos x}}{\sqrt{\cos x+1}}\frac{\sqrt{1-\cos x}}{\sqrt{1-\cos x}}=\frac{\sqrt{\left(1-\cos x\right)^2}}{\sqrt{\operatorname{sen}^2 x}}=\frac{1-\cos x}{\operatorname{sen}x}$

b) Calcule as integrais abaixo:

a) $\int\frac{1}{a+\cos x}dx$

b) $\int\frac{1}{5+\cos x}dx$

Solução:

a) $\int\frac{1}{a+\cos x}dx$, seja $t=\operatorname{tg}\frac{x}{2}$, por tanto, $\cos x=\frac{1-t^2}{1+t^2}$ e $dx=\frac{2}{1+t^2}dt$, assim,

$$\int\frac{1}{a+\cos x}dx=\int\frac{1}{a+\frac{1-t^2}{1+t^2}}\frac{2}{1+t^2}dt=\int\frac{1}{at^2+a+1-t^2}dt=\int\frac{1}{\left(a-1\right)t^2+\left(a+1\right)}dt=\frac{1}{a-1}\int\frac{1}{t^2+\sqrt{\left(\frac{a+1}{a-1}\right)}^2}dt$$

$$\int \frac{1}{a+\cos x}dx = \frac{1}{a-1}\int \frac{1}{t^2+\sqrt{\left(\frac{a+1}{a-1}\right)^2}}dt = \frac{1}{a-1}\operatorname{tg}^{-1}\left(\frac{t}{\sqrt{\frac{a+1}{a-1}}}\right) = \frac{1}{a-1}\operatorname{tg}^{-1}\left(\frac{\operatorname{tg}\frac{x}{2}}{\sqrt{\frac{a+1}{a-1}}}\right)+C.$$

b) $\int \frac{1}{5+\cos x}dx = \frac{1}{5-1}\operatorname{tg}^{-1}\left(\frac{\operatorname{tg}\frac{x}{2}}{\sqrt{\frac{5+1}{5-1}}}\right) = \frac{1}{4}\operatorname{tg}^{-1}\left(\frac{\operatorname{tg}\frac{x}{2}}{\frac{\sqrt{6}}{2}}\right)+C$, lembrando que $\operatorname{tg}\frac{x}{2} = \frac{\operatorname{sen} x}{\cos x+1}$,

$$\int \frac{1}{5+\cos x}dx == \frac{1}{4}\operatorname{tg}^{-1}\left(\frac{2\operatorname{sen} x}{\sqrt{6}+\sqrt{6}\cos x}\right)+C$$

c) Calcule a integral $\int \frac{1}{2+\operatorname{sen} x}dx$.

Solução:

$$\int \frac{1}{2+\operatorname{sen} x}dx$$

seja $t = \operatorname{tg}\frac{x}{2}$, por tanto, $\operatorname{sen} x = \frac{2t}{1+t^2}$ e $dx = \frac{2}{1+t^2}dt$, assim,

$$\int \frac{1}{2+\operatorname{sen} x}dx = \int \frac{1}{2+\frac{2t}{1+t^2}}\frac{2}{1+t^2}dt = \int \frac{1}{t^2+t+1}dt = \int \frac{1}{t^2+2\frac{1}{2}t+\frac{1}{4}+\frac{3}{4}}dt = \int \frac{1}{\left(t+\frac{1}{2}\right)^2+\left(\sqrt{\frac{3}{4}}\right)^2}dt$$

$$\int \frac{1}{2+\operatorname{sen} x}dx = \frac{2}{\sqrt{3}}\operatorname{tg}^{-1}\left(\frac{2\left(t+\frac{1}{2}\right)}{\sqrt{3}}\right)+C = \frac{2}{\sqrt{3}}\operatorname{tg}^{-1}\left(\frac{2\operatorname{tg}\frac{x}{2}+1}{\sqrt{3}}\right)+C$$, lembrando que $\operatorname{tg}\frac{x}{2} = \frac{1-\cos x}{\operatorname{sen} x}$,

$$\int \frac{1}{2+\operatorname{sen} x}dx = \frac{2}{\sqrt{3}}\operatorname{tg}^{-1}\left(\frac{2\left(\frac{1-\cos x}{\operatorname{sen} x}\right)+1}{\sqrt{3}}\right)+C = \frac{2}{\sqrt{3}}\operatorname{tg}^{-1}\left(\frac{\operatorname{sen} x-2\cos x+2}{\sqrt{3}\operatorname{sen} x}\right)+C.$$

d) Calcule a integral:

a) $\int \frac{1}{\operatorname{sen} x+\cos x+1}dx$;

b) $\int \frac{1}{a\operatorname{sen} x+b\cos x+c}dx$

Solução:

a) $\int \frac{1}{\operatorname{sen} x+\cos x+1}dx$

seja $t = \operatorname{tg}\frac{x}{2}$, por tanto, $\operatorname{sen} x = \frac{2t}{1+t^2}$, $\cos x = \frac{1-t^2}{1+t^2}$ e $dx = \frac{2}{1+t^2}dt$, assim,

$$\int \frac{1}{\operatorname{sen} x+\cos x+1}dx = \int \frac{1}{\frac{2t}{1+t^2}+\frac{1-t^2}{1+t^2}+1}\frac{2}{1+t^2}dt = \int \frac{2}{2t+1-t^2+1+t^2}dt = \int \frac{1}{t+1}dt = \ln|t+1|+C$$

$$\int \frac{1}{\operatorname{sen} x+\cos x+1} dx=\ln\left|\operatorname{tg}\frac{x}{2}+1\right|+C$$, lembrando que $\operatorname{tg}\frac{x}{2}=\frac{\operatorname{sen} x}{\cos x+1}$,

$$\int \frac{1}{\operatorname{sen} x+\cos x+1} dx=\ln\left|\frac{\operatorname{sen} x+\cos x+1}{1+\cos x}\right|+C;$$

b) $\int \frac{1}{a \operatorname{sen} x+b \cos x+c} dx$

seja $t=\operatorname{tg}\frac{x}{2}$, por tanto, $\operatorname{sen} x=\frac{2t}{1+t^2}$, $\cos x=\frac{1-t^2}{1+t^2}$ e $dx=\frac{2}{1+t^2} dt$, assim,

$$\int \frac{1}{a \operatorname{sen} x+b \cos x+c} dx=\int \frac{1}{a\left(\frac{2t}{1+t^2}\right)+b\left(\frac{1-t^2}{1+t^2}\right)+c} \frac{2}{1+t^2} dt=\int \frac{2}{a(2t)+b\left(1-t^2\right)+1+t^2} dt$$

$$\int \frac{1}{a \operatorname{sen} x+b \cos x+c} dx=\int \frac{2}{a(2t)+b\left(1-t^2\right)+c\left(1+t^2\right)} dt=\int \frac{2}{a(2t)+b\left(1-t^2\right)+1+t^2} dt$$

$$\int \frac{1}{a \operatorname{sen} x+b \cos x+c} dx=\int \frac{2}{(c-b)t^2+(2a)t+(b+c)} dt=\frac{2}{c-b}\int \frac{1}{t^2+2\left(\frac{a}{c-b}\right)t+\left(\frac{c+b}{c-b}\right)} dt,$$

De onde seguem as possíveis soluções conhecidas para o respectivo sinal do descriminante.

e) Calcule as integrais: $A=\int \frac{\operatorname{sen} x}{\operatorname{sen} x+\cos x} dx$ e $B=\int \frac{\cos x}{\operatorname{sen} x+\cos x} dx$.

Solução:

Usualmente, quando aparecem separadas, essas integrais levam a substituição do tipo $\operatorname{tg}\left(\frac{x}{2}\right)=t$, mas quando apresentadas juntas, nos levam a outro raciocínio[62], observe o sistema:

$$\begin{cases} A+B=\int \frac{\operatorname{sen} x+\cos x}{\operatorname{sen} x+\cos x} dx=\int dx=x+C_1 \\ -A+B=\int \frac{\cos x-\operatorname{sen} x}{\operatorname{sen} x+\cos x} dx=\ln|\operatorname{sen} x+\cos x|+C_2 \end{cases}$$

Sua solução será dada por,

$$A=\int \frac{\operatorname{sen} x}{\operatorname{sen} x+\cos x} dx=\frac{x}{2}-\frac{\ln|\operatorname{sen} x+\cos x|}{2}+C_3 \text{ e}$$

$$B=\int \frac{\cos x}{\operatorname{sen} x+\cos x} dx=\frac{x}{2}+\frac{\ln|\operatorname{sen} x+\cos x|}{2}+C_4$$

[62] Titu Andreescu, Razvan Gelca - Putnam and Beyond - Springer, 2007 - 815p

22) Propriedade do Rei ou King's Property

A Propriedade do Rei ou como é mais conhecida *King's Property*, consiste em realizarmos uma determinada substituição nas variáveis da integral definida com o intuito de simplificarmos a sua resolução:

$$\boxed{\int_a^b f(x)\,dx = \int_a^b f(a+b-x)\,dx}$$

Demonstração:

Para a integral definida, $\int_a^b f(x)\,dx$, seja a substituição, $u = a + b - x$, onde $\begin{cases} du = -dx \\ x = a \Rightarrow u_{\text{inf}} = b \\ x = b \Rightarrow u_{\text{sup}} = a \end{cases}$:

$$\int_a^b f(x)\,dx = -\int_b^a f(u)\,du = -\int_b^a f(a+b-u)\,du = \int_a^b f(a+b-x)\,dx$$

□

a) Calcule a integral $A = \int_0^{\frac{\pi}{2}} \dfrac{\text{sen}^n x}{\text{sen}^n x + \cos^n x}\,dx$.

Solução:
Aplicando a propriedade do Rei,

$$A = \int_0^{\frac{\pi}{2}} \frac{\text{sen}^n x}{\text{sen}^n x + \cos^n x}\,dx = \int_0^{\frac{\pi}{2}} \frac{\text{sen}^n\left(0 + \frac{\pi}{2} - x\right)}{\text{sen}^n\left(0 + \frac{\pi}{2} - x\right) + \cos^n\left(0 + \frac{\pi}{2} - x\right)}\,dx = \int_0^{\frac{\pi}{2}} \frac{\text{sen}^n\left(\frac{\pi}{2} - x\right)}{\text{sen}^n\left(\frac{\pi}{2} - x\right) + \cos^n\left(\frac{\pi}{2} - x\right)}\,dx$$

Da trigonometria, sabemos que:

$\text{sen}\left(\frac{\pi}{2} - x\right) = \cos x$ e $\cos\left(\frac{\pi}{2} - x\right) = \text{sen}\,x$, substituindo na integral,

Por tanto,

$$A + A = \int_0^{\frac{\pi}{2}} \frac{\text{sen}^n x}{\text{sen}^n x + \cos^n x}\,dx + \int_0^{\frac{\pi}{2}} \frac{\cos^n(x)}{\cos^n(x) + \text{sen}^n(x)}\,dx$$

$$2A = \int_0^{\frac{\pi}{2}} \frac{\text{sen}^n x + \cos^n(x)}{\text{sen}^n x + \cos^n x}\,dx = \int_0^{\frac{\pi}{2}} 1\,dx = \frac{\pi}{2}$$

$$A = \int_0^{\frac{\pi}{2}} \frac{\text{sen}^n x}{\text{sen}^n x + \cos^n x}\,dx = \frac{\pi}{4}.$$

b) Mostre que $B = \int_0^{\frac{\pi}{2}} \ln(\cos x)\,dx = \int_0^{\frac{\pi}{2}} \ln(\text{sen}\,x)\,dx = -\frac{\pi}{2}\ln 2$.

Solução:

Através da propriedade do Rei, temos:

$$B=\int_0^{\frac{\pi}{2}}\ln(\cos x)\,dx=\int_0^{\frac{\pi}{2}}\ln\left(\cos\left(\frac{\pi}{2}-x\right)\right)dx=\int_0^{\frac{\pi}{2}}\ln(\operatorname{sen}x)\,dx$$, por tanto,

$$2B=\int_0^{\frac{\pi}{2}}\ln(\cos x)\,dx+\int_0^{\frac{\pi}{2}}\ln(\operatorname{sen}x)\,dx=\int_0^{\frac{\pi}{2}}\ln(\operatorname{sen}x)+\ln(\cos x)\,dx=\int_0^{\frac{\pi}{2}}\ln(\operatorname{sen}x\cos x)\,dx,$$

$$2B=\int_0^{\frac{\pi}{2}}\ln(\operatorname{sen}x\cos x)\,dx=\int_0^{\frac{\pi}{2}}\ln\frac{2\operatorname{sen}x\cos x}{2}\,dx=\int_0^{\frac{\pi}{2}}\ln(\operatorname{sen}2x)-\ln 2\,dx=\int_0^{\frac{\pi}{2}}\ln(\operatorname{sen}2x)\,dx-\int_0^{\frac{\pi}{2}}\ln 2\,dx,$$

Para $\begin{cases}u=2x\\du=2dx\end{cases}$, onde o período de $\operatorname{sen}2x$ é a metade do período de $\operatorname{sen}x$, assim nos extremos de integração:

$$\int_0^{\frac{\pi}{2}}\ln(\operatorname{sen}2x)\,dx=\frac{1}{2}\int_0^{\pi}\ln(\operatorname{sen}u)\,du=\frac{1}{2}\left(\int_0^{\frac{\pi}{2}}\ln(\operatorname{sen}u)\,du+\int_0^{\frac{\pi}{2}}\ln(\operatorname{sen}u)\,du\right)=\frac{1}{\cancel{2}}\left(\cancel{2}\int_0^{\frac{\pi}{2}}\ln(\operatorname{sen}u)\,du\right)$$, assim,

$$\int_0^{\frac{\pi}{2}}\ln(\operatorname{sen}2x)\,dx=\int_0^{\frac{\pi}{2}}\ln(\operatorname{sen}x)\,dx=B$$, finalmente,

$$2B=\int_0^{\frac{\pi}{2}}\ln(\operatorname{sen}2x)\,dx-\int_0^{\frac{\pi}{2}}\ln 2\,dx=B-\frac{\pi\ln 2}{2},$$

$$B=-\frac{1}{2}\pi\ln 2.$$

c) Calcule a integral $C=\int_0^{\frac{\pi}{2}}\frac{1}{1+(\operatorname{tg}x)^{\frac{\pi}{e}}}dx$.[63]

Solução:

Pela propriedade do Rei, temos,

$$C=\int_0^{\frac{\pi}{2}}\frac{1}{1+(\operatorname{tg}x)^{\frac{\pi}{e}}}dx=\int_0^{\frac{\pi}{2}}\frac{1}{1+\left(\operatorname{tg}\left(\frac{\pi}{2}-x\right)\right)^{\frac{\pi}{e}}}dx=\int_0^{\frac{\pi}{2}}\frac{1}{1+(\operatorname{cotg}x)^{\frac{\pi}{e}}}dx=\int_0^{\frac{\pi}{2}}\frac{1}{1+\left(\frac{1}{\operatorname{tg}x}\right)^{\frac{\pi}{e}}}dx=\int_0^{\frac{\pi}{2}}\frac{(\operatorname{tg}x)^{\frac{\pi}{e}}}{(\operatorname{tg}x)^{\frac{\pi}{e}}+1}dx$$

Observe que C pode ser escrito de duas maneiras distintas:

$$C=\int_0^{\frac{\pi}{2}}\frac{1}{1+(\operatorname{tg}x)^{\frac{\pi}{e}}}dx \quad\text{ou}\quad C=\int_0^{\frac{\pi}{2}}\frac{(\operatorname{tg}x)^{\frac{\pi}{e}}}{(\operatorname{tg}x)^{\frac{\pi}{e}}+1}dx$$, somando ambas,

$$2C=\int_0^{\frac{\pi}{2}}\frac{1}{1+(\operatorname{tg}x)^{\frac{\pi}{e}}}dx+\int_0^{\frac{\pi}{2}}\frac{(\operatorname{tg}x)^{\frac{\pi}{e}}}{(\operatorname{tg}x)^{\frac{\pi}{e}}+1}dx=\int_0^{\frac{\pi}{2}}\frac{(\operatorname{tg}x)^{\frac{\pi}{e}}+1}{(\operatorname{tg}x)^{\frac{\pi}{e}}+1}dx=\int_0^{\frac{\pi}{2}}dx=\frac{\pi}{2}$$, finalizando,

---

[63] Uma versão dessa integral ($\int_0^{\frac{\pi}{2}}\frac{1}{1+(\operatorname{tg}x)^{\sqrt{2}}}dx$) foi proposta no *Putnam Exam Integral*.

$C = \frac{\pi}{4}$.

23) Propriedade da Rainha ou Gambito da Rainha

Existe ainda uma variação muito interessante da propriedade do Rei:

$$\int_a^b \frac{f(x)}{f(a+b-x)+f(x)} = \frac{b-a}{2}$$

Demonstração:

Para a integral definida, $A=\int_a^b \frac{f(x)}{f(a+b-x)+f(x)}$, seja a substituição, $u=a+b-x$, onde

$$\begin{cases} du=-dx \\ x=a \Rightarrow u_{\text{inf}}=b \\ x=b \Rightarrow u_{\text{sup}}=a \end{cases}$$

Segue,

$A=\int_a^b \frac{f(x)}{f(a+b-x)+f(x)}=-\int_b^a \frac{f(a+b-u)}{f(u)+f(a+b-u)}du=\int_a^b \frac{f(a+b-x)}{f(x)+f(a+b-x)}dx$, note que A pode ser escrita de duas maneiras distintas, assim, somando ambas:

$$2A=\int_a^b \frac{f(x)}{f(a+b-x)+f(x)}+\int_a^b \frac{f(a+b-x)}{f(x)+f(a+b-x)}dx=\int_a^b \frac{f(x)+f(a+b-x)}{f(x)+f(a+b-x)}dx=\int_a^b dx=b-a,$$

portanto,

$$\int_a^b \frac{f(x)}{f(a+b-x)+f(x)}=\frac{b-a}{2}.$$

□

a) (IIT 94) Calcule a integral $\int_2^3 \frac{\sqrt{x}}{\sqrt{5-x}+\sqrt{x}}dx$

Solução:

Observe a semelhança entre $\int_a^b \frac{f(x)}{f(a+b-x)+f(x)}$ e a integral pedida $\int_2^3 \frac{\sqrt{x}}{\sqrt{5-x}+\sqrt{x}}dx$

$$\int_2^3 \frac{\sqrt{x}}{\sqrt{5-x}+\sqrt{x}}dx=\int_2^3 \frac{\sqrt{x}}{\sqrt{(2+3)-x}+\sqrt{x}}dx=\frac{3-2}{2}=\frac{1}{2}.$$

b) Calcule a integral $\int_1^2 \frac{\sqrt[3]{x}}{\sqrt[3]{3-x}+\sqrt[3]{x}}dx$.

Solução:

Novamente a semelhança entre $\int_a^b \frac{f(x)}{f(a+b-x)+f(x)}$ e $\int_1^2 \frac{\sqrt[3]{x}}{\sqrt[3]{3-x}+\sqrt[3]{x}}dx$,

Se escolhermos $f(x)=\sqrt[3]{x}$, teremos,

$$\int_1^2 \frac{\sqrt[3]{x}}{\sqrt[3]{3-x}+\sqrt[3]{x}}dx=\int_1^2 \frac{f(x)}{\sqrt[3]{1+2-x}+f(x)}=\frac{b-a}{2}=\frac{2-1}{2}=\frac{1}{2}.$$

Vamos agora refazer por esse método o 1º exemplo da Propriedade do Rei:

c) Calcule a integral $A=\int_0^{\frac{\pi}{2}}\frac{\text{sen}^n x}{\text{sen}^n x+\cos^n x}dx$.

Solução:
Se repararmos na semelhança entre a integral pedida o Gambito da Dama, basta escolhermos $f(x) = \text{sen}^n x$:

$$A=\int_0^{\frac{\pi}{2}}\frac{f(x)}{f(x)+f\left(\frac{\pi}{2}-x\right)}dx=\frac{b-a}{2}=\frac{\pi}{4}.$$

d) (India JEE Main 2015) Calcule a integral $\int_2^4\frac{\ln(x^2)}{\ln(x^2)+\ln(36-12x+x^2)}$.

Solução:
Repare na semelhança entre o Gambito e a integral, vamos mexer um pouco no integrando para ver o que acontece:

$$\int_2^4\frac{\ln(x^2)}{\ln(x^2)+\ln(36-12x+x^2)}=\int_2^4\frac{2\ln(x)}{2\ln(x)+2\ln(6-x)}=\int_2^4\frac{\ln(x)}{\ln(x)+\ln(6-x)}$$

Para $f(x) = \ln(x)$,

$$\int_2^4\frac{\ln(x^2)}{\ln(x^2)+\ln(36-12x+x^2)}=\int_2^4\frac{\ln(x)}{\ln(x)+\ln(6-x)}=\int_2^4\frac{f(x)}{f(x)+f(6-x)}=\frac{4-2}{2}=1.$$

e) (India IIT 2019) Calcule a integral $\int_0^{\frac{\pi}{2}}\frac{\sqrt{\text{cotg}\, x}}{\sqrt{\text{cotg}\, x}+\sqrt{\text{tg}\, x}}dx$.

Solução:

Basta perceber que $\text{tg}\, x=\frac{\pi}{2}-\text{cotg}\, x$, assim, $\sqrt{\text{tg}\, x}=\sqrt{\frac{\pi}{2}-\text{cotg}\, x}$,

$$\int_0^{\frac{\pi}{2}}\frac{\sqrt{\text{cotg}\, x}}{\sqrt{\text{cotg}\, x}+\sqrt{\text{tg}\, x}}dx=\int_0^{\frac{\pi}{2}}\frac{\sqrt{\text{cotg}\, x}}{\sqrt{\text{cotg}\, x}+\sqrt{\frac{\pi}{2}-\text{cotg}\, x}}dx=\frac{\pi}{4}.$$

f) (India JEE Main 2013) Calcule a integral $\int_{\frac{\pi}{6}}^{\frac{\pi}{3}}\frac{dx}{1+\sqrt{\text{tg}\, x}}$.

Solução:

Podemos escrever $\sqrt{\text{tg}\, x}=\frac{\sqrt{\text{sen}\, x}}{\sqrt{\cos x}}$, assim,

$$\int_{\frac{\pi}{6}}^{\frac{\pi}{3}}\frac{dx}{1+\sqrt{\text{tg}\, x}}=\int_{\frac{\pi}{6}}^{\frac{\pi}{3}}\frac{\sqrt{\cos x}}{\sqrt{\cos x}+\sqrt{\text{sen}\, x}}dx=\int_{\frac{\pi}{6}}^{\frac{\pi}{3}}\frac{\sqrt{\cos x}}{\sqrt{\cos x}+\sqrt{\frac{\pi}{2}-\cos x}}dx=\frac{\frac{\pi}{3}-\frac{\pi}{6}}{2}=\frac{\pi}{12}.$$

g) (India JEE Main 2011) Calcule a integral $\int_{\sqrt{\log 2}}^{\sqrt{\log 3}} \frac{x \operatorname{sen} x^2}{\operatorname{sen} x^2 + \operatorname{sen}\left(\log 6 - x^2\right)} dx$.

Solução:

Basta fazermos $\begin{cases} u = x^2 \\ x\,dx = \frac{1}{2} du \\ \lim_{sup} : x = \sqrt{\log 3} \Rightarrow u = x^2 = \log 3 \\ \lim_{inf} : x = \sqrt{\log 2} \Rightarrow u = x^2 = \log 2 \end{cases}$

$$\int_{\sqrt{\log 2}}^{\sqrt{\log 3}} \frac{x \operatorname{sen} x^2}{\operatorname{sen} x^2 + \operatorname{sen}\left(\log 6 - x^2\right)} dx = \frac{1}{2} \int_{\log 2}^{\log 3} \frac{\operatorname{sen} u}{\operatorname{sen} u + \operatorname{sen}\left(\log 6 - x^2\right) u} du = \frac{1}{2} \cdot \frac{\log 3 - \log 2}{2} = \frac{1}{4} \log \frac{3}{2}.$$

h) (India JEE 2011) Calcule a integral $\int_{\sqrt[3]{\log 3}}^{\sqrt[3]{\log 4}} \frac{x^2 \operatorname{sen} x^3}{\operatorname{sen} x^3 + \operatorname{sen}\left(\log 12 - x^3\right)} dx$.

Solução:
Note que existe uma semelhança entre o integrando e o integrando da propriedade da Rainha, veja ainda, que não temos uma função simples, $\operatorname{sen} x^3$ é uma função composta.

Seja $\begin{cases} u = x^3 \\ du = 3x^2 dx \\ \lim_{sup} : x = \sqrt[3]{\log 4} \Rightarrow u = x^3 = \log 4 \\ \lim_{inf} : x = \sqrt[3]{\log 3} \Rightarrow u = x^3 = \log 3 \end{cases}$

ficamos com:

$$\int_{\sqrt[3]{\log 3}}^{\sqrt[3]{\log 4}} \frac{x^2 \operatorname{sen} x^3}{\operatorname{sen} x^3 + \operatorname{sen}\left(\log 12 - x^3\right)} dx = \frac{1}{3} \int_{\log 3}^{\log 4} \frac{\operatorname{sen} u}{\operatorname{sen} u + \operatorname{sen}\left(\log 12 - u\right)} dx = \frac{1}{3} \cdot \frac{\log 4 - \log 3}{2} = \frac{1}{6} \log\left(\frac{4}{3}\right).$$

24) Teoremas sobre Paridade

I) "Seja $f(x)$ uma função integrável no intervalo $[-\alpha,\alpha]$, $\alpha \in \mathbb{R}$.

Então $\int_{-\alpha}^{\alpha} f(x)dx = \begin{cases} 0, \; se \; f(x) \; for \; ímpar, \\ 2\int_{0}^{\alpha} f(x)dx, \; se \; f(x) \; for \; par." \end{cases}$

II) "Seja $f(x)$ uma função par e g (x) uma função ímpar, ambas integráveis no intervalo $[-\alpha,\alpha]$, $\alpha \in \mathbb{R}$.

Temos que

$$\int_{-\alpha}^{\alpha} \frac{f(x)}{1+b^{g(x)}}dx = \int_{0}^{\alpha} f(x)dx, \text{ para qualquer } b \in \mathbb{R}^{+}\text{"}^{64}$$

III) "Seja $f(x)$ uma função qualquer, esta sempre poderá ser reescrita como a soma de duas funções, uma par e outra ímpar, como segue

$$f(x) = \frac{f(x)+f(-x)}{2} + \frac{f(x)-f(-x)}{2}$$

Onde $\frac{f(x)+f(-x)}{2}$ é par e $\frac{f(x)-f(-x)}{2}$ é ímpar."

Demonstração:

II) Dividindo a integral dada em duas,

$$\int_{-\alpha}^{\alpha} \frac{f(x)}{1+b^{g(x)}}dx = \int_{-\alpha}^{0} \frac{f(x)}{1+b^{g(x)}}dx + \int_{0}^{\alpha} \frac{f(x)}{1+b^{g(x)}}dx = I_1 + I_2,$$

Seja $\begin{cases} u = -x \\ du = -dx \\ \lim_{sup} : x = 0 \Rightarrow u = 0 \\ \lim_{inf} : x = -\alpha \Rightarrow u = \alpha \end{cases}$ em I_1, ficamos com,

$I_1 = -\int_{\alpha}^{0} \frac{f(-u)}{1+b^{g(-u)}}du = \int_{0}^{\alpha} \frac{f(-u)}{1+b^{g(-u)}}du$, onde da hipótese, f é par e g é ímpar, assim,

$$I_1 = \int_{0}^{\alpha} \frac{f(u)}{1+b^{-g(u)}}du,$$

Multiplicando por $\frac{b^{g(u)}}{b^{g(u)}}$, vem,

---

64 Alsamraee, Hamza. "Advanced Calculus Explored". Curious Math Publications, 2019.

$$I_1 = \int_0^{\alpha} \frac{f(u)\,b^{g(u)}}{1+b^{g(u)}}\,du \text{, logo,}$$

$$\int_{-\alpha}^{\alpha} \frac{f(x)}{1+b^{g(x)}}\,dx = I_1 + I_2 = \int_0^{\alpha} \frac{f(x)\,b^{g(x)}}{1+b^{g(x)}}\,dx + \int_0^{\alpha} \frac{f(x)}{1+b^{g(x)}}\,dx$$

$$\int_{-\alpha}^{\alpha} \frac{f(x)}{1+b^{g(x)}}\,dx = \int_0^{\alpha} \frac{f(x)\,b^{g(x)} + f(x)}{1+b^{g(x)}}\,dx = \int_0^{\alpha} \frac{f(x)\left(1+b^{g(x)}\right)}{1+b^{g(x)}}\,dx = \int_0^{\alpha} f(x)\,dx \quad \square$$

III) Basta observarmos o desenvolvimento,

$$f(x) = \frac{f(x)}{2} + \frac{f(x)}{2}$$

$$f(x) = \frac{f(x)}{2} + \frac{f(x)}{2} + \frac{f(-x)}{2} - \frac{f(-x)}{2}$$

$$f(x) = \frac{f(x)+f(-x)}{2} + \frac{f(x)-f(-x)}{2}$$

Vamos agora discutir a paridade das partes,

Seja $p(x) = \dfrac{f(x)+f(-x)}{2}$,

$p(-x) = \dfrac{f(-x)+f(-[-x])}{2} = \dfrac{f(x)+f(-x)}{2} = p(x)$, por tanto, $p(x)$ é par;

Seja agora $i(x) = \dfrac{f(x)-f(-x)}{2}$,

$i(-x) = \dfrac{f(-x)-f(-[-x])}{2} = \dfrac{f(-x)-f(x)}{2} = -\dfrac{f(x)-f(-x)}{2} = -i(x)$, por tanto, $i(x)$ é ímpar.

$\square$

a) (India JEE Main 2012) Calcule a integral $\int_{-\frac{\pi}{2}}^{\frac{\pi}{2}} \left(x^2 + \ln\left(\dfrac{\pi - x}{\pi + x}\right)\right) \cos x \, dx$.

Solução:
Observe a paridade da função:

$$f(x) = \ln\left(\frac{\pi - x}{\pi + x}\right)$$

$$f(-x)=\ln\left(\frac{\pi+x}{\pi-x}\right)=\ln\left(\frac{\pi-x}{\pi+x}\right)^{-1}=-\ln\left(\frac{\pi-x}{\pi+x}\right)=-f(x),\text{ ímpar,}$$

$$\int_{-\frac{\pi}{2}}^{\frac{\pi}{2}}\left(x^2+\ln\left(\frac{\pi-x}{\pi+x}\right)\right)\cos x\,dx=\int_{-\frac{\pi}{2}}^{\frac{\pi}{2}}x^2\cos x\,dx+\int_{-\frac{\pi}{2}}^{\frac{\pi}{2}}\ln\left(\frac{\pi-x}{\pi+x}\right)\cos x\,dx$$

0

Ímpar x par = ímpar

	D	I
+	x^2	$\cos x$
−	$2x$	$\operatorname{sen} x$
+	2	$-\cos x$

, integrando por partes,

par

Ficamos com $\int_{-\frac{\pi}{2}}^{\frac{\pi}{2}}\left(x^2+\ln\left(\frac{\pi-x}{\pi+x}\right)\right)\cos x\,dx=\int_{-\frac{\pi}{2}}^{\frac{\pi}{2}}x^2\cos x\,dx=2\left[x^2\operatorname{sen} x+2x\cos x-2\operatorname{sen} x\right]_0^{\frac{\pi}{2}}=\frac{\pi^2}{2}-4$.

b) Calcule a integral $\int_{-\frac{\pi}{4}}^{\frac{\pi}{4}}\frac{\cos x}{\pi^{\operatorname{sen} x}+1}dx$.

Solução:

As funções $\cos x$ e $\operatorname{sen} x$ são respectivamente par e ímpar e ambas integráveis no intervalo $\left[-\frac{\pi}{4},\frac{\pi}{4}\right]$, assim, pelo teorema temos,

$$\int_{-\frac{\pi}{4}}^{\frac{\pi}{4}}\frac{\cos x}{\pi^{\operatorname{sen} x}+1}dx=\int_0^{\frac{\pi}{4}}\cos x\,dx=\left[-\operatorname{sen} x\right]_0^{\frac{\pi}{4}}=-\frac{\sqrt{2}}{2}.$$

c) Calcule a integral $\int_{-\frac{\pi}{2}}^{\frac{\pi}{2}}\frac{\operatorname{sen}^2 x}{\pi^{x^5}+1}dx$.

Solução:

As funções $\operatorname{sen}^2 x$ e x^3 são respectivamente par e ímpar e ambas integráveis no intervalo $\left[-\frac{\pi}{2},\frac{\pi}{2}\right]$, Assim, pelo teorema temos,

$$\int_{-\frac{\pi}{2}}^{\frac{\pi}{2}}\frac{\operatorname{sen}^2 x}{\pi^{x^5}+1}dx=\int_0^{\frac{\pi}{2}}\operatorname{sen}^2 x\,dx,$$

Da trigonometria, sabemos que: $\cos 2x=\cos^2 x-\operatorname{sen}^2 x=\left(1-\operatorname{sen}^2 x\right)-\operatorname{sen}^2 x=1-2\operatorname{sen}^2 x$,

Portanto, $\operatorname{sen}^2 x=\frac{1-\cos 2x}{2}$, assim,

$$\int_{-\frac{\pi}{2}}^{\frac{\pi}{2}}\frac{\operatorname{sen}^2 x}{\pi^{x^5}+1}dx=\frac{1}{2}\int_0^{\frac{\pi}{2}}1-\cos 2x\,dx=\frac{1}{2}\left[x-\frac{\operatorname{sen} 2x}{2}\right]_0^{\frac{\pi}{2}}=\frac{\pi}{4}.$$

25) Uma Pequena Identidade envolvendo inversão:

$$\int_0^\infty f(x)\,dx = \int_0^\infty \frac{f\left(\frac{1}{x}\right)}{x^2}\,dx$$

Demonstração:

Seja a integral $\int_0^\infty f(x)\,dx$,

para $u = \frac{1}{x}$, $du = -\frac{1}{x^2}dx$ onde os limites de integração vão para $\begin{cases} x = \infty \to u = 0 \\ x = 0 \to u = \infty \end{cases}$, assim,

$$\int_0^\infty f(x)\,dx = \int_\infty^0 f\left(\frac{1}{u}\right)\left(-\frac{1}{u^2}\right)du = \int_0^\infty \frac{f\left(\frac{1}{u}\right)}{u^2}\,du = \int_0^\infty \frac{f\left(\frac{1}{x}\right)}{x^2}\,dx$$

□

a) Calcule a integral $\int_0^\infty \frac{\ln ax}{x^2+1}\,dx$.

Solução:

Seja a propriedade,

$$\int_0^\infty f(x)\,dx = \int_0^\infty \frac{f\left(\frac{1}{x}\right)}{x^2}\,dx,$$

Temos,

$$\int_0^\infty \frac{\ln ax}{x^2+1}\,dx = \int_0^\infty \frac{1}{x^2}\frac{\ln a x\frac{1}{x}}{\frac{1}{x^2}+1}\,dx = \ln a\int_0^\infty \frac{1}{1+x^2}\,dx = \ln a\left[\operatorname{tg}^{-1} x\right]_0^\infty = \frac{\pi}{2}\ln a$$

b) Calcule a integral[65] $\int_0^\infty \frac{\ln\left(\frac{1+x^{11}}{1+x^3}\right)}{(1+x^2)\ln x}\,dx$.

Solução:

$$\int_0^\infty \frac{\ln\left(\frac{1+x^{11}}{1+x^3}\right)}{(1+x^2)\ln x}\,dx = \int_0^\infty \frac{\ln(1+x^{11})-\ln(1+x^3)}{(1+x^2)\ln x}\,dx$$, aplicando a propriedade,

$$\int_0^\infty f(x)\,dx = \int_0^\infty \frac{f\left(\frac{1}{x}\right)}{x^2}\,dx$$, segue,

[65] Brilliant. "Problems of the Week". Week of February 19. www.brilliant.org .

$$\int_0^\infty \frac{\ln\left(\frac{1+x^{11}}{1+x^3}\right)}{(1+x^2)\ln x}dx = \int_0^\infty \frac{\ln(1+x^{11})-\ln(1+x^3)}{(1+x^2)\ln x}dx = \int_0^\infty \frac{\ln\left(1+\frac{1}{x^{11}}\right)-\ln\left(1+\frac{1}{x^3}\right)}{x^2\left(1+\frac{1}{x^2}\right)\ln\frac{1}{x}}dx$$

$$\int_0^\infty \frac{\ln\left(\frac{1+x^{11}}{1+x^3}\right)}{(1+x^2)\ln x}dx = \int_0^\infty \frac{\ln\left(\frac{1+x^{11}}{x^{11}}\right)-\ln\left(\frac{1+x^3}{x^3}\right)}{\cancel{x^2}\left(\frac{1+x^2}{\cancel{x^2}}\right)\ln\frac{1}{x}}dx = \int_0^\infty \frac{\ln(1+x^{11})-\ln(x^{11})-\ln(1+x^3)+\ln(x^3)}{(1+x^2)(-\ln x)}dx$$

$$2\int_0^\infty \frac{\ln\left(\frac{1+x^{11}}{1+x^3}\right)}{(1+x^2)\ln x}dx = \int_0^\infty \frac{\ln(1+x^{11})-\ln(1+x^3)}{(1+x^2)\ln x}dx - \int_0^\infty \frac{\ln(1+x^{11})-\ln(1+x^3)-11\ln x+3\ln x}{(1+x^2)(\ln x)}dx$$

$$2\int_0^\infty \frac{\ln\left(\frac{1+x^{11}}{1+x^3}\right)}{(1+x^2)\ln x}dx = 8\int_0^\infty \frac{\cancel{\ln x}}{(1+x^2)\cancel{\ln x}}dx = 8\int_0^\infty \frac{1}{1+x^2}dx = 8\left[\operatorname{tg}^{-1}x\right]_0^\infty = 4\pi$$

$$\int_0^\infty \frac{\ln\left(\frac{1+x^{11}}{1+x^3}\right)}{(1+x^2)\ln x}dx = 2\pi$$

26) Uma propriedade Interessante:

$$\int_0^\infty \frac{\ln x}{ax^2+bx+c}dx = -\int_0^\infty \frac{\ln x}{cx^2+bx+a}dx$$ [66]

Demonstração:

Seja $x=\frac{1}{t}$, $dx=\frac{-1}{t^2}$ e $\begin{cases} x=\infty \to t=0 \\ x=0 \to t=\infty \end{cases}$, assim,

$$\int_0^\infty \frac{\ln x}{ax^2+bx+c}dx = \int_\infty^0 \frac{\ln\left(\frac{1}{t}\right)}{a\left(\frac{1}{t}\right)^2+b\left(\frac{1}{t}\right)+c}\frac{-1}{t^2}dt = \int_0^\infty \frac{\ln\left(t^{-1}\right)}{\left(\frac{a}{t^2}+\frac{b}{t}+c\right)t^2}dt = -\int_0^\infty \frac{\ln t}{ct^2+bt+a}dt$$

$$\int_0^\infty \frac{\ln x}{ax^2+bx+c}dx = -\int_0^\infty \frac{\ln t}{cx^2+bx+a}dx$$

□

Observação:

$$\int_0^\infty \frac{\ln x}{ax^2+bx+a}dx = 0$$

a) Calcule a integral $\int_0^\infty \frac{\ln x}{x^2+x+4}dx$.

Solução:

Seja $x=2t,\ dx=2dt$,

$$\int_0^\infty \frac{\ln x}{x^2+x+4}dx = \int_0^\infty \frac{\ln(2t)}{(2t)^2+2t+4}2dt = 2\int_0^\infty \frac{\ln 2+\ln t}{4t^2+2t+4}dt$$

$$\int_0^\infty \frac{\ln x}{x^2+x+4}dx = 2\left[\int_0^\infty \frac{\ln 2}{4t^2+2t+4}dt + \underbrace{\int_0^\infty \frac{\ln t}{4t^2+2t+4}dt}_{0}\right]$$

$$\int_0^\infty \frac{\ln x}{x^2+x+4}dx = 2\ln 2\int_0^\infty \frac{1}{4t^2+2t+4}dt$$

$$\int_0^\infty \frac{\ln x}{x^2+x+4}dx = \frac{\ln 2}{2}\int_0^\infty \frac{1}{t^2+\frac{1}{2}t+1}dt = \frac{\ln 2}{2}\int_0^\infty \frac{1}{\left(t^2+\frac{1}{2}t+\frac{1}{16}\right)-\frac{1}{16}+1}dt = \frac{\ln 2}{2}\int_0^\infty \frac{1}{\left(t+\frac{1}{4}\right)^2+\frac{15}{16}}dt$$

---

[66] Penn, Michael. "This trick is new to me!". (https://www.youtube.com/watch?v=JCuplIQ6JG4&t=1s)

$$\int_0^\infty \frac{\ln x}{x^2+x+4}dx = \frac{\ln 2}{2}16\int_0^\infty \frac{1}{16\left[\left(t+\frac{1}{4}\right)^2+\frac{15}{16}\right]}dt = 8\ln 2\int_0^\infty \frac{1}{(4t+1)^2+15}dt$$

Seja $u=4t+1$, $du=4dt$ e $\begin{cases} t=\infty \to u=\infty \\ t=0 \to u=1 \end{cases}$, assim,

$$\int_0^\infty \frac{\ln x}{x^2+x+4}dx = 8\ln 2\int_1^\infty \frac{1}{u^2+15}\frac{1}{4}du = 2\ln 2\int_1^\infty \frac{1}{u^2+15}du$$

Seja $u=\frac{1}{v}$, $du=\frac{-1}{v^2}dv$ e $\begin{cases} u=\infty \to v=0 \\ u=1 \to v=1 \end{cases}$, substituindo,

$$\int_0^\infty \frac{\ln x}{x^2+x+4}dx = 2\ln 2\int_1^0 \frac{1}{\frac{1}{v^2}+15}\frac{-1}{v^2}dv = 2\ln 2\int_0^1 \frac{1}{15v^2+1}dv = 2\ln 2\int_0^1 \frac{1}{\left(\sqrt{15}v\right)^2+1}dv$$

Seja $y=\sqrt{15}v$, $dy=\sqrt{15}dv$ e $\begin{cases} v=1 \to y=\sqrt{15} \\ v=0 \to y=0 \end{cases}$

$$\int_0^\infty \frac{\ln x}{x^2+x+4}dx = 2\ln 2\int_0^{\sqrt{15}} \frac{1}{y^2+1}\frac{dy}{\sqrt{15}} = \frac{2\ln 2}{\sqrt{15}}\left[\operatorname{tg}^{-1} y\right]_0^{\sqrt{15}} = \frac{2\ln 2}{\sqrt{15}}\operatorname{tg}^{-1}\left(\sqrt{15}\right)$$

b) Se $a,b,c \in \mathbb{R}$ e $\Delta<0$ mostre que $\int_0^\infty \frac{\ln x}{ax^2+bx+c}dx = \frac{2b^2}{\sqrt{-\Delta}}\ln\left(\sqrt{\frac{c}{a}}\right)\operatorname{tg}^{-1}\left(\sqrt{\frac{-\Delta}{b^2}}\right)$

Solução:

$$\int_0^\infty \frac{\ln x}{ax^2+bx+c}dx = \frac{1}{a}\sqrt{\frac{c}{a}}\int_0^\infty \frac{\ln\left(\sqrt{\frac{c}{a}}t\right)}{\frac{c}{a}t^2+\frac{b}{a}\sqrt{\frac{c}{a}}t+\frac{c}{a}}dt = \frac{1}{a}\sqrt{\frac{c}{a}}\left[\ln\left(\sqrt{\frac{c}{a}}\right)\int_0^\infty \frac{1}{\frac{c}{a}t^2+\frac{b}{a}\sqrt{\frac{c}{a}}t+\frac{c}{a}}dt + \int_0^\infty \frac{\ln t}{\frac{c}{a}t^2+\frac{b}{a}\sqrt{\frac{c}{a}}t+\frac{c}{a}}dt\right]$$

$$\int_0^\infty \frac{\ln x}{ax^2+bx+c}dx = \frac{1}{a}\sqrt{\frac{c}{a}}\ln\left(\sqrt{\frac{c}{a}}\right)\int_0^\infty \frac{1}{\frac{c}{a}t^2+\frac{b}{a}\sqrt{\frac{c}{a}}t+\frac{c}{a}}dt = \frac{1}{a}\sqrt{\frac{c}{a}}\ln\left(\sqrt{\frac{c}{a}}\right)\int_0^\infty \frac{1}{\frac{c}{a}\left(t^2+\sqrt{\frac{b^2}{ac}}t+1\right)}dt$$

$$\int_0^\infty \frac{\ln x}{ax^2+bx+c}dx = \frac{1}{c}\sqrt{\frac{c}{a}}\ln\left(\sqrt{\frac{c}{a}}\right)\int_0^\infty \frac{1}{\left(t^2+\sqrt{\frac{b^2}{ac}}t+\frac{b^2}{4ac}-\frac{b^2}{4ac}+1\right)}dt$$

$$\int_0^\infty \frac{\ln x}{ax^2+bx+c}dx = \frac{4ac}{b^2c}\sqrt{\frac{c}{a}}\ln\left(\sqrt{\frac{c}{a}}\right)\int_0^\infty \frac{1}{\frac{4ac}{b^2}\left[\left(t+\sqrt{\frac{b^2}{4ac}}\right)^2-\frac{\Delta}{4ac}\right]}dt = \frac{4ac}{c}\sqrt{\frac{c}{a}}\ln\left(\sqrt{\frac{c}{a}}\right)\int_0^\infty \frac{1}{\left(\frac{\sqrt{4ac}}{b}t+1\right)^2-\frac{\Delta}{b^2}}dt$$

Seja $u=\frac{\sqrt{4ac}}{b}t+1$, $du=\frac{\sqrt{4ac}}{b}dt$ e $\begin{cases} t=\infty \rightarrow u=\infty \\ t=0 \rightarrow u=1 \end{cases}$, assim,

$$\int_0^\infty \frac{\ln x}{ax^2+bx+c}dx = 2\sqrt{4ac}\ln\left(\sqrt{\frac{c}{a}}\right)\int_1^\infty \frac{1}{u^2-\frac{\Delta}{b^2}}\frac{b}{\sqrt{4ac}}du = 2b\ln\left(\sqrt{\frac{c}{a}}\right)\int_1^\infty \frac{1}{u^2-\frac{\Delta}{b^2}}du,$$

Seja $u=\frac{1}{v}$, $du=\frac{-1}{v^2}dv$ e $\begin{cases} u=\infty \rightarrow v=0 \\ u=1 \rightarrow v=1 \end{cases}$,

$$\int_0^\infty \frac{\ln x}{ax^2+bx+c}dx = 2b\ln\left(\sqrt{\frac{c}{a}}\right)\int_1^0 \frac{1}{\frac{1}{v^2}-\frac{\Delta}{b^2}}\frac{-1}{v^2}dy = 2b\ln\left(\sqrt{\frac{c}{a}}\right)\int_0^1 \frac{1}{\left(\sqrt{\frac{-\Delta}{b^2}}v\right)^2+1}dv,$$

Seja $y=\sqrt{\frac{-\Delta}{b^2}}v$, $dy=\sqrt{\frac{-\Delta}{b^2}}dv$ e $\begin{cases} v=1 \rightarrow \sqrt{\frac{-\Delta}{b^2}} \\ v=0 \rightarrow y=0 \end{cases}$

$$\int_0^\infty \frac{\ln x}{ax^2+bx+c}dx = 2b\ln\left(\sqrt{\frac{c}{a}}\right)\int_0^{\sqrt{\frac{-\Delta}{b^2}}} \frac{1}{y^2+1}dy = \frac{2b^2}{\sqrt{-\Delta}}\ln\left(\sqrt{\frac{c}{a}}\right)\text{tg}^{-1}\left(\sqrt{\frac{-\Delta}{b^2}}\right)$$

27) Derivada Sob o Sinal da Integral – Método de Leibniz

$$\frac{d}{dt}\int_a^b f(x,t)\,dx = \int_a^b \frac{\delta}{\delta t} f(x,t)\,dx + f(b,t)\frac{db}{dt} - f(a,t)\frac{da}{dt}$$

Demonstração:

Seja, $I(x,t) = \int_{a(t)}^{b(t)} f(x,t)\,dx$, assim,

$$\frac{dI}{dt} = \lim_{\Delta t \to 0} \frac{I(x,t+\Delta t) - I(x,t)}{\Delta t} = \lim_{\Delta t \to 0} \frac{1}{\Delta t}\left(\int_{a+\Delta t}^{b+\Delta t} f(x,t+\Delta t)\,dx - \int_a^b f(x,t)\,dx \right) =$$

$$\frac{dI}{dt} = \lim_{\Delta t \to 0} \frac{1}{\Delta t}\left(\int_{a+\Delta t}^{a} f(x,t+\Delta t)\,dx - \int_a^b f(x,t+\Delta t)\,dx + \int_b^{b+\Delta t} f(x,t+\Delta t)\,dx - \int_a^b f(x,t)\,dx \right) =$$

$$\frac{dI}{dt} = \lim_{\Delta t \to 0} \frac{1}{\Delta t}\left(\int_a^b f(x,t+\Delta t) - f(x,t)\,dx + \int_b^{b+\Delta b} f(x,t+\Delta t)\,dx - \int_a^{a+\Delta a} f(x,t+\Delta t)\,dx \right) =$$

Obs.: Do Teorema Fundamental do Cálculo (TFC), temos:

$\int_b^{b+\Delta b} f(x,t+\Delta t)\,dx = F(x,b+\Delta b) - F(x,b)$, ainda, pelo Teorema do Valor Médio (TVM), sabemos que nas condições,

$\exists$ c, tal que: $F(x,b+\Delta b) - F(x,b) = f(c,t)(b+\Delta b - b) = f(c,t)\Delta b$,

Por tanto,

$\lim_{\Delta t \to 0} f(c,t)\Delta b \to f(b,t)\Delta b$, observe que, quando $\Delta t \to 0$, teremos que $\Delta b \to 0$, o que nos faria pensar que a integral seria de b a b, mas pelo TVM, o valor de c, deveria estar entre b e b, por tanto, c = b.

Da mesma maneira,

$\lim_{\Delta t \to 0} f(c,t)\Delta a \to f(a,t)\Delta a$

Assim, ficamos com,

$$\frac{dI}{dt} = \lim_{\Delta t \to 0} \frac{1}{\Delta t}\left(\int_a^b f(x,t+\Delta t) - f(x,t)\,dx + f(b,t)\Delta b - f(a,t)\Delta a \right) =$$

$$\frac{dI}{dt} = \lim_{\Delta t \to 0}\left(\int_a^b \frac{f(x,t+\Delta t) - f(x,t)}{\Delta t}\,dx + f(b,t)\frac{\Delta b}{\Delta t} - f(a,t)\frac{\Delta a}{\Delta t} \right) =$$

$$\frac{dI}{dt} = \int_a^b \frac{\delta}{\delta t} f(x,t)\,dx + f(b,t)\frac{db}{dt} - f(a,t)\frac{da}{dt}$$

□

a) Calcule o valor das integrais de Fresnel[67]: $\int_{-\infty}^{\infty} \operatorname{sen}(x^2)dx$ e $\int_{-\infty}^{\infty} \cos(x^2)dx$.

Solução:

Vamos resolver ambas as integrais através de uma abordagem pelos números complexos, lembrando que

$e^{i\theta} = \cos\theta + i\operatorname{sen}\theta$, assim,

$$I = \int_{-\infty}^{\infty} e^{-ix^2} dx = \int_{-\infty}^{\infty} \cos(x^2)dx - i\int_{-\infty}^{\infty} \operatorname{sen}(x^2)dx$$

Para isso, seja a função $I(t) = \left(\int_0^t e^{-ix^2} dx\right)^2$, vamos agora reescrever a integral acima em função de $I(t)$,

$$I = \int_{-\infty}^{\infty} e^{-ix^2} dx = 2\int_0^{\infty} e^{-ix^2} dx = 2\sqrt{I(t \to \infty)}$$

Vamos aplicar agora a regra de Leibniz,

$$\frac{d}{dt}\int_a^b f(x,t)dx = \int_a^b \frac{\delta}{\delta t} f(x,t)dx + f(b,t)\frac{db}{dt} - f(a,t)\frac{da}{dt}$$

$$\frac{d}{dt}I(t) = \frac{d}{dt}\left(\int_0^t e^{-ix^2} dx\right)^2 = 2\int_0^t e^{-ix^2} dx\left(\frac{d}{dt}\int_0^t e^{-ix^2} dx\right)$$

$$\frac{d}{dt}I(t) = \frac{d}{dt}\left(\int_0^t e^{-ix^2} dx\right)^2 = 2\int_0^t e^{-ix^2} dx\left(\int_0^t \frac{\partial}{\partial t} e^{-ix^2} dx + e^{-it^2}\frac{dt}{dt} - e^{-i0^2}\frac{d(0)}{dt}\right)$$

$$\frac{d}{dt}I(t) = \frac{d}{dt}\left(\int_0^t e^{-ix^2} dx\right)^2 = 2\int_0^t e^{-ix^2} dx\left(\int_0^t \frac{\partial}{\partial t} e^{-ix^2} dx + e^{-it^2}\frac{dt}{dt} - e^{-i0^2}\frac{d(0)}{dt}\right)$$

$$\frac{d}{dt}I(t) = \frac{d}{dt}\left(\int_0^t e^{-ix^2} dx\right)^2 = 2\int_0^t e^{-ix^2} dx\left(e^{-it^2}\right) = 2\int_0^t e^{-i(x^2+t^2)}dx$$

$$I'(t) = 2\int_0^t e^{-i(x^2+t^2)}dx = 2\int_0^t e^{-it^2\left(\left(\frac{x}{t}\right)^2+1\right)}dx$$

Seja $u = \frac{x}{t}$, por tanto, $du = \frac{1}{t}dx \Leftrightarrow dx = t\,du$, $\begin{cases} \lim\sup t \to u = \frac{t}{t} = 1 \\ \lim\inf 0 \to u = \frac{0}{t} = 0 \end{cases}$, substituindo,

$$I'(t) = 2\int_0^1 e^{-it^2(u^2+1)}t\,du$$

[67] Flammable Maths. "An Insane Approach! The Fresnel integrals: sin(x^2) and cos(x^2) without complexis analysis." Youtube, 2017: https://www.youtube.com/watch?v=iCwiDPL3EMI&t=23s

Observe que, $2te^{-it^2(u^2+1)} = \dfrac{\partial}{\partial t}\left[\dfrac{e^{-it^2(u^2+1)}}{-i(u^2+1)}\right] = \dfrac{\partial}{\partial t}\left[\dfrac{ie^{-it^2(u^2+1)}}{u^2+1}\right]$, substituindo,

$I'(t) = \int_0^1 \dfrac{\partial}{\partial t}\left(\dfrac{ie^{-it^2(u^2+1)}}{u^2+1}\right)du$, e como os limites de integração não dependem de t, podemos intercalar a derivada com o sinal de integração,

$I'(t) = \int_0^1 \dfrac{\partial}{\partial t}\left(\dfrac{ie^{-it^2(u^2+1)}}{u^2+1}\right)du = \dfrac{d}{dt}\int_0^1 \dfrac{ie^{-it^2(u^2+1)}}{u^2+1}du$, reintegrando,

$$I(t) = \int I'(t)dt = \int \frac{d}{dt}\left(\int_0^1 \frac{ie^{-it^2(u^2+1)}}{u^2+1}du\right)dt = \int_0^1 \frac{ie^{-it^2(u^2+1)}}{u^2+1}du + C$$

Vamos agora encontrar o valor da constante de integração,

$I(t) = \left(\int_0^t e^{-ix^2}dx\right)^2 = \int_0^1 \dfrac{ie^{-it^2(u^2+1)}}{u^2+1}du + C$, fazendo $t = 0$, teremos,

$$I(0) = \left(\int_0^0 e^{-ix^2}dx\right)^2 = \int_0^1 \frac{ie^{-i0^2(u^2+1)}}{u^2+1}du + C \Leftrightarrow 0 = \int_0^1 \frac{i}{u^2+1}du + C$$

$$C = -\int_0^1 \frac{i}{u^2+1}du = -i\int_0^1 \frac{1}{u^2+1}du = -i\left[tg^{-1}u\right]_0^1 = -\frac{\pi}{4}i$$

$C = -\dfrac{\pi}{4}i$, assim,

$$I = 2\sqrt{I(t \to \infty)} = 2\sqrt{\int_0^1 \frac{ie^{-i\lim_{t\to\infty} t^2(u^2+1)}}{u^2+1}du - \frac{\pi}{4}i}$$

$I = 2\sqrt{-\dfrac{\pi}{4}i} = 2\dfrac{\sqrt{\pi}}{2}\sqrt{-i}$ [68]

$I = \sqrt{\pi}\left(\dfrac{\sqrt{2}}{2} - i\dfrac{\sqrt{2}}{2}\right) = \dfrac{\sqrt{2\pi}}{2} - i\dfrac{\sqrt{2\pi}}{2}$, por tanto,

$I = \int_{-\infty}^{\infty}\cos(x^2)dx - i\int_{-\infty}^{\infty}\text{sen}(x^2)dx = \dfrac{\sqrt{2\pi}}{2} - i\dfrac{\sqrt{2\pi}}{2}$, o que significa que:

$\int_{-\infty}^{\infty}\cos(x^2)dx = \dfrac{\sqrt{2\pi}}{2}$ e $\int_{-\infty}^{\infty}\text{sen}(x^2)dx = \dfrac{\sqrt{2\pi}}{2}$

---

[68] $\sqrt{-i} = \dfrac{\sqrt{2}}{2} - i\dfrac{\sqrt{2}}{2}$

28) Derivada Sob o Sinal da Integral – Método de Feynman

"I had learned to do integrals by various methods shown in a book[69] that my high school physics teacher Mr. Bader had given me. [It] showed how to differentiate parameters under the integral sign — it's a certain operation. It turns out that's not taught very much in the universities; they don't emphasize it. But I caught on how to use that method, and I used that one damn tool again and again. [If] guys at MIT or Princeton had trouble doing a certain integral, [then] I come along and try differentiating under the integral sign, and often it worked. So I got a reat reputation for doing integrals, only because my box of tools was different from everybody else's, and they had tried all their tools on it before giving the problem to me."

Surely you're Joking, Mr. Feynman!

Vamos utilizar o Método de Feynman, que consiste em incluir uma função em outra variável à função a original, transformando-a, por exemplo, de $F(x)$ em $F(x,t)$ onde o objetivo da inclusão da função de t e da escolha da sua forma é exatamente facilitar a integração em x após a função ser derivada em relação a *t*. Para um determinado valor de $t = t_1$, a função $F(x,t_1)$, deverá retornar a integral inicial. Para aplicarmos a técnica, após a inclusão da nova função, basta derivarmos a integral, $F(x,t) = \int f(x,t)\,dx$, em função de *t*, reduzindo a dificuldade da integração em x, em seguida, integraremos em função de x sem maiores problemas para finalmente integrarmos a função em relação à *t*, onde conhecendo um valor da função original, seremos capazes de determinar o valor da constante de integração encontrando o valor da integral procurada. O processo parece muito mais complicado do que realmente é, vamos aplicá-lo abaixo para que a técnica fique clara a medida em que for sendo desenvolvida.

a) Calcule $\int_0^{\infty} \frac{e^{-x} - e^{-5x}}{x}\,dx$[70].

Solução:

Para facilitar a notação, vamos substituir o $F(x,t)$ por $F(t)$, seja a função,

$F(t) = \int_0^{\infty} \frac{e^{-x} - e^{-tx}}{x}\,dx$, vale notar que $t = 1$ nos fornecerá um valor inicial da função,

Derivando $F(t)$ em *t*,

$F'(t) = \frac{d}{dt}\int_0^{\infty} \frac{xe^{-tx}}{x}\,dx = \int_0^{\infty} e^{-tx}\,dx$, integrando em *x*,

$F'(t) = \int_0^{\infty} e^{-tx}\,dx = \left[\frac{-e^{-tx}}{t}\right]_0^{\infty} = \frac{1}{t}$, integrando em *t*,

$F(t) = \int \frac{1}{t}\,dt = \ln|t| + C$,

Através da condição inicial podemos encontrar o valor de C,

$F(1) = \underbrace{\ln 1}_{0} + C = 0 \Rightarrow C = 0$, finalmente,

$$F(t) = \int_0^{\infty} \frac{e^{-x} - e^{-tx}}{x}\,dx = \ln|t|.$$

---

x[69] Woods, Frederick S. "Advanced Calculus", 1926.

[70] A mesma integral foi também calculada no tópico A Integral de Frullani.

b) Calcule $\int_0^1 \frac{x^{2021}-1}{\ln x}\,dx$.

Solução:

Seja $t = 2021$, assim,

$$F(t) = \int_0^1 \frac{x^t - 1}{\ln x}\,dx$$

$$F'(t) = \int_0^1 \frac{x^t \cancel{\ln x}}{\cancel{\ln x}}\,dx = \int_0^1 x^t\,dx = \left[\frac{x^{t+1}}{t+1}\right]_0^1 = \frac{1}{t+1}$$

$$\int F'(t)\,dt = \int \frac{1}{t+1}\,dt$$

$$F(t) = \ln(t+1) + C$$

Como $F(0) = 0$, segue,

$F(0) = \ln(0+1) + C = 0 \Rightarrow C = 0$, finalmente,

$$F(t) = \int_0^1 \frac{x^t - 1}{\ln x}\,dx = \ln(t+1).$$

c) Calcule $\int_0^\infty e^{-x^2} \cos 3x\,dx$.

Solução:

$$F(t) = \int_0^\infty e^{x^2} \cos(tx)\,dx$$

$$F'(t) = -\int_0^\infty x\,e^{x^2}\,\mathrm{sen}(tx)\,dx$$

$$\begin{array}{ccc} & D & I \\ + & \mathrm{sen}\,tx & -x e^{-x^2} \\ - & t\cos tx & \frac{1}{2}e^{-x^2} \end{array}$$

$$F'(t) = \left[\frac{\mathrm{sen}(tx)}{2e^{x^2}}\right]_0^\infty - \frac{t}{2}\int_0^\infty e^{x^2} \cos tx\,dx$$

$$F'(t) = \frac{-t}{2}F(t) \Rightarrow \frac{dF}{dt} = \frac{-t}{2}F \Rightarrow \int \frac{dF}{F} = \int \frac{-t}{2}\,dt$$

$$\ln|F| = \frac{-t^2}{4} + C_1$$

$$F(t) = C_2\,e^{\frac{-t^2}{4}}$$

$F(t)=\int_0^{\infty} e^{x^2}\cos(tx)\,dx = C_2\, e^{\frac{-t^2}{4}}$, fazendo $t=0$,

$\int_0^{\infty} e^{-x^2}\,dx = C_2$, onde $\int_0^{\infty} e^{-x^2}\,dx = \dfrac{\sqrt{\pi}}{2}$, assim,

$$C_2=\frac{\sqrt{\pi}}{2}$$

Finalmente,

$$\int_0^{\infty} e^{x^2}\cos(tx)\,dx = \frac{\sqrt{\pi}}{2}e^{\frac{-t^2}{4}}.$$

d) Mostre que $\int_{-\infty}^{\infty}\dfrac{\cos x}{x^2+1}dx=\dfrac{\pi}{e}$.

Demonstração:

$$F(t)=\int_{-\infty}^{\infty}\frac{\cos tx}{x^2+1}dx$$

$$F'(t)=\int_{-\infty}^{\infty}\frac{-\operatorname{sen} tx.x}{x^2+1}\,dx=\int_{-\infty}^{\infty}\frac{1}{x^2+1}\left(-x\operatorname{sen} tx\right)\,dx=-\int_{-\infty}^{\infty}\frac{x^2\operatorname{sen} tx}{x\left(x^2+1\right)}\,dx$$

$$F'(t)=-\int_{-\infty}^{\infty}\frac{\left(x^2+1-1\right)\operatorname{sen}(tx)}{x\left(x^2+1\right)}\,dx=-\int_{-\infty}^{\infty}\frac{\cancel{\left(x^2+1\right)}\operatorname{sen}(tx)}{x\cancel{\left(x^2+1\right)}}dx+\int_{-\infty}^{\infty}\frac{\operatorname{sen}(tx)}{x\left(x^2+1\right)}dx$$

Onde $\int_{-\infty}^{\infty}\dfrac{\operatorname{sen}(tx)}{x}dx=\pi$,

$$F''(t)=\int_{-\infty}^{\infty}\frac{\cancel{x}\cos(tx)}{\cancel{x}\left(x^2+1\right)}dx=F(t)\Leftrightarrow F''(t)-F(t)=0$$

Seja,

$F(t)=C\,e^{\lambda t}$ e $F''(t)=\lambda^2\,C\,e^{\lambda t}$,

Por tanto,

$$C\lambda^2 e^{\lambda t}-Ce^{\lambda t}=Ce^{\lambda t}\left(\lambda^2-1\right)=0$$

Ou seja, $\lambda=\pm 1$, combinando as soluções,

$F(t)=C_1\,e^{t}+C_2\,e^{-t}$, por tanto, $F'(t)=C_1\,e^{t}-C_2\,e^{-t}$

$$F(t=0)=\int_{-\infty}^{\infty}\frac{dx}{x^2+1}=\operatorname{arctg} x\Big|_{-\infty}^{\infty}=\pi$$

$$F'(t=0)=-\pi$$

De $F(0)=C_1+C_2=\pi$ e $F'(0)=C_1-C_2=\pi$, vem que $C_1=0$ e $C_2=\pi$,

Finalmente,

$$F(t)=\pi\,e^{-t}$$

$$F(1)=\int_{-\infty}^{\infty}\frac{\cos x}{x^2+1}dx=\frac{\pi}{e}\ \square$$

e) Calcule $\int_{-\infty}^{\infty} \frac{e^{-x^2}}{1+x^2} dx$.

Solução:

Seja $F(t) = \int_{-\infty}^{\infty} \frac{e^{-t^2x^2}}{1+x^2} dx$,

$$F'(t) = \int_{-\infty}^{\infty} \frac{e^{-t^2x^2}}{1+x^2}\left(-2tx^2\right)dx = \int_{-\infty}^{\infty} \frac{e^{-t^2x^2}}{1+x^2}\left(-2t\right)(x^2+1-1)\,dx$$

$$F'(t) = -2t\int_{-\infty}^{\infty} e^{-t^2x^2}dx + 2t\int_{-\infty}^{\infty} \frac{e^{-t^2x^2}}{1+x^2}dx$$

Efetuando a mudança de variável, $y = tx$ e $dy = t\,dx$,

$F'(t) = -2\int_{-\infty}^{\infty} e^{-y^2}dy + 2t\,F(t)$, lembrando que $\int_{-\infty}^{\infty} e^{-y^2}dy = \sqrt{\pi}$, segue,

$$F'(t) = -2\sqrt{\pi} + 2t\,F(t)$$

$$F'(t) - 2t\,F(t) = -2\sqrt{\pi}$$

$e^{-t^2}.F'(t) - 2t\,e^{-t^2}.F(t) = -2\sqrt{\pi}\,e^{-t^2}$ (derivada do produto de duas funções)

$$\frac{d}{dt}\left[e^{-t^2}.F(t)\right] = -2\sqrt{\pi}\,e^{-t^2}$$

$\frac{d}{dx}\left[e^{-x^2}.F(x)\right] = -2\sqrt{\pi}\,e^{-x^2}$, integrando em x de ambos os lados,

$$e^{-x^2}.F(x)\Big|_0^t = \int_0^t -2\sqrt{\pi}\,e^{-x^2}dx$$

$$e^{-t^2}F(t) - F(0) = -2\sqrt{\pi}\int_0^t e^{-x^2}dx,$$

Onde $F(0) = \int_{-\infty}^{\infty} \frac{1}{1+x^2}dx = \left[\text{arctg}\,x\right]_{-\infty}^{\infty} = \pi$ e $\text{ERF}(t) = \frac{2}{\sqrt{\pi}}\int_0^t e^{-x^2}dx$

$$e^{-t^2}F(t) - \pi = -\pi\,\text{ERF}(t)$$

$$e^{-t^2}F(t) = \pi\left(1 - \text{ERF}(t)\right)$$

$$F(t) = \pi e^{t^2}\left(1 - \text{ERF}(t)\right)$$

$F(t) = \int_{-\infty}^{\infty} \frac{e^{-t^2x^2}}{1+x^2}dx = \pi e^{t^2}\left(1 - \text{ERF}(t)\right)$, assim,

$\int_{-\infty}^{\infty} \frac{e^{-x^2}}{1+x^2}dx = F(1) = \pi e^{1^2}\left(1 - \text{ERF}(1)\right)$, finalmente,

$$\int_{-\infty}^{\infty} \frac{e^{-x^2}}{1+x^2}dx = \pi e\left(1 - \text{ERF}(1)\right) = \pi e\,\text{ERFC}(1)$$

f) Calcule $\int_0^{\infty} e^{-ax^2} dx, \ \forall a \in \mathbb{R}$.

Solução:
Dada a função,

$$J = \int_0^{\infty} e^{-ax^2} dx$$

Seja $A(t)$, a função,

$A(t) = \left(\int_0^t e^{-ax^2} dx \right)^2$, onde $A(t)$ e $J(x)$ se relacionam como a seguir,

$A(t \to \infty) = J^2$, para encontrarmos A'(t), deveremos utilizar a expressão completa de Leibniz,

$\frac{d}{dt}\int_a^b f(x,t)\,dx = \int_a^b \frac{\delta}{\delta t} f(x,t)\,dx + f(b,t)\frac{db}{dt} - f(a,t)\frac{da}{dt}$, assim, ficamos com,

$$A'(t) = 2\left(\int_0^t e^{-ax^2} dx\right)\left(\int_a^b \frac{\delta}{\delta t} e^{-ax^2} dx + e^{-at^2}\frac{dt}{dt} - e^{-0^2}\frac{da}{dt}(a=0)\right)$$

$$A'(t) = 2e^{-at^2}\int_0^t e^{-ax^2} dx = 2\int_0^t e^{-a\left(x^2+t^2\right)} dx,$$

(foi possível passarmos o termo em t para dentro da integral uma vez que esta está sendo efetuada em função de x).

Seja agora a mudança de variável $y = \frac{x}{t}$, que implica $dy = t\,dx$ e as seguintes mudanças nos extremos de integração:

$$x = 0 \Rightarrow ty = 0 \Rightarrow y = 0$$

$$x = t \Rightarrow ty = t \Rightarrow y = 1$$

Assim,

$$A'(t) = \int_0^1 2t\, e^{-t^2\left(1+y^2\right)} dy$$

$$A'(t) = -\frac{d}{dt}\left(\int_0^1 \frac{e^{-t^2\left(1+y^2\right)}}{1+y^2} dy\right) = -B(t)$$

$$A(t) = -B(t) + C$$

$$\left(\int_0^t e^{-x^2} dx\right)^2 = -\left(\int_0^1 \frac{e^{-t^2\left(1+y^2\right)}}{1+y^2} dy\right) + C$$

Para $t = 0$,

$$0 = -\int_0^1 \frac{1}{1+y^2} dy + C$$

$$0 = -\left[\operatorname{arctg} x\right]_0^1 + C \Rightarrow C = \frac{\pi}{4}$$

$$\left(\int_0^t e^{-x^2} dx\right)^2 = -\left(\int_0^1 \frac{e^{-t^2\left(1+y^2\right)}}{1+y^2} dy\right) + \frac{\pi}{4}$$

Para $t \to \infty$,

$$J^2 = -\int_0^1 0\, dy + \frac{\pi}{4} \Rightarrow J = \frac{\sqrt{\pi}}{2}.$$

g) Calcule $\int_0^{\infty} \frac{\operatorname{sen} x}{x} dx$.

Solução:

Seja então,

$F(x,t) = \int_0^{\infty} \frac{\operatorname{sen} x}{x} e^{-tx} dx$, onde é fácil notar que $F(x,0)$ é a integral procurada.

$$F'(t) = \frac{d}{dt} \int_0^{\infty} \frac{\operatorname{sen} x}{x} e^{-tx} dx = \int_0^{\infty} \frac{\partial}{\partial t}\left(\frac{\operatorname{sen} x}{x} e^{-tx}\right) dx = \int_0^{\infty} -x \frac{\operatorname{sen} x}{x} e^{-tx} dx = -\int_0^{\infty} \operatorname{sen} x . e^{-tx} dx$$

(podemos notar que ao derivarmos a função exponencial, conseguimos eliminar o denominador da função de x, o que sem dúvida, facilita e muito a integração)

Realizando a Integração em x por Partes pelo método DI,

	D	I
+	e^{-tx}	$\operatorname{sen} x$
−	$-te^{-tx}$	$\cos x$
+	$+t^2 e^{-tx}$	$-\operatorname{sen} x$

$$F'(t) = -\int_0^{\infty} \operatorname{sen} x . e^{-tx} dx = -e^{-tx} \cos x - te^{-tx} \operatorname{sen} x - t^2 \int e^{-tx} \operatorname{sen} x \, dx$$

$$F'(t) = -\int_0^{\infty} \operatorname{sen} x . e^{-tx} dx = -\left[-t^2 \int_0^{\infty} \operatorname{sen} x . e^{-tx} dx - e^{-tx}\left(t \operatorname{sen} x + \cos x\right)\right]$$

$$F'(t) = \int_0^{\infty} \operatorname{sen} x . e^{-tx} dx = -t^2 \int_0^{\infty} \operatorname{sen} x . e^{-tx} dx - e^{-tx}\left(t \operatorname{sen} x + \cos x\right)$$

$$\int_0^{\infty} \operatorname{sen} x . e^{-tx} dx + t^2 \int_0^{\infty} \operatorname{sen} x . e^{-tx} dx = \left(1+t^2\right) \int_0^{\infty} \operatorname{sen} x . e^{-tx} dx = -e^{-tx}\left(t \operatorname{sen} x + \cos x\right)$$

$$\int_0^{\infty} \operatorname{sen} x . e^{-tx} dx = \frac{-e^{-tx}\left(t \operatorname{sen} x + \cos x\right)}{1+t^2}$$

$$F'(t) = \left[\frac{-e^{-tx}\left(t \operatorname{sen} x + \cos x\right)}{1+t^2}\right]_0^{\infty}$$

$F'(t) = 0 - \frac{1}{1+t^2} = -\frac{1}{1+t^2}$, resta agora integrarmos em relação a t,

$F(x,t) = \int -\frac{1}{1+t^2} dt = -\operatorname{arctg} t + C$, para encontrarmos o valor da constante de integração, basta fazermos $t = 0$,

$F(x,0) = \int_0^{\infty} \frac{\operatorname{sen} x}{x} e^{-0.x} dx = -\operatorname{arctg} 0 + C$, assim,

$$C = \int_0^{\infty} \frac{\operatorname{sen} x}{x} dx$$

Ficamos com,

$$F(t) = \int_0^{\infty} \frac{\operatorname{sen} x}{x} e^{-tx} dx = \int_0^{\infty} \frac{\operatorname{sen} x}{x} dx - \operatorname{arctg} t$$

Ou seja,

$$\int_0^\infty \frac{\operatorname{sen} x}{x} e^{-tx} dx = \int_0^\infty \frac{\operatorname{sen} x}{x} dx - \operatorname{arctg} t$$

No limite, quando $t \to \infty$, segue,
(no cálculo desse limite fica claro a escolha do sinal do exponencial da função em t)

$$0 = \int_0^\infty \frac{\operatorname{sen} x}{x} dx - \frac{\pi}{2}$$

Finalmente,

$$\int_0^\infty \frac{\operatorname{sen} x}{x} dx = \frac{\pi}{2}$$

h) Calcule a integral $\int_0^\infty \frac{\operatorname{sen}(bx) e^{-ax}}{x} dx$.

Solução:

Seja $F(b) = \int_0^\infty \frac{\operatorname{sen}(bx) e^{-ax}}{x} dx$,

$$F'(b) = \frac{d}{db} \int_0^\infty e^{-ax} \frac{\operatorname{sen}(bx)}{x} dx = \int_0^\infty \frac{\partial}{\partial b} e^{-ax} \frac{\operatorname{sen}(bx)}{x} dx = \int_0^\infty e^{-ax} \cos(bx) dx$$

$$\int_0^\infty e^{-ax} \cos(bx) dx$$

	D	I
$+$	e^{-ax}	$\cos(bx)$
$-$	$-ae^{-ax}$	$\frac{\operatorname{sen}(bx)}{b}$
$+$	$a^2 e^{-ax}$	$-\frac{\cos(bx)}{b^2}$

$$\left[e^{-ax} \frac{\operatorname{sen}(bx)}{b} \right]_0^\infty - \left[ae^{-ax} \frac{\cos(bx)}{b^2} \right]_0^\infty - \frac{a^2}{b^2} \int_0^\infty \cos(bx) dx$$

$$\int_0^\infty e^{-ax} \cos(bx) dx = \left[e^{-ax} \frac{\operatorname{sen}(bx)}{b} \right]_0^\infty - \left[ae^{-ax} \frac{\cos(bx)}{b^2} \right]_0^\infty - \frac{a^2}{b^2} \int_0^\infty e^{-ax} \cos(bx) dx$$

$$\left(1 + \frac{a^2}{b^2}\right) \int_0^\infty e^{-ax} \cos(bx) dx = \frac{a}{b^2}$$

$$F'(b) = \int_0^\infty e^{-ax} \cos(bx) dx = \frac{a}{a^2 + b^2}$$

por tanto, reintegrando em b,

$$F(b) = \int_0^\infty e^{-ax} \frac{\operatorname{sen}(bx)}{x} dx = a \int_0^b \frac{1}{a^2 + b^2} db = a \left[\frac{1}{a} \operatorname{tg}^{-1}\left(\frac{b}{a}\right) \right]_0^b = \operatorname{tg}^{-1}\left(\frac{b}{a}\right)$$

$$\int_0^\infty e^{-ax} \frac{\operatorname{sen}(bx)}{x} dx = \operatorname{tg}^{-1}\left(\frac{b}{a}\right)$$

i) Calcule $\int_0^{\pi} \ln(1+8\cos x)\,dx$.

Solução:

Seja a função,

$$F(u)=\int_0^{\pi} \ln(1+u\cos x)\,dx$$

$$F'(u)=\int_0^{\pi} \frac{\cos x}{(1+u\cos x)}dx$$

$$F'(t)=\frac{1}{t}\int_0^{\pi} \frac{u\cos x+1-1}{(1+u\cos x)}dx=\frac{1}{u}\left(\int_0^{\pi} \frac{1+u\cos x}{(1+u\cos x)}dx-\int_0^{\pi} \frac{1}{(1+u\cos x)}dx\right)$$

$$F'(u)=\frac{1}{u}\left(\pi-\int_0^{\pi} \frac{1}{(1+u\cos x)}dx\right)=\frac{\pi}{u}-\frac{1}{u}\int_0^{\pi} \frac{1}{(1+u\cos x)}dx,$$

Usando a Substituição de Weierstrass[71]:

$$t=\tan\frac{x}{2}$$

$$dx=\frac{2}{1+t^2}dt$$

$$\cos x=\frac{1-t^2}{1+t^2}$$

$$\operatorname{sen} x=\frac{2t}{1+t^2}$$

Segue,

$$\int_0^{\pi} \frac{1}{(1+u\cos x)}dx=\int_0^{\pi} \frac{1}{1+u\frac{1-t^2}{1+t^2}}\left(\frac{2}{1+t^2}dt\right)=\int_0^{\pi} \frac{\frac{2}{1+t^2}}{1+u\frac{1-t^2}{1+t^2}}dt$$

$$\int_0^{\pi} \frac{1}{(1+u\cos x)}dx=2\int_0^{\pi} \frac{1}{1+t^2+u(1-t^2)}dt$$

$$\int_0^{\pi} \frac{1}{(1+u\cos x)}dx=\frac{2}{1-u}\int_0^{\pi} \frac{1}{t^2+\left(\sqrt{\frac{1+u}{1-u}}\right)^2}dt$$

$$\int_0^{\pi} \frac{1}{(1+u\cos x)}dx=\frac{2}{\sqrt{1-u^2}}\operatorname{arctg} t\,\Big|_0^{\infty}$$

$$\int_0^{\pi} \frac{1}{(1+u\cos x)}dx=\frac{\pi}{\sqrt{1-u^2}}$$, voltando,

$$F'(u)=\frac{\pi}{u}-\frac{1}{u}\int_0^{\pi} \frac{1}{(1+u\cos x)}dx=\frac{\pi}{u}-\frac{\pi}{u\sqrt{1-u^2}}$$

Integrando em u, segue,

[71] Por essa razão que utilizamos a variável u ao invés da variável t como de costume no método de Feynman.

$$F(u)=\int \frac{\pi}{u}-\frac{\pi}{u\sqrt{1-u^2}}\,du=\pi\ln|u|-\int \frac{\pi}{u\sqrt{1-u^2}}\,du,$$

Substituindo agora $u=\operatorname{sen}\theta,\ du=\cos\theta\, d\theta$,

$$F(u)=\pi\ln|u|-\int \frac{\pi}{u\sqrt{1-u^2}}\,du=\pi\left(\ln|u|-\int \operatorname{cossec}\theta\, d\theta\right)$$

$$F(u)=\pi\left(\ln|u|-\ln|\operatorname{cossec}\theta+\operatorname{cotg}\theta|\right)+C$$

$$F(u)=\pi\left(\ln|u|-\ln\left|\frac{1}{u}+u\frac{\sqrt{1-u^2}}{u}\right|\right)+C$$

$$F(u)=\pi\ln\left|1+\sqrt{1-u^2}\right|+C$$

Para o cálculo de C, basta descobrirmos o valor de $F(0)$.

$F(0)=\int_0^{\pi}\ln(1+0.\cos x)\,dx=0\Rightarrow F(0)=0$, assim,

$$F(0)=\pi\ln\left|1+\sqrt{1-0^2}\right|+C=0\Rightarrow C=-\pi\ln 2$$

$$F(u)=\pi\ln\left|1+\sqrt{1-u^2}\right|-\pi\ln 2$$

$$F(u)=\int_0^{\pi}\ln(1+u\cos x)\,dx=\pi\ln\left|1+\sqrt{1-u^2}\right|-\pi\ln 2.$$

j) Calcule o valor de $\int_0^1 \frac{\ln\left(x^2+1\right)}{x+1}dx$.

Solução:

Seja a função,

$$F(t)=\int_0^1 \frac{\ln\left(tx^2+1\right)}{x+1}dx,$$

Da função acima, podemos facilmente obter um valor inicial,

$$F(0)=\int_0^1 \frac{\ln\left(0x^2+1\right)}{x+1}dx=0 \Rightarrow F(0)=0$$

Dando prosseguimento,

$$F'(t)=\int_0^1\left(\frac{1}{x+1}\right)\left(\frac{x^2}{tx^2+1}\right)dx\text{, de onde,}$$

$$\left(\frac{1}{x+1}\right)\left(\frac{x^2}{tx^2+1}\right)=\frac{A}{x+1}+\frac{Bx+C}{tx^2+1}\text{, resolvendo segue,}$$

$$A=\frac{1}{t+1},\ B=\frac{1}{t+1},\ C=\frac{-1}{t+1}\text{, substituindo,}$$

$$F'(t)=\int_0^1\left(\frac{1}{x+1}\right)\left(\frac{x^2}{tx^2+1}\right)dx=\int_0^1\frac{\frac{1}{t+1}}{x+1}dx+\int_0^1\frac{\frac{1}{t+1}x-\frac{1}{t+1}}{tx^2+1}dx$$

$$F'(t)=\frac{1}{t+1}\int_0^1\frac{1}{x+1}dx+\frac{1}{t+1}\int_0^1\frac{x}{tx^2+1}dx-\frac{1}{t+1}\int_0^1\frac{1}{tx^2+1}dx\text{, organizando,}$$

$$\int_0^1\frac{1}{x+1}dx=\ln|x+1|\Big|_0^1=\ln 2$$

$\int_0^1\frac{x}{tx^2+1}dx$, substituindo $y=tx^2$ e $dy=2tx\,dx$, segue,

$$\int_0^1\frac{x}{tx^2+1}dx=\frac{1}{2t}\int_0^t\frac{1}{y+1}dy=\frac{1}{2t}\Big[\ln|y+1|\Big]_0^t=\frac{1}{2t}\ln|t+1|$$

$$\int_0^1\frac{1}{tx^2+1}dx=\int_0^1\frac{1}{t\left(x^2+\left(\frac{1}{\sqrt{t}}\right)^2\right)}dx=\frac{1}{t}\left[\sqrt{t}\,\text{arctg}\left(x\sqrt{t}\right)\right]_0^1=\frac{\text{arctg}\sqrt{t}}{\sqrt{t}}$$

Substituindo na expressão original,

$$F'(t)=\frac{1}{t+1}\left(\ln 2+\frac{1}{2t}\ln|t+1|-\frac{\operatorname{arctg}\sqrt{t}}{\sqrt{t}}\right)$$

$$F(1)=\ln 2\underbrace{\int_0^1\frac{1}{t+1}dt}_{A}+\frac{1}{2}\underbrace{\int_0^1\frac{\ln|t+1|}{t(t+1)}dt}_{B}-\underbrace{\int_0^1\frac{\operatorname{arctg}\sqrt{t}}{(t+1)\sqrt{t}}dt}_{C}$$ [72], organizando as integrais,

A: $\int_0^1\frac{1}{t+1}dt=\left[\ln|t+1|\right]_0^1=\ln 2$

B: $\int_0^1\frac{\ln|t+1|}{t(t+1)}dt=\int_0^1\frac{A}{t}+\frac{B}{t+1}dt=\underbrace{\int_0^1\frac{\ln|t+1|}{t}dt}_{D}-\underbrace{\int_0^1\frac{\ln|t+1|}{t+1}dt}_{E}$

D: $\int_0^1\frac{\ln|t+1|}{t}dt=\int_0^1\sum_{n=1}^{\infty}\frac{(-1)^{n+1}t^n}{n}\cdot\frac{1}{t}dt=\int_0^1\sum_{n=1}^{\infty}\frac{(-1)^{n+1}t^{n-1}}{n}dt$ que pode ser calculada através do Teorema de Fubini,

$$\sum_{n=1}^{\infty}\int_0^1\frac{(-1)^{n+1}t^{n-1}}{n}dt=\sum_{n=1}^{\infty}\left[\frac{(-1)^{n+1}t^n}{n^2}\right]_0^1=\sum_{n=1}^{\infty}\frac{(-1)^{n+1}}{n^2}=\frac{1}{1^2}-\frac{1}{2^2}+\ldots=\frac{\pi^2}{12}$$ [73]

E: $\int_0^1\frac{\ln|t+1|}{t+1}dt$, substituindo $u=\ln|t+1|$ *e* $du=\frac{1}{t+1}dt$, os novos limites de integração serão de 0 até ln2, segue,

$$\int_0^1\frac{\ln|t+1|}{t+1}dt=\int_0^{\ln 2}u\,du=\left.\frac{u^2}{2}\right|_0^{\ln 2}=\frac{\ln^2 2}{2}$$, assim teremos,

B: $\int_0^1\frac{\ln|t+1|}{t(t+1)}dt=\frac{\pi^2}{12}-\frac{\ln^2 2}{2}$

C: $\int_0^1\frac{\operatorname{arctg}\sqrt{t}}{(t+1)\sqrt{t}}dt$, substituindo $u=\operatorname{arctg}\sqrt{t}$ *e* $du=\frac{1}{t+1}\cdot\frac{1}{2\sqrt{t}}dt$, os novos limites de integração serão de 0 até $\frac{\pi}{4}$, segue,

$$\int_0^1\frac{\operatorname{arctg}\sqrt{t}}{(t+1)\sqrt{t}}dt=2\int_0^{\frac{\pi}{4}}u\,du=2\left[\frac{u^2}{2}\right]_0^{\frac{\pi}{4}}=\frac{\pi^2}{16}$$

Finalmente,

$$F(1)=\ln 2\int_0^1\frac{1}{t+1}dt+\frac{1}{2}\int_0^1\frac{\ln|t+1|}{t(t+1)}dt-\int_0^1\frac{\operatorname{arctg}\sqrt{t}}{(t+1)\sqrt{t}}dt=\ln^2 2+\frac{1}{2}\left(\frac{\pi^2}{12}-\frac{\ln^2 2}{2}\right)-\frac{\pi^2}{16}=\frac{3}{4}\ln^2 2-\frac{\pi^2}{48}$$

$$F(1)=\int_0^1\frac{\ln(x^2+1)}{x+1}dx=\frac{3}{4}\ln^2 2-\frac{\pi^2}{48}.$$

---

[72] A partir do momento em que escolhemos integrar de 0 a 1 em *t*, este resultado implica em *F(x,1)* ou *F(1)*. A escolha dos extremos de integração em t vem do fato que *F(0)* = 0 e que *F(1)* nos leva a função original.

[73] Ver apêndice para o resultado $\sum_{n=1}^{\infty}\frac{(-1)^{n+1}}{n^2}=\frac{1}{1^2}-\frac{1}{2^2}+\ldots=\frac{\pi^2}{12}$.

k) Calcule $\int_0^1 \frac{\text{sen}(\ln x)}{\ln x}dx$

Solução:

Como sabemos,

$$\text{sen}(z)=\frac{e^{iz}-e^{-iz}}{2i}$$, assim,

$$\text{sen}(\ln x)=\frac{e^{i\ln x}-e^{-i\ln x}}{2i}=\frac{e^{\ln x^i}-e^{\ln x^{-i}}}{2i}=\frac{x^i-x^{-i}}{2i}$$, substituindo,

$$\int_0^1 \frac{x^i-x^{-i}}{2i\ln x}dx$$, seja agora a função,

$$F(t)=\int_0^1 \frac{x^{ti}-x^{-i}}{2i\ln x}dx$$

$$F'(t)=\int_0^1 \frac{i\,x^{ti}\ln x}{2i\ln x}dx=\int_0^1 \frac{x^{ti}}{2}dx$$

$$F'(t)=\int_0^1 \frac{x^{ti}}{2}dx=\frac{1}{2}\left[\frac{x^{ti+1}}{ti+1}\right]_0^1=\frac{1}{2}\left(\frac{1}{1+ti}\right)$$, integrando em t,

$$F(t)=\int \frac{1}{2}\left(\frac{1}{1+ti}\right)dt=\frac{\ln(1+ti)}{2i}+C$$, assim,

$$F(t)=\int_0^1 \frac{x^{ti}-x^{-i}}{2i\ln x}dx=\frac{\ln(1+ti)}{2i}+C$$, observe que,

$$F(-1)=\int_0^1 \frac{x^{-i}-x^{-i}}{2i\ln x}dx=0\Rightarrow F(-1)=0$$, substituindo,

$$F(-1)=\frac{\ln(1-i)}{2i}+C=0\Rightarrow C=-\frac{\ln(1-i)}{2i}$$, finalmente,

$$F(t)=\int_0^1 \frac{x^{ti}-x^{-i}}{2i\ln x}dx=\frac{\ln(1+ti)}{2i}-\frac{\ln(1-i)}{2i}$$, para $t=1$,

$$F(1)=\int_0^1 \frac{x^{i}-x^{-i}}{2i\ln x}dx=\frac{\ln(1+i)}{2i}-\frac{\ln(1-i)}{2i}=\frac{1}{2i}\ln\left(\frac{1+i}{1-i}\right)=\frac{1}{2i}\ln(i),$$

Onde, como sabemos, $\ln(\rho e^{i\theta})=\ln\rho+i\theta$, assim,

$$\ln(i)=\ln\left(e^{\frac{\pi}{2}i}\right)=\ln 1+\frac{\pi}{2}i=\frac{\pi}{2}i$$

$$\int_0^1 \frac{\operatorname{sen}(\ln x)}{\ln x}dx = \frac{1}{2i}\left(\frac{\pi}{2}i\right) = \frac{\pi}{4}.$$

l) Calcule $\int_0^1 \ln x\,dx$ utilizando o Método de Feynman.

Solução:

Seja a função,

$$F(t) = \int_0^1 x^t\,dx = \left.\frac{x^{t+1}}{t+1}\right|_0^1 = \frac{1}{1+t}$$

$$F'(t) = \frac{d}{dt}\int_0^1 x^t dx = \int_0^1 x^t \ln x\,dx$$

$F'(0) = \int_0^1 \ln x\,dx$, mas como sabemos,

$F(t) = \dfrac{1}{1+t} \Rightarrow F'(t) = \dfrac{-1}{(1+t)^2} \Rightarrow F'(0) = \dfrac{-1}{(1+0)^2} = -1$, por tanto,

$$\int_0^1 \ln x\,dx = F'(0) = -1.$$

Observação:

A escolha da função não é óbvia, pois se tivéssemos escolhido $F(t) = \int_0^1 \ln tx\,dx$, terminaríamos com $F(t) = \ln|t| + C$, mas não teríamos como encontrar nenhum valor conhecido da integral que nos permitisse encontrar o valor de C. A ideia então, foi procurar por uma função que quando derivada em relação à t, nos fornecesse como parte do resultado a função $\ln x$. A escolha óbvia nesse caso foi a função exponencial x^t, cuja derivada seria $x^t.\ln x$ e ainda nos permitiria calcular a integral $F(t)$ em x e sua posterior derivada em relação à t, o que nos possibilitou encontrar um valor inicial $F'(0) = -1$ para concluir a questão.

m) $\int_0^\pi \ln\left(1 - 2\alpha\cos x + \alpha^2\right)dx$, $|\alpha| \geq 1$ [74].

Solução:

Seja a função,

$$F(\alpha) = \int_0^\pi \ln\left(1 - 2\alpha\cos x + \alpha^2\right)dx$$

de onde podemos calcular um valor inicial, bastará calcularmos $F(1)$,

$F(1) = \int_0^\pi \ln(1 - 2\cos x + 1)dx = \int_0^\pi \ln(2 - 2\cos x)dx = 0$, uma vez que a primitiva da função deverá possuir a função senx, que se anulará nos extremos de integração. Assim,

$$F'(\alpha) = \frac{d}{d\alpha}\int_0^\pi \ln\left(1 - 2\alpha\cos x + \alpha^2\right)dx = \int_0^\pi \frac{2(\alpha - \cos x)}{1 - 2\alpha\cos x + \alpha^2}dx = \frac{1}{\alpha}\int_0^\pi \frac{2\left(\alpha^2 - \alpha\cos x\right)}{1 - 2\alpha\cos x + \alpha^2}dx =$$

$$F'(\alpha) = \frac{1}{\alpha}\int_0^\pi\left(\frac{2\left(\alpha^2 - \alpha\cos x\right)}{1 - 2\alpha\cos x + \alpha^2} + 1 - 1\right)dx = \frac{1}{\alpha}\int_0^\pi\left(\frac{2\left(\alpha^2 - \alpha\cos x\right)}{1 - 2\alpha\cos x + \alpha^2} - \frac{1 - 2\alpha\cos x + \alpha^2}{1 - 2\alpha\cos x + \alpha^2} + 1\right)dx =$$

[74] Essa integral pertence ao livro *Advanced Calculus*, de Frederick S Woods, citado por Feynman.

$$F'(\alpha)=\frac{1}{\alpha}\int_0^{\pi}\left(1-\frac{1-\alpha^2}{1+\alpha^2-2\alpha\cos x}\right)dx=\frac{\pi}{\alpha}-\frac{1}{\alpha}\left(\frac{1-\alpha^2}{1+\alpha^2}\right)\int_0^{\pi}\frac{1}{1-\frac{2\alpha}{1+\alpha^2}\cos x}$$

Usando a Substituição de Weierstrass:

$$t=\tan\frac{x}{2}$$

$$dx=\frac{2}{1+t^2}dt$$

$$\cos x=\frac{1-t^2}{1+t^2}$$

$$\operatorname{sen} x=\frac{2t}{1+t^2}$$

Segue,

$$\int_0^{\pi}\frac{1}{1-\frac{2\alpha}{1+\alpha^2}\cos x}dx=\int_0^{\infty}\frac{2dt}{\left(1+t^2\right)\left(1-\frac{2\alpha}{1+\alpha^2}\frac{1-t^2}{1+t^2}\right)}=\int_0^{\infty}\frac{2dt}{\left(1-\frac{2\alpha}{1+\alpha^2}\right)+\left(1+\frac{2\alpha}{1+\alpha^2}\right)t^2}=$$

$$\int_0^{\pi}\frac{1}{1-\frac{2\alpha}{1+\alpha^2}\cos x}dx=\int_0^{\infty}\frac{2\left(1+\alpha^2\right)dt}{\left(\alpha^2-2\alpha+1\right)+\left(\alpha^2+2\alpha+1\right)t^2}=\int_0^{\infty}\frac{2\left(1+\alpha^2\right)dt}{\left(1-\alpha\right)^2+\left(1+\alpha\right)^2t^2}=\frac{2\left(1+\alpha^2\right)}{\left(1-\alpha\right)^2}\int_0^{\infty}\frac{dt}{1+\left(\frac{1+\alpha}{1-\alpha}\right)^2t^2},$$

Podemos fazer as seguintes substituições, $u=\frac{1+\alpha}{1-\alpha}t$, $du=\frac{1+\alpha}{1-\alpha}dt$, uma vez que, $|\alpha|\geq 1$ e $t>0$, as extremos de integração em u irão variar de 0 até $-\infty$, assim,

$$\frac{2\left(1+\alpha^2\right)}{\left(1-\alpha\right)^2}\int_0^{\infty}\frac{dt}{1+\left(\frac{1+\alpha}{1-\alpha}\right)^2t^2}=\frac{2\left(1+\alpha^2\right)}{\left(1-\alpha\right)\left(1+\alpha\right)}\int_0^{-\infty}\frac{du}{1+u^2}=\frac{2\left(1+\alpha^2\right)}{\left(1-\alpha\right)\left(1+\alpha\right)}\operatorname{arctg}u\Big|_0^{-\infty}=-\pi\left(\frac{1+\alpha^2}{1-a^2}\right)$$, então,

$$F'(\alpha)=\frac{\pi}{\alpha}-\frac{1}{\alpha}\left(\frac{1-\alpha^2}{1+\alpha^2}\right)\int_0^{\pi}\frac{1}{1-\frac{2\alpha}{1+\alpha^2}\cos x}=\frac{\pi}{\alpha}-\frac{1}{\alpha}\left(\frac{1-\alpha^2}{1+\alpha^2}\right)\left(-\pi\left(\frac{1+\alpha^2}{1-a^2}\right)\right)=\frac{2\pi}{\alpha}$$, por tanto,

$$\frac{dF}{d\alpha}=\frac{2\pi}{\alpha}\Rightarrow dF=\frac{2\pi}{\alpha}d\alpha\Rightarrow F\left(\alpha\right)=2\pi\ln|\alpha|+C,$$

Uma vez que sabemos que $F(1)=0$,

$F\left(1\right)=2\pi\ln 1+C=0\Rightarrow C=0$, concluímos,

$$\int_0^{\pi}\ln\left(1-2\alpha\cos x+\alpha^2\right)dx=2\pi\ln|\alpha|.$$

Importante[75]: Ainda sobre o método de Feynman, vale observar que o mesmo é utilizado, na maioria das vezes, para simplificar um integrando em forma de fração de modo a cancelarmos o denominador. A maneira com a qual atingimos esse objetivo, é incluindo uma nova variável à função presente no numerador, de forma que, ao derivarmos o integrando em função dessa nova variável, cancelemos o denominador, observe:

$$\int_a^b \frac{f(x)}{g(x)}dx \Rightarrow F(x,t) = \int_a^b \frac{f(x,t)}{g(x)}dx \Rightarrow \frac{dF(x,t)}{dt} = \int_a^b \frac{\partial f(x,t)}{\partial t}\frac{dx}{g(x)} = \int_a^b f(x,t)dx$$

Fazendo um paralelo com a Álgebra Linear, é como se ao adicionarmos a nova variável, criássemos um autovetor *f(x,t)* e um autovalor *g(x)*, sujeito a um operador diferencial $\frac{\partial}{\partial t}$, observe:

$$\frac{\partial}{\partial t}\left[f(x,t)\right] = g(x).f(x,t)\begin{cases} \frac{\partial}{\partial t}: \textit{operador linear} \\ f(x,t): \textit{autovetor} \\ g(x): \textit{autovalor} \end{cases}$$

Para que isso ocorra, vamos realizar a integração de ambos os lados da equação:

$$\frac{\partial f(x,t)}{\partial t} = g(x).f(x,t) \Rightarrow \frac{\partial f(x,t)}{f(x,t)} = g(x)\partial t \Rightarrow \int \frac{1}{f(x,t)}\partial f(x,t) = \int g(x)\partial t$$

$$\ln f(x,t) + C_1 = g(x)t + C_2 \Rightarrow \ln f(x,t) = g(x)t + C_2 - C_1$$

$$\ln f(x,t) = g(x)t + C_2 - C_1 = g(x)t + v(x) \Rightarrow f(x,t) = e^{g(x).t+u(x)}$$, finalmente,

$$f(x,t) = e^{g(x).t+u(x)} + v(x),$$

Podemos incluir o $v(x)$ uma vez que essa parcela será anulada ao derivarmos a função em relação à t. No entanto, devemos ter em mente que o objetivo dessa inserção de variável é simplificar o cálculo da integral, dessa forma, devemos estabelecer algumas condições. Tanto *g(x)* quanto *u(x)* devem ser ou polinômios de grau menor ou igual a dois, ou funções logaritmos naturais de polinômios nessas condições.

Exemplos:

a) $$\int_0^\infty \frac{e^{-x} - e^{-5x}}{x}dx \Rightarrow \frac{f(x)}{g(x)} = \frac{e^{-x} - e^{-5x}}{x} \Rightarrow f(x,t) = e^{-x} - e^{-tx}\begin{cases} g(x) = x \\ u(x) = 0 \\ v(x) = e^{-x} \end{cases}$$

$$F(x,t) = \int_0^\infty \frac{e^{-x} - e^{-tx}}{x}dx, \text{ onde } F(x,1) = \int_0^\infty \frac{e^{-x} - e^{-x}}{x}dx = 0$$

[75] Liberal Mathematician "Feyman's trick applied to integrals of rational functions" (https://www.youtube.com/watch?v=FOxdRhYi7uU&t=118s)

$$F(x,t)=\int_0^{\infty}\frac{e^{-x}-e^{-tx}}{x}dx \Rightarrow F'(x,t)=\int_0^{\infty}x\frac{e^{-tx}}{x}dx=\int_0^{\infty}e^{-tx}\,dx=-\frac{e^{-tx}}{t}\Big|_0^{\infty}=\frac{1}{t}$$

$F(x,t)=\int \frac{1}{t}dt=\ln|t|+C$, como, $F(x,1)=0$,

0

$F(x,1)=\ln 1+C=0 \Rightarrow C=0$,

Finalmente,

$$F(x,t)=\int_0^{\infty}\frac{e^{-x}-e^{-tx}}{x}dx=\ln|t|$$

b) $\int_0^1 \frac{x^{2021}-1}{\ln x}dx$

$$\frac{f(x)}{g(x)}=\frac{x^{2021}-1}{\ln x} \Rightarrow f(x,t)=e^{t.\ln x}-1=x^t-1\begin{cases} g(x)=\ln x \\ u(x)=0 \\ v(x)=-1 \end{cases}$$

A solução segue análoga ao item (b).

c) $\int_0^{\infty}\frac{\operatorname{sen} x}{x}dx$

Observe a função abaixo,

$$F(x,t)=\int_0^{\infty}\frac{e^{(t+i)x}}{x}dx=\int_0^{\infty}\frac{e^{ix}}{x}e^{tx}dx=\int_0^{\infty}\frac{f(x,t)}{g(x)}dx \Rightarrow f(x,t)=e^{xt+xi}\begin{cases} g(x)=x \\ u(x)=ix \\ v(x)=0 \end{cases}.$$

Perceba que $\int_0^{\infty}\frac{\operatorname{sen} x}{x}dx$ será igual a parte imaginária da integral, $\int_0^{\infty}\frac{e^{ix}}{x}e^{tx}dx$, quando $t=0$:

$$\Im(F(x,0))=\Im\left(\int_0^{\infty}\frac{e^{ix}}{x}\right)=\int_0^{\infty}\frac{\operatorname{sen} x}{x}dx,$$

$$F(x,t)=\int_0^{\infty}\frac{e^{(t+i)x}}{x}dx=\int_0^{\infty}\frac{e^{ix}}{x}e^{tx}dx \Rightarrow F'(x,t)=\int_0^{\infty}\frac{\partial}{\partial t}\left(\frac{e^{ix}}{x}e^{tx}\right)dx=\int_0^{\infty}\frac{e^{ix}}{x}xe^{tx}dx=\int_0^{\infty}e^{(t+i)x}dx$$

$$F'(x,t)=\int_0^{\infty}e^{(t+i)x}dx=\frac{e^{(t+i)x}}{t+i}\Big|_0^{\infty}=\frac{-1}{t+i},\ t<0$$

$$F'(x,t)=\frac{-1(t-i)}{(t+i)(t-i)}=\frac{-t}{t^2+1}+\frac{i}{t^2+1}$$

$F(x,t)=\int \frac{-t}{t^2+1}dt+i\int \frac{1}{t^2+1}dt$, uma vez que a parte real não nos interessa,

$\Im(F(x,t)) = \operatorname{arctg} t + C$, assim,

$$\Im(F(x,t)) = \int_0^{\infty} \frac{\operatorname{sen} x}{x} e^{tx} dx = \operatorname{arctg} t + C$$

$$\lim_{t \to -\infty} \left(\int_0^{\infty} \frac{\operatorname{sen} x}{x} e^{tx} dx \right) = \lim_{t \to -\infty} (\operatorname{arctg} t + C) \Leftrightarrow 0 = -\frac{\pi}{2} + C \text{ , portanto, } C = \frac{\pi}{2}$$

$$\Im(F(x,0)) = \Im\left(\int_0^{\infty} \frac{e^{ix}}{x} \right) = \int_0^{\infty} \frac{\operatorname{sen} x}{x} dx = \operatorname{arctg} 0 + \frac{\pi}{2} \text{ , finalmente,}$$

$$\int_0^{\infty} \frac{\operatorname{sen} x}{x} dx = \frac{\pi}{2} \ .$$

Os exercícios acima foram selecionados, em sua maioria, dentre os existentes na literatura especializada, pelo fato de também poderem ser encontrados na internet nos links correspondentes. A ideia, tem dois objetivos, primeiro, o de mostrar que podemos, sim, encontrar na internet conteúdo de qualidade, e segundo, apresentar alguns desses canais e seus responsáveis.

a) Alex Elias "Differentiation under the Integral Sign Tutorial" (https://www.youtube.com/watch?v=AWA-1rsSSh4&t=20s)
b) Mathematic MI "Feynman's Technique of Integration _ Feynman Integration" (https://www.youtube.com/watch?v=NEzbLYaZXRU)
c) Blackpenredpen "Feynman's Technique of Integration" (https://www.youtube.com/watch?v=YO38MCdj-GM)
d) Flammable Maths "A beautiful result in calculus: Solution using Feymann integration" (https://www.youtube.com/watch?v=S9LttmTD_14)
e) Dr Peyam "but i am joking, mr. feynman!" (https://www.youtube.com/watch?v=sdWpmwutSHE&t=8s)
f) Flammable Maths "Destroying the Gaussian Integral using Papa Leibniz and Feynman" (https://www.youtube.com/watch?v=g-Et3vIbJdE&t=12s)
g) Blackpenredpen "The main dish, integral of sin(x)-x from 0 to inf, via Feynman's Technique" (https://www.youtube.com/watch?v=s1zhYD4x6mY&t=448s)
h)
i) OptimizedEuler "Feynman's Technique of Integration (Differentiating under the integral sign)" (https://www.youtube.com/watch?v=zscQ6AEmwKg&t=18s)
j) MU "It took me 3 hours to do this integral!" (https://www.youtube.com/watch?v=Y6ZQMgk3A8s&t=38s)
k) blackpenredpen "Dear Jamie, Supreme Integral with Feynman's Trick" (https://www.youtube.com/watch?v=E34RfM6wU7Y&t=22s)
l) MU Prime Math "Integral of ln(x) with Feynman's trick!" (https://www.youtube.com/watch?v=GW86SShcYbM&t=146s)
m) Panda the Red "The Feynman essays: Richard Feynman's Integral Trick" (https://medium.com/cantors-paradise/richard-feynmans-integral-trick-e7afae85e25c#:~:text=%E2%80%9CI%20had%20learned%20to%20do,sign%20%E2%80%94%20it's%20a%20certain%20operation.)

29) Transformação de Cauchy-Schlömilch

Teorema: " Seja a, $b > 0$, seja ainda f contínua de modo que as integrais abaixo sejam convergentes, então

I) $$\int_0^{\infty} f\left(\left(ax-\frac{b}{x}\right)^2\right)dx=\frac{1}{a}\int_0^{\infty} f\left(y^2\right)dy \text{"}$$

Demonstração:

Dada a integral, $\int_0^{\infty} f\left(\left(ax-\frac{b}{x}\right)^2\right)dx$,

Apliquemos a transformação,

$$t=\frac{b}{ax}\Rightarrow x=\frac{b}{at},\ dx=\frac{-b}{at^2}dt \text{, ainda, } \begin{cases} x=+\infty \to t=0 \\ x=0 \to t=\infty \end{cases},$$

$$\int_0^{\infty} f\left(\left(ax-\frac{b}{x}\right)^2\right)dx=\int_{\infty}^{0} f\left(\left(\frac{b}{y}-ay\right)^2\right)\frac{-b}{ay^2}dy$$

$$\int_0^{\infty} f\left(\left(ax-\frac{b}{x}\right)^2\right)dx=\int_0^{\infty}\frac{b}{at^2}f\left(\left(at-\frac{b}{t}\right)^2\right)dt=\int_0^{\infty}\frac{b}{ax^2}f\left(\left(ax-\frac{b}{x}\right)^2\right)dx$$

$$2\int_0^{\infty} f\left(\left(ax-\frac{b}{x}\right)^2\right)dx=\int_0^{\infty} f\left(\left(ax-\frac{b}{x}\right)^2\right)dx+\int_0^{\infty}\frac{b}{ax^2}f\left(\left(ax-\frac{b}{x}\right)^2\right)dx$$

$$\int_0^{\infty} f\left(\left(ax-\frac{b}{x}\right)^2\right)dx=\frac{1}{2}\int_0^{\infty}\left(1+\frac{b}{ax^2}\right)f\left(\left(ax-\frac{b}{x}\right)^2\right)dx$$

Seja agora, $y=ax-\frac{b}{x}$, $dy=\left(a+\frac{b}{x^2}\right)dx=a\left(1+\frac{b}{ax^2}\right)dx$, por tanto, $\begin{cases} x=\infty \to y=\infty \\ x=0 \to y=-\infty \end{cases}$

$$\int_0^{\infty} f\left(\left(ax-\frac{b}{x}\right)^2\right)dx=\frac{1}{2}\int_{-\infty}^{\infty}\cancel{\left(1+\frac{b}{ax^2}\right)}f\left(y^2\right)\left(\frac{1}{a\cancel{\left(1+\frac{b}{ax^2}\right)}}\right)dy$$

$$\int_0^{\infty} f\left(\left(ax-\frac{b}{x}\right)^2\right)dx=\frac{1}{2a}\int_{-\infty}^{\infty} f\left(y^2\right)dx=\frac{1}{2a}2\int_0^{\infty} f\left(y^2\right)dx$$

$$\int_0^{\infty} f\left(\left(ax-\frac{b}{x}\right)^2\right)dx=\frac{1}{a}\int_0^{\infty} f\left(y^2\right)dx$$

□

O resultado anterior é mais conhecido, desde o século XIX, como transformação de Cauchy-Schlömilch, sendo escrito de forma mais abrangente como,

"Seja $u = x - \frac{1}{x}$, então, $\text{VP}\int_{-\infty}^{\infty} F(u)\,dx = \text{VP}\int_{-\infty}^{\infty} F(x)\,dx$"[76]

E foi posteriormente[77] generalizado como Teorema de Glasser, ao perceber que u poderia assumir uma forma mais geral,

$$u = |a|x - \sum_{j=1}^{n-1} \frac{|b_j|}{x - c_j}$$

Onde, $a, \{b_j\}$ e $\{c_j\}$, $i = 1, 2, \ldots, n$, são constantes reais arbitrárias. Ainda, uma vez que a série acima seja convergente para $n \to \infty$, podemos ainda manter o teorema para,

$$u = |a|x - \sum_{j=1}^{n-1} |b_j| \operatorname{cotg}\left(\frac{1}{x - c_j}\right)$$

a) Sabendo que $\int_0^{\infty} e^{-x^2} dx = \frac{\sqrt{\pi}}{2}$, calcule a integral $\int_0^{\infty} e^{-\left(2x - \frac{\pi}{x}\right)^2} dx$.

Solução:

Do teorema de Cauchy-Schlömilch,

$$\int_0^{\infty} f\left(\left(ax - \frac{b}{x}\right)^2\right) dx = \frac{1}{a}\int_0^{\infty} f(y^2)\,dy$$

Seja $f(x) = e^{-x}$, assim,

$$\int_0^{\infty} e^{-\left(ax - \frac{b}{x}\right)^2} dx = \frac{1}{a}\int_0^{\infty} e^{-y^2} dy = \frac{1}{a}\frac{\sqrt{\pi}}{2} = \frac{\sqrt{\pi}}{2a}, \text{ assim,}$$

$$\int_0^{\infty} e^{-\left(2x - \frac{\pi}{x}\right)^2} dx = \frac{\sqrt{\pi}}{4}$$

b) Mostre que $\int_{-\infty}^{\infty} e^{-\left(x - \frac{k}{x}\right)^{2n}} dx = \frac{1}{n}\Gamma\left(\frac{1}{2n}\right)$.

Demonstração:

Do teorema de Cauchy-Schlömilch,

[76] VP é o chamado valor principal de Cauchy que será explorado em detalhes no 3º volume.

[77] Glasser, M.L. . "|A Remarkable Property of Definite Integrals". MATHEMATICS OF COMPUTATION, Volume 40, number 162, April 1983, pages 561-563.

$$\int_0^\infty f\left(\left(ax-\frac{b}{x}\right)^2\right)dx=\frac{1}{a}\int_0^\infty f\left(y^2\right)dy$$

Seja $f(x)=e^{-x^n}$, assim,

$$\int_{-\infty}^\infty e^{-\left(x-\frac{k}{x}\right)^{2n}}dx=2\int_0^\infty e^{-\left(x-\frac{k}{x}\right)^{2n}}dx=2\int_0^\infty e^{-y^{2n}}dy$$

Seja $t=y^{2n}\Rightarrow y=t^{\frac{1}{2n}}$, $dt=2n\,y^{2n-1}dy\Rightarrow dy=\frac{1}{2n}\left(t^{\frac{1}{2n}}\right)^{1-2n}dt$,

$$\int_{-\infty}^\infty e^{-\left(x-\frac{k}{x}\right)^{2n}}dx=2\int_0^\infty e^{-y^{2n}}dy=2\int_0^\infty e^{-t}\frac{1}{2n}\left(t^{\frac{1}{2n}}\right)^{1-2n}dt=\frac{1}{n}\int_0^\infty e^{-t}\left(t^{\frac{1}{2n}}\right)^{1-2n}dt$$

$$\int_{-\infty}^\infty e^{-\left(x-\frac{k}{x}\right)^{2n}}dx=\frac{1}{n}\int_0^\infty e^{-t}\,t^{\frac{1}{2n}-1}dt=\frac{1}{n}\Gamma\left(\frac{1}{n}\right)$$

□

c) Mostre que $\int_{-\infty}^\infty e^{x-k\,\mathrm{senh}^2 x}dx=\sqrt{\frac{\pi}{k}}$[78].

Demonstração:

Sabemos que, $\mathrm{senh}\,x=\frac{e^x-e^{-x}}{2}$,

$$\int_{-\infty}^\infty e^{x-k\,\mathrm{senh}^2 x}dx=\int_{-\infty}^\infty e^{x-k\left(\frac{e^x-e^{-x}}{2}\right)^2}dx$$

Seja $t=e^x$, $dt=e^x dx$, ainda, $\begin{cases}x=\infty\to t=\infty\\ x=-\infty\to t=0\end{cases}$, assim,

$$\int_{-\infty}^\infty e^{x-k\,\mathrm{senh}^2 x}dx=\int_0^\infty e^x e^{-k\left(\frac{e^x-e^{-x}}{2}\right)^2}dx=\int_0^\infty e^{-k\left(\frac{t}{2}-\frac{1}{2t}\right)^2}dt$$

$$\int_{-\infty}^\infty e^{x-k\,\mathrm{senh}^2 x}dx=\int_0^\infty e^{-\left(\frac{\sqrt{k}}{2}t-\frac{\sqrt{k}}{2t}\right)^2}dt=\int_0^\infty e^{-\left(\frac{\sqrt{k}}{2}x-\frac{\sqrt{k}}{2}\frac{1}{x}\right)^2}dx$$

Aplicando o teorema de Cauchy-Schlömilch, para $f(x)=e^{-x}$,

$$\int_{-\infty}^\infty e^{x-k\,\mathrm{senh}^2 x}dx=\int_0^\infty e^{-\left(\frac{\sqrt{k}}{2}x-\frac{\sqrt{k}}{2}\frac{1}{x}\right)^2}dx=\frac{1}{\frac{\sqrt{k}}{2}}\int_0^\infty e^{-y^2}dy=\frac{2}{\sqrt{k}}\frac{\sqrt{\pi}}{2}$$

$$\int_{-\infty}^\infty e^{x-k\,\mathrm{senh}^2 x}dx=\sqrt{\frac{\pi}{k}}$$

□

[78] T. Amdeberhan, T.; Glasser, M. L.; Jones, M. C.; Moll, V. H.; Posey, R.; Varela, D. . "The Cauchy-Schlomilch transformation".
arXiv:1004.2445 [math.CA], submitted on 14th Apr 2010. Cornell University.

30)Integrais com Primitivas Não Elementares

Algumas integrais, como veremos, não possuem primitivas compostas de funções simples, ou seja, funções algébricas e funções que envolvem uma sequência finita de exponenciais e logaritmos (que podem representar funções trigonométricas circulares, hiperbólicas ou inversas). Citando Kasper[79], esse problema é muito similar ao da Grécia clássica que havia a preocupação sobre quais os tipos de construções geométricas podem ser realizadas utilizando apenas a régua e o compasso, e posteriormente ele cita o exemplo de Descartes que priorizava as funções algébricas sobre aquelas ditas "curvas mecâncias", cuja representação se dava somente através de funções transcendentes. O próprio Newton dizia que a função $\frac{1}{x-a}$ não poderia ser integrada, uma vez que sua integração envolveria o uso de uma função transcendente, o logaritmo. Newton acreditava que as integrações deveriam se dar apenas em primitivas algébricas. Com o desenvolvimento do Cálculo, no entanto, como sabemos, hoje as funções ditas transcendentes são bem vindas, e fazem parte do chamado conjunto de funções elementares[80], mas descobrimos que essas também não são suficientes junto às funções algébricas para representar de modo finito algumas primitivas procuradas. Foi somente por volta de 1834 que Liouville[81], após estudar o problema, publicou a primeira versão de seu teorema sobre o assunto, cuja versão atual pode ser expressa como:

I) Teorema de Liouville: "Sejam $y_1, y_2, ..., y_n$ funções em x, cujas derivadas $\frac{dy_1}{dx}, \frac{dy_2}{dx}, ..., \frac{dy_n}{dx}$ são funções elementares de $x, y_1, y_2, ..., y_n$. Nessas condições,

SE F e a sua integral, $\int F(x, y_1, y_2, ..., y_n)dx$, são funções elementares

ENTÃO $\int F(x, y_1, y_2, ..., y_n)dx = z_0(x, y_1, y_2, ..., y_n) + \sum_{k=1}^{r} a_k \ln z_k(x, y_1, y_2, ..., y_n),$

onde z_k são funções elementares, a_k são constantes e r e n são números naturais."

Esse teorema nos permite demonstrar, por exemplo, que as integrais $\int \frac{\operatorname{sen} x}{x}dx$ e $\int \frac{\cos x}{x}dx$ não possuem primitivas elementares[82]. Já uma versão particular, decorrente deste, abaixo, nos permite demonstrar que integrais do tipo $\int e^{p(x)}dx$, $p(x)$ com grau gr(p) > 1, $\int \frac{1}{\ln x}dx$, etc. também não possuem primitivas elementares.

II) Teorema Simplificado de Liouville: "SE $f(x)$ e $g(x)$ são funções racionais, onde $g(x)$ não é constante, tais que $\int f(x)e^{g(x)}dx$ seja elementar ENTÃO $\int f(x)e^{g(x)}dx = R(x)e^{g(x)}$, onde $R(x)$ é uma função racional."

---

[79] Kasper, T. *Integration in Finite Terms: the Liouville Theory.* Mathematics Magazine 53 pgs 195-201, 1980.

[80] São ditas funções elementares o conjunto de funções composto por um número finito de adições, multiplicações e composições de funções utilizando funções polinomiais, racionais, algébricas, exponenciais, logarítmicas e trigonométricas (circulares, hiperbólicas e inversas).

[81] Joseph Liouville (1809-1882) Matemático francês que atuou tanto na matemática pura quanto aplicada, ficou conhecido pelo teorema que leva seu nome (apesar de ser da autoria de Cauchy), pela 1ª demonstração da existência de números transcendentes, por ter divulgado os trabalhos de Galois e por ter sido, através de teorema que também leva seu nome, o 1º a demonstrar que existem integrais que não possuem primitivas elementares, entre outras coisas.

[82] Ver: Filho, D.C.M.. "Professor, qual a primitiva de $\frac{e^x}{x}$?!" (https://rmu.sbm.org.br/wp-content/uploads/sites/27/2018/03/n31_Artigo05.pdf) acessado 2021.

a) Demonstre que $\int e^{p(x)}dx$, com gr(p) > 1 não possui uma primitiva elementar.

Demonstração:

Do teorema acima sabemos que se $\int e^{p(x)}dx$, com gr(p) > 1, for elementar, então sua primitiva terá a forma $R(x)e^{p(x)}$, onde R (x) é uma função racional. Assim, derivando ambos os lados da expressão abaixo, temos

$$\int e^{p(x)}dx = R(x)e^{p(x)}$$

$$e^{p(x)} = R'(x)e^{p(x)} + R(x)e^{p(x)}p'(x)$$

$$R'(x) + p'(x)R(x) = 1$$

Como, pelo teorema, R é uma função racional, temos,

$$R(x) = \frac{P(x)}{Q(x)},\ mdc(P,Q) = 1 \Rightarrow R'(x) = \frac{P'(x)Q(x) - P(x)Q'(x)}{[Q(x)]^2}$$, substituindo,

$$\frac{P'(x)Q(x) - P(x)Q'(x)}{[Q(x)]^2} + p'(x)\frac{P(x)}{Q(x)} = 1$$

$$P'(x)Q(x) - P(x)Q'(x) + p'(x)P(x)Q(x) = Q^2(x)$$

$$Q(x)(Q(x) - P'(x) - p'(x)P(x)) = -P(x)Q'(x)$$

Seja $gr(Q) > 0$, onde α é uma raiz de Q (x) de multiplicidade $r > 0$. Como P e Q são primos entre si, podemos afirmar que $P(\alpha) \neq 0$, por tanto, no segundo membro da equação α terá multiplicidade $r - 1$, enquanto no primeiro membro, a multiplicidade será no mínimo r, o que nos leva a uma contradição que nos obriga a concluir que Q (x) é uma constante, ficamos então com

$$p'(x)P(x) = Q(x) - P'(x) \Rightarrow gr(p'(x)P(x)) = gr(P'(x))$$

O que é impossível, pois $gr(p'P) \geq gr(P) > gr(P')$

Logo $\int e^{g(x)}dx$ não possui uma primitiva elementar.

□

Obs.: Em particular, concluímos que a integral $\int e^{-x^2}dx$ não possui primitiva elementar.

b) Prove que a integral $\int \frac{e^x}{x}dx$ não possui primitiva elementar.

Demonstração:

Do teorema simplificado de Liouville, temos que se a integral $\int \frac{e^x}{x}dx$ possuir primitiva elementar, essa deverá ser da forma $R(x)e^x$, onde R (x) é uma função racional. Assim, derivando ambos os lados da expressão abaixo, temos

$$\int \frac{e^x}{x}dx = R(x)e^x$$

$$\frac{e^x}{x} = R'(x)e^x + R(x)e^x$$

$$xR'(x) + xR(x) = 1$$

Como, pelo teorema, R é uma função racional, temos,

$$R(x) = \frac{P(x)}{Q(x)},\ mdc(P,Q) = 1 \Rightarrow R'(x) = \frac{P'(x)Q(x) - P(x)Q'(x)}{[Q(x)]^2}$$, substituindo,

$$x\frac{P'(x)Q(x) - P(x)Q'(x)}{[Q(x)]^2} + x\frac{P(x)}{Q(x)} = 1$$

$$xP'(x)Q(x) - xP(x)Q'(x) + xP(x)Q(x) = Q^2(x)$$

$$Q(x)(Q(x) - xP'(x) - xP(x)) = -xP(x)Q'(x)$$

Seja $gr(Q) > 0$, onde α é uma raiz de Q (x) de multiplicidade $r > 0$. Como P e Q são primos entre si, podemos afirmar que $P(\alpha) \neq 0$, por tanto, no segundo membro da equação α terá multiplicidade $r - 1$, enquanto no primeiro membro, a multiplicidade será no mínimo r, o que nos leva a uma contradição que nos obriga a concluir que Q (x) é uma constante, ficamos então com

$$gr(Q(x) - xP'(x)) = gr(xP(x)) \Rightarrow gr(P'(x)) = gr(P(x))$$

O que é impossível, pois $gr(P) > gr(P')$

Logo $\int \frac{e^x}{x}dx$ não possui uma primitiva elementar.

□

c) Prove que a integral $\int \frac{1}{\ln x}dx$ não possui primitiva elementar.

Demonstração:

Como sabemos do item anterior, a integral $\int \frac{e^x}{x}dx$ não possui uma primitiva elementar, assim, se efetuarmos a substituição $y = e^x \Leftrightarrow x = \ln y$ e $dx = \frac{1}{y}dy$,

$$\int \frac{e^x}{x}dx = \int \frac{y}{\ln y}\frac{dy}{y} = \int \frac{1}{\ln y}dy$$, por tanto,

$$\int \frac{1}{\ln x}dx = \int \frac{e^x}{x}dx$$ logo a integral não possui primitiva elementar.

□

Obs.: Podemos ainda utilizar o teorema simplificado de Liouville para mostrar que diversas integrais, como por exemplo, $\int \ln(\ln x)dx$, $\int e^{e^x}dx$, $\int e^x \ln x\, dx$, ... , etc., não possuem primitivas elementares.

O estudo sobre a existência de primitivas elementares é bastante extenso e complexo, tendo sido amplamente explorado em diversas de suas particularidades, sendo ainda no entanto o teorema de Liouville, como apresentado anteriormente, o resultado mais geral conhecido até a década de 1940, quando Ostrowski apresentou uma generalização desse teorema para uma classe mais abrangente de funções. Posteriormente, nas décadas de 1960 e 1970 outros artigos, seguindo essa linha, ainda foram publicados.

A seguir apresentamos uma dessas particularidades, apresentada no século XIX pelo notável matemático russo Chebyshev (1812-1894), cujo nome foi dado a um tipo especial de polinômios introduzidos por ele.

III) Teorema de Chebyshev: "A primitiva da integral binomial $\int x^m\left(a+bx^n\right)^p dx$, com m, n e p racionais e a e b constantes não nulas, somente poderá ser expressa em termos de uma função elementar se pelo menos um dos números for inteiro: p ou $\frac{m+1}{n}$ ou $\frac{m+1}{n}+p$"

d) Dada uma integral binomial $\int x^m\left(a+bx^n\right)^p dx$, mostre que:

a) se p for inteiro a integral poderá ser reduzida a uma função racional;

b) se $\frac{m+1}{n}$ for inteiro, a integral poderá ser reduzida a uma função racional.

Solução:

Seja a mudança de variável $x = z^{\frac{1}{n}}$, por tanto, $dx = \frac{1}{n}z^{\frac{1}{n}-1}dz$, substituindo,

$$\int x^m\left(a+bx^n\right)^p dx = \int z^{\frac{m}{n}}\left(a+bz^{\frac{n}{n}}\right)^p \frac{1}{n}z^{\frac{1}{n}-1}dz = \frac{1}{n}\int z^{\frac{m+1}{n}-1}\left(a+bz\right)^p dz,$$

Seja ainda $q = \frac{m+1}{n} - 1$, ficamos com

$$\int x^m\left(a+bx^n\right)^p dx = \frac{1}{n}\int z^q\left(a+bz\right)^p dz$$

a) Seja p um inteiro, seja ainda q um racional, tal que, $q = \frac{r}{s}$, r e s inteiros, temos,

$\int x^m\left(a+bx^n\right)^p dx = \frac{1}{n}\int z^{\frac{r}{s}}\left(a+bz\right)^p dz$, fazendo $z = t^s$ e $dz = st^{s-1}dt$, ficamos com,

$\int x^m\left(a+bx^n\right)^p dx = \frac{s}{n}\int t^s\left(a+bt^s\right)^p dz$ que é uma integral com primitiva elementar.

b) seja $\frac{m+1}{n}$ um inteiro, por tanto, $q = \frac{m+1}{n} - 1$ também será um inteiro, seja ainda p um racional da forma $p = \frac{r}{s}$, com r e s inteiros.

$$\int x^m\left(a+bx^n\right)^p dx=\frac{1}{n}\int z^q\left(a+bz\right)^{\frac{r}{s}}dz$$

Seja agora a mudança de variável $a+bz=t^s$, por tanto, $b\,dz=st^{s-1}dt$, ficamos com,

$\int x^m\left(a+bx^n\right)^p dx=\frac{s}{n}\int\left(\frac{t^s-a}{b}\right)^q t^r dz$ que é uma integral com primitiva elementar.

e) Calcule a integral da função $\int\frac{\sqrt{\left(1+x^2\right)^3}}{x^2}dx$.

Solução:

$\int\frac{\sqrt{\left(1+x^2\right)^3}}{x^2}dx=\int x^{-2}\left(1+x^2\right)^{\frac{3}{2}}dx$, $m=-2, n=2$ e $p=\frac{3}{2}$, calculando $\frac{m+1}{n}+p=\frac{-2+1}{2}+\frac{3}{2}=1$, inteiro.

$\int\frac{\sqrt{\left(1+x^2\right)^3}}{x^2}dx=\int x^{-2}\left(1+x^2\right)^{\frac{3}{2}}dx$, seja $x^2=z$, por tanto, $x=z^{\frac{1}{2}}$ e $dx=\frac{1}{2}z^{-\frac{1}{2}}dz$, substituindo,

$$\int\frac{\sqrt{\left(1+x^2\right)^3}}{x^2}dx=\int z^{-1}\left(1+z\right)^{\frac{3}{2}}\frac{1}{2z^{\frac{1}{2}}}dz=\frac{1}{2}\int\frac{\left(1+z\right)^{\frac{3}{2}}}{z^{\frac{3}{2}}}dz=\frac{1}{2}\int\left(\frac{1+z}{z}\right)^{\frac{3}{2}}dz,$$

Fazendo $t^2=\frac{1+z}{z}$, $z=\frac{1}{t^2-1}$ por tanto, $dt=\frac{z-\left(1+z\right)}{z^2}=-\frac{1}{z}dz$,

$\int\frac{\sqrt{\left(1+x^2\right)^3}}{x^2}dx=-\frac{1}{2}\int z\left(\frac{1+z}{z}\right)^{\frac{3}{2}}\frac{-dz}{z}=-\frac{1}{2}\int\frac{t^2}{t^2-1}dt$, do integrando,

$\frac{t^2}{t^2-1}=\frac{1}{t^2-1}+1=\frac{t+1-t+1}{2(t+1)(t-1)}+1=\frac{t+1}{2(t+1)(t-1)}-\frac{t-1}{2(t+1)(t-1)}+1=\frac{1}{2(t-1)}-\frac{1}{2(t+1)}+1$, temos,

$$\int\frac{\sqrt{\left(1+x^2\right)^3}}{x^2}dx=-\frac{1}{2}\int\frac{t^2}{t^2-1}dt=-\frac{1}{2}\left[\frac{1}{2}\int\frac{1}{t-1}dt-\frac{1}{2}\int\frac{1}{t+1}dt+\int dt\right]$$

$$\int\frac{\sqrt{\left(1+x^2\right)^3}}{x^2}dx=-\frac{1}{2}\left[\frac{1}{2}\int\frac{1}{t-1}dt-\frac{1}{2}\int\frac{1}{t+1}dt+\int dt\right]=-\frac{1}{4}\left[\ln|t-1|-\ln|t+1|+2t\right]$$

$$\int\frac{\sqrt{\left(1+x^2\right)^3}}{x^2}dx=-\frac{1}{4}\left[\ln\left|\frac{t-1}{t+1}\right|+2t\right]=-\frac{1}{4}\left[\ln\left|\frac{\sqrt{1+x^2}-x}{\sqrt{1+x^2}+x}\right|+2\left(\frac{1+x^2}{x^2}\right)\right]+C$$

O que está de acordo com o princípio de Laplace[83]: "a primitiva de uma função algébrica diferenciável não pode conter outros radicais além daqueles presentes em sua expressão."

f) Mostre que de acordo com o teorema de Chebyshev as integrais abaixo não possuem primitivas elementares:

a) $\int\sqrt{x^3+1}\,dx$

[83] "*l'intégrale d'une fonction différentielle ne peut contenir d'autres quantités radicaux que celles qui entrent dans cette fonction - Laplace": Hardy, G.H. "The Integration of functions of a single variable.*" Cambridge University Press, second edition, 1916.

b) $\int \sqrt{1-x^4}dx$

Solução:

a) $\int \sqrt{x^3+1}\,dx$

Da integral, temos: $m=0,\ p=\frac{1}{2},\ a=1,\ b=1,\ n=3$, assim,

$p \notin \mathbb{Z}$

$\frac{m+1}{n}=\frac{1}{3} \notin \mathbb{Z}$

$\frac{m+1}{n}+p=\frac{1}{3}+\frac{1}{2}=\frac{5}{6} \notin \mathbb{Z}$

O que, de acordo com o Teorema de Chebyshev, significa que a integral não possui primitiva elementar.

b) $\int \sqrt{1-x^4}dx$

Da integral, temos: $m=0,\ p=\frac{1}{2},\ a=1,\ b=-1,\ n=4$, assim,

$p \notin \mathbb{Z}$

$\frac{m+1}{n}=\frac{1}{4} \notin \mathbb{Z}$

$\frac{m+1}{n}+p=\frac{1}{4}+\frac{1}{2}=\frac{3}{4} \notin \mathbb{Z}$

O que, de acordo com o Teorema de Chebyshev, significa que a integral não possui primitiva elementar.

31)A Integral de Ahmed[84]

$$\int_0^1 \frac{\operatorname{tg}^{-1}\sqrt{2+x^2}}{\left(1+x^2\right)\sqrt{2+x^2}}\,dx=\frac{5\pi^2}{96}$$

"In 2001-2002, I happened to have proposed a new definite integral in the American Mathematical Monthly (AMM), which later came to be known in my name (Ahmed). In the meantime, this integral has been mentioned in mathematical encyclopedias and dictionaries and further it has also been cited and discussed in several books and journals. In particular, a google search with the key word "Ahmed's Integral" throws up more than 60 listings. Here I present the maiden solution for this integral."

Zafar Ahmed

Vamos primeiramente nos concentrar na integral,

$$\int_0^1 \frac{1}{\sqrt{x^2+2}\left(x^2+1\right)}dx$$

fazendo uma substituição trigonométrica do tipo $x=\operatorname{tg}\theta$, que irá implicar $\begin{cases} x=\operatorname{tg}\theta \\ dx=\sec^2\theta \\ \lim_{\text{inf}} : x=0 \to \theta=0 \\ \lim_{\text{sup}} : x=1 \to \theta=\dfrac{\pi}{4} \end{cases}$

teremos,

$$\int_0^1 \frac{1}{\sqrt{x^2+2}\left(x^2+1\right)}dx=\int_0^{\frac{\pi}{4}}\frac{1}{\sqrt{\operatorname{tg}^2\theta+2}}d\theta=\int_0^{\frac{\pi}{4}}\frac{1}{\sqrt{\operatorname{tg}^2\theta+2}}\frac{\cos\theta}{\cos\theta}d\theta=\int_0^{\frac{\pi}{4}}\frac{\cos\theta}{\sqrt{\underbrace{\operatorname{sen}^2\theta+\cos^2\theta}_{1}+\underbrace{\cos^2\theta}_{1-\operatorname{sen}^2\theta}}}d\theta=$$

$$\int_0^1 \frac{1}{\sqrt{x^2+2}\left(x^2+1\right)}dx=\int_0^{\frac{\pi}{4}}\frac{\cos\theta}{\sqrt{2-\operatorname{sen}^2\theta}}d\theta$$, fazendo a substituição, $\operatorname{sen}\theta=\sqrt{2}\operatorname{sen}\phi$,

$$\begin{cases} \operatorname{sen}\theta=\sqrt{2}\operatorname{sen}\phi \\ \cos\theta\, d\theta=\sqrt{2}\cos\phi\, d\phi \\ \lim_{\text{inf}} : \theta=0 \to \phi=0 \\ \lim_{\text{sup}} : \theta=\dfrac{\pi}{4} \to \operatorname{sen}\phi=\dfrac{1}{2} \to \phi=\dfrac{\pi}{6} \end{cases}$$

$$\int_0^1 \frac{1}{\sqrt{x^2+2}\left(x^2+1\right)}dx=\int_0^{\frac{\pi}{4}}\frac{\cos\theta}{\sqrt{2-\operatorname{sen}^2\theta}}d\theta=\int_0^{\frac{\pi}{6}}\frac{\sqrt{2}\cos\phi}{\sqrt{2-2\cos^2\phi}}d\phi=\int_0^{\frac{\pi}{6}}d\phi=\frac{\pi}{6}.$$

[84] Z. Ahmed, Amer. Math. Monthly, 10884, 108 566 (2001).
Z. Ahmed, 'Definitely an Integral', Amer. Math. Monthly, 10884, 109 670-671 (2002).

Agora, observe a integral $\int_0^1 \frac{\operatorname{arctg}\left(\frac{1}{\sqrt{x^2+2}}\right)}{\sqrt{x^2+2}\left(x^2+1\right)}dx$, para nos ajudar, vamos utilizar a identidade,

$a \operatorname{arctg} a = \int_0^1 \frac{1}{a^2+y^2}dy \to \frac{1}{t}\operatorname{arctg}\left(\frac{1}{t}\right) = \int_0^1 \frac{1}{t^2+y^2}dy$, fazendo $t = \sqrt{x^2+2}$, ficamos com,

$$\int_0^1 \frac{\operatorname{arctg}\left(\frac{1}{\sqrt{x^2+2}}\right)}{\sqrt{x^2+2}\left(x^2+1\right)}dx = \int_0^1 \frac{\operatorname{arctg}\left(\frac{1}{\sqrt{x^2+2}}\right)}{\sqrt{x^2+2}} \frac{1}{\left(x^2+1\right)}dx = \int_0^1\int_0^1 \frac{dy}{x^2+2+y^2}\frac{1}{x^2+1}dx =$$

$$\int_0^1 \frac{\operatorname{arctg}\left(\frac{1}{\sqrt{x^2+2}}\right)}{\sqrt{x^2+2}\left(x^2+1\right)}dx = \frac{1}{2}\left(\int_0^1\int_0^1 \frac{1}{\left(x^2+y^2+2\right)\left(x^2+1\right)}dxdy + \int_0^1\int_0^1 \frac{1}{\left(x^2+y^2+2\right)\left(x^2+1\right)}dxdy\right)$$, onde

a 1ª integral pode ser divida em uma diferença, observe:

$$\int_0^1\int_0^1 \frac{1}{\left(x^2+y^2+2\right)\left(x^2+1\right)}dxdy = \int_0^1\int_0^1 \frac{1}{\left(y^2+1\right)\left(x^2+1\right)}dxdy - \int_0^1\int_0^1 \frac{1}{\left(x^2+y^2+2\right)\left(y^2+1\right)}dxdy$$

$\frac{1}{\left(x^2+y^2+1\right)\left(x^2+1\right)} = \frac{A}{x^2+y^2+1} + \frac{B}{x^2+1}$, na variável x, onde teremos $A = \frac{-1}{y^2+1}$, $B = \frac{1}{y^2+1}$ e a 2ª integral tem o mesmo valor que a original que foi dividida, uma vez que seus integrandos são simétricos, assim, ambas se cancelarão, simplificando significativamente a resolução, ficamos com:

$$\int_0^1 \frac{\operatorname{arctg}\left(\frac{1}{\sqrt{x^2+2}}\right)}{\sqrt{x^2+2}\left(x^2+1\right)}dx = \frac{1}{2}\left(\int_0^1\int_0^1 \frac{1}{\left(y^2+1\right)\left(x^2+1\right)}dxdy\right) = \frac{1}{2}\left(\int_0^1 \frac{1}{x^2+1}dx\right)\left(\int_0^1 \frac{1}{y^2+1}dy\right) = \frac{1}{2}\left(\int_0^1 \frac{1}{t^2+1}dt\right)^2 =$$

$$\int_0^1 \frac{\operatorname{arctg}\left(\frac{1}{\sqrt{x^2+2}}\right)}{\sqrt{x^2+2}\left(x^2+1\right)}dx = \frac{1}{2}\left(\operatorname{arctg} t\Big|_0^1\right)^2 = \frac{\pi^2}{32}.$$

Voltando agora a nossa integral original, vamos aplicar a seguinte transformação trigonométrica:

$$\boxed{\operatorname{tg}^{-1}(t) = \frac{\pi}{2} - \operatorname{tg}^{-1}\left(\frac{1}{t}\right)}$$

Para dividi-la nas duas integrais que já calculamos, observe:

$$\int_0^1 \frac{\operatorname{tg}^{-1}\sqrt{2+x^2}}{\left(1+x^2\right)\sqrt{2+x^2}}dx = \frac{\pi}{2}\int_0^1 \frac{1}{\sqrt{x^2+2}\left(x^2+1\right)}dx - \int_0^1 \frac{\operatorname{arctg}\left(\frac{1}{\sqrt{x^2+2}}\right)}{\sqrt{x^2+2}\left(x^2+1\right)}dx = \frac{\pi}{2}.\frac{\pi}{6} - \frac{\pi^2}{32} = \frac{5\pi^2}{96}.$$

32) Integral de Coxeter[85]

No ano de 1926, Coxeter, então com 19 anos, aludo de graduação no Trinity College, mergulhando em um estudo sobre superfícies em 4 dimensões se deparou com uma integral que não conseguia resolver, sem saída, mandou uma carta para o *Mathematical Gazette* pedindo por ajuda para alguém que pudesse ajuda-lo a resolver a integral. Ninguém mais, ninguém menos que G. H. Hardy[86], cuja fama, em parte, derivava do fato de ele ter uma grande capacidade de solucionar integrais definidas, respondeu a sua carta e junto com a solução, encontra-se uma pequena nota em que Hardy escreve: "*Eu tentei arduamente não perder tempo com seu problema, mas para mim o desafio de uma integral definida é irresistível.*[87]"

$$\int_0^{\frac{\pi}{2}} \cos^{-1}\left(\frac{\cos x}{1+2\cos x}\right)dx$$

Integral de Coxeter

a) Calcule a integral[88] $\int_0^{\frac{\pi}{2}} \cos^{-1}\left(\frac{\cos x}{1+2\cos x}\right)dx$.

Solução:

Seja $A = \frac{\cos x}{1+2\cos x}$, assim, $\cos^{-1}\left(\frac{\cos x}{1+2\cos x}\right) = \cos^{-1} A$,

Seja ainda, θ , $\theta \in [0, \frac{\pi}{2}[$, tal que, $\theta = \cos^{-1} A$, temos então, $\theta = \cos^{-1} A$,

Da expressão da tangente do arco metade de θ ,

---

[85] Harold Scott MacDonald Coxeter, ou simplesmente Donald Coxeter (9/02/1907 – 31/03/2003), matemático britânico, foi um dos maiores geômetras de seu tempo, suas ideias inspiraram os desenhos de M. C. Escher de quem manteve amizade até a morte do artista em 1972, e a arquitetura de R. Buckminster Fuller que também foi seu amigo e afirmou ter sido influenciado por ele no desenvolvimento do domo geodésico tendo dedicado a ele seu livro *Synergetics*. É responsável pelo introdução de diversos conceitos matemáticos, sendo considerada uma de suas maiores contribuições o estudo dos polítopos (é uma generalização do conceito de polígono em 2 dimensões e de poliedro em 3 dimensões para uma região em $\mathbb{R}^n$). Seu amor pela geometria deu a luz a vários títulos, entre eles *Introduction to Geometry (Wiley, 1961), Geometry Revisited (Random House, 1967), Non-Euclidian Geometry (University of Toronto Press, 1942), Projective Geometry (Blaisdell, 1964), Mathematical Recreations and Essays (University of Toronto Press, 1974), Regular Polytopes (New York, Pitman, 1948), Regular Complex Polytopes (Cambridge University Press, 1974)* entre outros. Coxeter foi também um pianista prodígio, compondo várias peças para piano, um quarteto de cordas e uma ópera, com a idade de 12 anos. (Fonte: The New York Times. *Harold Coxeter, 96, Who Found Profound Beauty in Geometry*. April 7, 2003).
https://www.nytimes.com/2003/04/07/world/harold-coxeter-96-who-found-profound-beauty-in-geometry.html

[86] Godfrey Harold Hardy (7/02/1877 – 1/12/1947) importante matemático inglês, conhecido entre outras coisas pela sua contribuição na teoria dos números e na análise matemática, algumas das quais feitas em parceria com John Edensor Littlewood, outro brilhante matemático inglês. Era também conhecido pela sua excentricidade, não suportava a ideia de ser fotografado e possuía horror a espelhos. A primeira coisa que fazia ao entrar em um quarto de hotel era cobrir todos os espelhos. Hardy também afirmava categoricamente que era "odiado" por Deus, e que este faria de tudo para prejudicá-lo, conta-se que certa vez, ao fazer uma travessia de navio, por medo de que este afundasse, telegrafou a um amigo dizendo que havia encontrado a demonstração para o último teorema de Fermat, pois acreditava que dessa forma, Deus não o deixaria morrer na viagem, uma vez que se isso ocorresse, ele passaria para a História como a primeira pessoa a demonstrar o teorema. Foi Hardy que reconheceu a genialidade de Ramanujan, conseguindo traze-lo para Cambridge onde juntos escreveram cinco documentos notáveis.

[87] "I tried very hard not to spend time on your integrals, but to me the challenge of a definite integral is irresistible."

[88] Nahin, Paul J.. *Inside Interesting Integrals*. Springer, New York, 2015.

$$\operatorname{tg}\frac{\theta}{2}=\frac{\operatorname{sen}\theta}{1+\cos\theta}=\sqrt{\frac{\operatorname{sen}^2\theta}{(1+\cos\theta)^2}}=\sqrt{\frac{1-\cos^2\theta}{(1+\cos\theta)^2}}=\sqrt{\frac{1-\cos\theta}{1+\cos\theta}}\text{ , assim,}$$

$$\operatorname{tg}^{-1}\left(\operatorname{tg}\frac{\theta}{2}\right)=\operatorname{tg}^{-1}\sqrt{\frac{1-\cos\theta}{1+\cos\theta}}\Leftrightarrow\frac{\theta}{2}=\operatorname{tg}^{-1}\sqrt{\frac{1-\cos\theta}{1+\cos\theta}},$$

$$\theta=2\operatorname{tg}^{-1}\sqrt{\frac{1-\cos\theta}{1+\cos\theta}}\text{, onde }\cos\theta=A\text{, finalmente,}$$

$$\theta=\cos^{-1}A=2\operatorname{tg}^{-1}\sqrt{\frac{1-A}{1+A}}\text{, onde }A=\frac{\cos x}{1+2\cos x}\text{, assim,}$$

$$\cos^{-1}A=2\operatorname{tg}^{-1}\sqrt{\frac{1-\frac{\cos x}{1+2\cos x}}{1+\frac{\cos x}{1+2\cos x}}}=2\operatorname{tg}^{-1}\sqrt{\frac{\frac{1+2\cos x-\cos x}{\cancel{1+2\cos x}}}{\frac{1+2\cos x+\cos x}{\cancel{1+2\cos x}}}}=2\operatorname{tg}^{-1}\sqrt{\frac{\cos x+1}{3\cos x+1}}\text{, assim,}$$

Dessa maneira podemos reescrever a integral de Coxeter como,

$$\boxed{\int_0^{\frac{\pi}{2}}\cos^{-1}\left(\frac{\cos x}{1+2\cos x}\right)dx=2\int_0^{\frac{\pi}{2}}\operatorname{tg}^{-1}\sqrt{\frac{\cos x+1}{3\cos x+1}}dx}$$

Seja agora, $x=2y,\ dx=2dy$,

$$\int_0^{\frac{\pi}{2}}\cos^{-1}\left(\frac{\cos x}{1+2\cos x}\right)dx=4\int_0^{\frac{\pi}{4}}\operatorname{tg}^{-1}\sqrt{\frac{\cos 2y+1}{3\cos 2y+1}}dy=4\int_0^{\frac{\pi}{4}}\operatorname{tg}^{-1}\sqrt{\frac{\cos^2 y+1-\operatorname{sen}^2 y}{3\cos^2 y+1}}dy$$

$$\int_0^{\frac{\pi}{2}}\cos^{-1}\left(\frac{\cos x}{1+2\cos x}\right)dx=4\int_0^{\frac{\pi}{4}}\operatorname{tg}^{-1}\frac{\cos y}{\sqrt{\frac{3\left(1-\operatorname{sen}^2 y\right)+1}{2}}}dy=4\int_0^{\frac{\pi}{4}}\operatorname{tg}^{-1}\frac{\cos y}{\sqrt{2-3\operatorname{sen}^2 y}}dy$$

Ao invés de prosseguirmos, vamos observar o comportamento de outra integral,

$$\int\frac{1}{1+(at)^2}\,dt=\frac{1}{a}\operatorname{tg}^{-1}(at)+C\Rightarrow\int_0^1\frac{1}{1+(at)^2}\,dt=\frac{1}{a}\operatorname{tg}^{-1}(a)\text{ , assim,}$$

Para $a=\dfrac{\cos y}{\sqrt{2-3\operatorname{sen}^2 y}}$, temos,

$$\int_0^1\frac{1}{1+\left[\frac{\cos^2 y}{2-3\operatorname{sen}^2 y}\right]t^2}\,dt=\frac{\sqrt{2-3\operatorname{sen}^2 y}}{\cos y}\operatorname{tg}^{-1}\left(\frac{\cos y}{\sqrt{2-3\operatorname{sen}^2 y}}\right)\text{, reorganizando,}$$

$$\operatorname{tg}^{-1}\left(\frac{\cos y}{\sqrt{2-3\operatorname{sen}^2 y}}\right)=\frac{\cos y}{\sqrt{2-3\operatorname{sen}^2 y}}\int_0^1\frac{1}{1+\left(\frac{\cos^2 y}{2-3\operatorname{sen}^2 y}\right)t^2}\,dt\,,$$

voltando agora a nossa integral e substituindo,

$$\int_0^{\frac{\pi}{2}}\cos^{-1}\left(\frac{\cos x}{1+2\cos x}\right)dx=4\int_0^{\frac{\pi}{4}}\operatorname{tg}^{-1}\frac{\cos y}{\sqrt{2-3\operatorname{sen}^2 y}}\,dy=4\int_0^{\frac{\pi}{4}}\left[\frac{\cos y}{\sqrt{2-3\operatorname{sen}^2 y}}\int_0^1\frac{1}{1+\left(\frac{\cos^2 y}{2-3\operatorname{sen}^2 y}\right)t^2}\,dt\right]dy$$

$$\int_0^{\frac{\pi}{2}}\cos^{-1}\left(\frac{\cos x}{1+2\cos x}\right)dx=\int_0^{\frac{\pi}{4}}\int_0^1\frac{4\cos y\left(2-3\operatorname{sen}^2 y\right)}{\sqrt{2-3\operatorname{sen}^2 y}\left(2-3\operatorname{sen}^2 y+t^2\cos^2 y\right)}\,dtdy\text{, racionalizando,}$$

$$\int_0^{\frac{\pi}{2}}\cos^{-1}\left(\frac{\cos x}{1+2\cos x}\right)dx=\int_0^{\frac{\pi}{4}}\int_0^1\frac{4\cos y\sqrt{2-3\operatorname{sen}^2 y}}{2-3\operatorname{sen}^2 y+t^2-t^2\operatorname{sen}^2 y}\,dtdy=\int_0^{\frac{\pi}{4}}\int_0^1\frac{4\cos y\sqrt{2-3\operatorname{sen}^2 y}}{\left(t^2+2\right)-\left(t^2+3\right)\operatorname{sen}^2 y}\,dtdy$$

Seja, $\operatorname{sen} y=\sqrt{\frac{2}{3}}\operatorname{sen} w,\ \cos y\,dy=\sqrt{\frac{2}{3}}\cos w\,dw\Rightarrow dy=\sqrt{\frac{2}{3}}\frac{\cos w}{\cos y}dw$

e $\begin{cases} y=\frac{\pi}{4}\rightarrow \operatorname{sen} w=\sqrt{\frac{3}{2}}\frac{\sqrt{2}}{2}=\frac{\sqrt{3}}{2}\rightarrow w=\frac{\pi}{3} \\ y=0\rightarrow w=0 \end{cases}$

$$\int_0^{\frac{\pi}{2}}\cos^{-1}\left(\frac{\cos x}{1+2\cos x}\right)dx=\int_0^{\frac{\pi}{3}}\int_0^1\frac{4\cos y\sqrt{2-\cancel{3}\frac{2}{\cancel{3}}\operatorname{sen}^2 w}}{\left(t^2+2\right)-\left(t^2+3\right)\frac{2}{3}\operatorname{sen}^2 w}\,dt\sqrt{\frac{2}{3}}\frac{\cos w}{\cos y}dw$$

$$\int_0^{\frac{\pi}{2}}\cos^{-1}\left(\frac{\cos x}{1+2\cos x}\right)dx=\int_0^{\frac{\pi}{3}}\int_0^1\frac{8\sqrt{3}\cos^2 w}{3\left(t^2+2\right)-2\left(t^2+3\right)\left(1-\cos^2 w\right)}\,dt\ dw$$

$$\int_0^{\frac{\pi}{2}}\cos^{-1}\left(\frac{\cos x}{1+2\cos x}\right)dx=\int_0^{\frac{\pi}{3}}\int_0^1\frac{8\sqrt{3}\cos^2 w}{t^2+\left(2t^2+6\right)\cos^2 w}\,dt\ dw\text{, devemos ainda fazer outra mudança de variável,}$$

Seja $s=\operatorname{tg} w=\frac{\operatorname{sen} w}{\cos w},\ ds=\sec^2 w\Rightarrow dw=\frac{1}{\cos^2 w}dw\Rightarrow dw=\cos^2 w\,ds$, ainda,

$\operatorname{tg}^2 w+1=\sec^2 w\Rightarrow s^2+1=\frac{1}{\cos^2 w}\Rightarrow \cos^2 w=\frac{1}{s^2+1}$ e $\begin{cases} w=\frac{\pi}{3}\rightarrow s=\sqrt{3} \\ w=0\rightarrow s=0 \end{cases}$, substituindo,

$$\int_0^{\frac{\pi}{2}}\cos^{-1}\left(\frac{\cos x}{1+2\cos x}\right)dx=\int_0^{\sqrt{3}}\int_0^1\frac{8\sqrt{3}\frac{1}{\cancel{s^2+1}}}{\frac{s^2+1}{\cancel{s^2+1}}t^2+\left(2t^2+6\right)\frac{1}{\cancel{s^2+1}}}\,dt\,\frac{1}{s^2+1}ds=\int_0^{\sqrt{3}}\int_0^1\frac{8\sqrt{3}}{t^2\left(s^2+1\right)^2+\left(2t^2+6\right)\left(s^2+1\right)}\,dt\,ds$$

$$\int_0^{\frac{\pi}{2}} \cos^{-1}\left(\frac{\cos x}{1+2\cos x}\right)dx = \int_0^{\sqrt{3}}\int_0^1 \frac{8\sqrt{3}}{\left(s^2+1\right)\left(t^2s^2+3t^2+6\right)}\,dt\,ds$$, vamos agora às frações parciais,

$$\frac{1}{\left(s^2+1\right)\left(t^2s^2+3t^2+6\right)} = \frac{A}{s^2+1}+\frac{B}{t^2s^2+3t^2+6}$$, aplicando a regra de Heaviside para a incógnita s^2,

$$A = \frac{1}{2t^2+6}$$

$$B = \frac{1}{\frac{-3t^2-6}{t^2}+1} = \frac{t^2}{-2t^2-6}$$, ficamos com,

$$\int_0^{\frac{\pi}{2}} \cos^{-1}\left(\frac{\cos x}{1+2\cos x}\right)dx = \int_0^{\sqrt{3}}\int_0^1 8\sqrt{3}\left(\frac{\frac{1}{2t^2+6}}{s^2+1}-\frac{\frac{t^2}{2t^2+6}}{t^2s^2+3t^2+6}\right)dt\,ds = \int_0^{\sqrt{3}}\int_0^1 \frac{4\sqrt{3}}{t^2+3}\left(\frac{1}{s^2+1}-\frac{t^2}{t^2s^2+3t^2+6}\right)dt\,ds,$$

Mudando a ordem de integração,

$$\int_0^{\frac{\pi}{2}} \cos^{-1}\left(\frac{\cos x}{1+2\cos x}\right)dx = \int_0^1 \frac{4\sqrt{3}}{t^2+3}\int_0^{\sqrt{3}}\left(\frac{1}{s^2+1}-\frac{t^2}{t^2s^2+3t^2+6}\right)ds\,dt$$

$$\int_0^{\frac{\pi}{2}} \cos^{-1}\left(\frac{\cos x}{1+2\cos x}\right)dx = \int_0^1 \frac{4\sqrt{3}}{t^2+3}\left(\int_0^{\sqrt{3}}\frac{1}{s^2+1}\,ds-\int_0^{\sqrt{3}}\frac{t^2}{t^2s^2+3t^2+6}\,ds\right)dt$$

$$\int_0^{\frac{\pi}{2}} \cos^{-1}\left(\frac{\cos x}{1+2\cos x}\right)dx = \int_0^1 \frac{4\sqrt{3}}{t^2+3}\left(\left[\mathrm{tg}^{-1}s\right]_0^{\sqrt{3}}-\left[\frac{1}{\sqrt{3+\frac{6}{t^2}}}\mathrm{tg}^{-1}\left(\frac{s}{\sqrt{3+\frac{6}{t^2}}}\right)\right]_0^{\sqrt{3}}\right)dt$$

$$\int_0^{\frac{\pi}{2}} \cos^{-1}\left(\frac{\cos x}{1+2\cos x}\right)dx = \int_0^1 \frac{4\sqrt{3}}{t^2+3}\left(\frac{\pi}{3}-\frac{t^2}{\sqrt{3}\sqrt{t^2+2}}\mathrm{tg}^{-1}\left(\frac{\cancel{\sqrt{3}}t^2}{\cancel{\sqrt{3}}\sqrt{t^2+2}}\right)\right)dt$$

$$\int_0^{\frac{\pi}{2}} \cos^{-1}\left(\frac{\cos x}{1+2\cos x}\right)dx = \frac{4\sqrt{3}}{3}\int_0^1 \frac{1}{t^2+3}\left(\pi-\frac{\sqrt{3}t^2}{\sqrt{t^2+2}}\mathrm{tg}^{-1}\left(\frac{t^2}{\sqrt{t^2+2}}\right)\right)dt$$

$$\int_0^{\frac{\pi}{2}} \cos^{-1}\left(\frac{\cos x}{1+2\cos x}\right)dx = \frac{4\sqrt{3}}{3}\left[\int_0^1 \frac{\pi}{t^2+3}dt-\int_0^1 \frac{\sqrt{3}t^2}{\left(t^2+3\right)\sqrt{t^2+2}}\mathrm{tg}^{-1}\left(\frac{t^2}{\sqrt{t^2+2}}\right)dt\right]$$

$$\int_0^{\frac{\pi}{2}} \cos^{-1}\left(\frac{\cos x}{1+2\cos x}\right)dx = \frac{4\sqrt{3}}{3}\left[\pi\left[\frac{1}{\sqrt{3}}\mathrm{tg}^{-1}\left(\frac{t}{\sqrt{3}}\right)\right]_0^1-\int_0^1 \frac{\sqrt{3}t^2}{\left(t^2+3\right)\sqrt{t^2+2}}\mathrm{tg}^{-1}\left(\frac{t^2}{\sqrt{t^2+2}}\right)dt\right]$$

$$\int_0^{\frac{\pi}{2}} \cos^{-1}\left(\frac{\cos x}{1+2\cos x}\right)dx = \frac{4\pi}{3}\mathrm{tg}^{-1}\left(\frac{\sqrt{3}}{3}\right)-\int_0^1 \frac{4t^2}{\left(t^2+3\right)\sqrt{t^2+2}}\mathrm{tg}^{-1}\left(\frac{t^2}{\sqrt{t^2+2}}\right)dt$$

$$\int_0^{\frac{\pi}{2}} \cos^{-1}\left(\frac{\cos x}{1+2\cos x}\right)dx = \frac{4\pi}{3}\left(\frac{\pi}{6}\right) - 4\int_0^1 \frac{t^2}{\left(t^2+3\right)\sqrt{t^2+2}}\operatorname{tg}^{-1}\left(\frac{t^2}{\sqrt{t^2+2}}\right)dt$$, integrando por partes,

$$\begin{array}{lll} & D & I \\ + & \operatorname{tg}^{-1}\left(\dfrac{t}{\sqrt{t^2+2}}\right) & \dfrac{t}{\left(t^2+3\right)\sqrt{t^2+2}} \\ - & \dfrac{1}{\left(t^2+1\right)\sqrt{t^2+2}} & \operatorname{tg}^{-1}\left(\sqrt{t^2+2}\right) \\ \hline \end{array}$$

$$\left[\operatorname{tg}^{-1}\left(\frac{t}{\sqrt{t^2+2}}\right)\operatorname{tg}^{-1}\left(\sqrt{t^2+2}\right)\right]_0^1 - \int_0^1 \frac{\operatorname{tg}^{-1}\left(\sqrt{t^2+2}\right)}{\left(t^2+1\right)\sqrt{t^2+2}}dt$$

$$\int_0^{\frac{\pi}{2}} \cos^{-1}\left(\frac{\cos x}{1+2\cos x}\right)dx = \frac{2\pi^2}{9} - 4\left[\operatorname{tg}^{-1}\left(\frac{\sqrt{3}}{3}\right)\operatorname{tg}^{-1}\left(\sqrt{3}\right) - \int_0^1 \frac{\operatorname{tg}^{-1}\left(\sqrt{t^2+2}\right)}{\left(t^2+1\right)\sqrt{t^2+2}}dt\right]$$

$$\int_0^{\frac{\pi}{2}} \cos^{-1}\left(\frac{\cos x}{1+2\cos x}\right)dx = \frac{2\pi^2}{9} - 4\frac{\pi}{3}\frac{\pi}{6} + 4\int_0^1 \frac{\operatorname{tg}^{-1}\left(\sqrt{t^2+2}\right)}{\left(t^2+1\right)\sqrt{t^2+2}}dt = \frac{2\pi^2}{9} - \frac{2\pi^2}{9} + 4\int_0^1 \frac{\operatorname{tg}^{-1}\left(\sqrt{t^2+2}\right)}{\left(t^2+1\right)\sqrt{t^2+2}}dt$$

$$\int_0^{\frac{\pi}{2}} \cos^{-1}\left(\frac{\cos x}{1+2\cos x}\right)dx = 4\int_0^1 \frac{\operatorname{tg}^{-1}\left(\sqrt{t^2+2}\right)}{\left(t^2+1\right)\sqrt{t^2+2}}dt$$, por tanto, a integral de Coxeter é igual a 4 vezes a integral de Ahmed,

$$\int_0^{\frac{\pi}{2}} \cos^{-1}\left(\frac{\cos x}{1+2\cos x}\right)dx = 4\frac{5\pi^2}{96} = \frac{5\pi^2}{24}$$

$$\int_0^{\frac{\pi}{2}} \cos^{-1}\left(\frac{\cos x}{1+2\cos x}\right)dx = \frac{5\pi^2}{24}$$

b) Calcule a integral[89] $\int_0^{\frac{\sqrt{2}}{2}} \frac{\operatorname{sen}^{-1} x^2}{\sqrt{x^2+1}\left(2x^2+1\right)} dx$.

Solução:

A integral acima, mediante a substituição $\cos\theta = \frac{1}{2x^2+1}$, se transformará em $\frac{1}{2}\int_0^{\frac{\pi}{3}} \operatorname{sen}^{-1}\left(\frac{1-\cos\theta}{2\cos\theta}\right) d\theta$, que é um tipo de integral de Coxeter, cuja solução é dada em função da integral de Ahmed, como mostrado no brilhante artigo de Sangchul Lee[90]

.

Seja

$$y = x^2,\ dy = 2x\,dx \Rightarrow dx = \frac{1}{2x}dy \Rightarrow dx = \frac{1}{2\sqrt{y}}dy \text{ e } \begin{cases} x = \frac{\sqrt{2}}{2} \rightarrow y = \frac{1}{2} \\ x = 0 \rightarrow y = 0 \end{cases} \text{, substituindo,}$$

$$\int_0^{\frac{\sqrt{2}}{2}} \frac{\operatorname{sen}^{-1} x^2}{\sqrt{x^2+1}\left(2x^2+1\right)} dx = \int_0^{\frac{1}{2}} \frac{\operatorname{sen} y}{\sqrt{y+1}\left(2y+1\right)} \frac{1}{2\sqrt{y}} dy = \int_0^{\frac{1}{2}} \frac{\operatorname{sen} y}{2\sqrt{y\left(y+1\right)}\left(2y+1\right)} dy,$$

A ideia agora é de integrarmos por partes, mas não é fácil perceber que

$$\frac{d}{dt}\operatorname{tg}^{-1}\left(\sqrt{\frac{y}{y+1}}\right) = \frac{1}{2\sqrt{y\left(y+1\right)}\left(2y+1\right)}, \text{ observe,}$$

$$\frac{d}{dt}\operatorname{tg}^{-1}\left(\sqrt{\frac{y}{y+1}}\right) = \underbrace{\frac{1}{1+\frac{y}{y+1}}}_{\text{derivada da tg}^{-1}} \underbrace{\frac{1}{2\sqrt{\frac{y}{y+1}}\left(y+1\right)^2}}_{\text{regra da cadeia}} = \frac{1}{1+\frac{y}{y+1}} \frac{\sqrt{\frac{y}{y+1}}}{2\left(\frac{y}{\cancel{y+1}}\right)\left(y+1\right)^{\cancel{2}}}$$

$$\frac{d}{dt}\operatorname{tg}^{-1}\left(\sqrt{\frac{y}{y+1}}\right) = \sqrt{\frac{y}{y+1}} \frac{y+1}{2\left(y^2+y\right)\left(y+2\right)} = \frac{\sqrt{\frac{y}{y+1}}}{2y\left(y+2\right)} = \frac{\sqrt{y}\cancel{\sqrt{y}}}{\cancel{\sqrt{y}}\sqrt{y+1}\left(4y^2+2y\right)}$$

$$\frac{d}{dt}\operatorname{tg}^{-1}\left(\sqrt{\frac{y}{y+1}}\right) = \frac{y}{2\sqrt{y\left(y+1\right)}\left(2y^2+y\right)} = \frac{1}{2\sqrt{y\left(y+1\right)}\left(2y+1\right)}$$

Agora podemos montar a integral por partes,

---

89 NEWBEDEV. *Difficult Integral* $\int_0^{\frac{\sqrt{2}}{2}} \frac{\operatorname{sen}^{-1} x^2}{\sqrt{x^2+1}\left(2x^2+1\right)} dx =$. Consultado em junho de 2021.

https://newbedev.com/difficult-integral-int-0-1-sqrt-2-frac-arcsin-x-2-sqrt-1-x-2-1-2x-2-dx

90 Sangchul Lee. *Coxeter's Integrals*. doc_008_Coxeter_3.pdf. https://t1.daumcdn.net/cfile/tistory/1176F84E4F31112B11?download

$$\begin{array}{ccc} & D & I \\ + & \operatorname{sen}^{-1} y & \dfrac{1}{2\sqrt{y^2+y}(2y+1)} \\ - & \dfrac{1}{\sqrt{y^2+1}} & \operatorname{tg}^{-1}\left(\sqrt{\dfrac{y}{y+1}}\right) \end{array}$$

$$\left[\operatorname{sen}^{-1} y \operatorname{tg}^{-1}\left(\sqrt{\frac{y}{y+1}}\right)\right]_0^{\frac{1}{2}} - \int_0^{\frac{1}{2}} \frac{\operatorname{tg}^{-1}\left(\sqrt{\frac{y}{y+1}}\right)}{\sqrt{1-y^2}} dy$$

$$\int_0^{\frac{\sqrt{2}}{2}} \frac{\operatorname{sen}^{-1} x^2}{\sqrt{x^2+1}(2x^2+1)} dx = \left[\operatorname{sen}^{-1} y \operatorname{tg}^{-1}\left(\sqrt{\frac{y}{y+1}}\right)\right]_0^{\frac{1}{2}} - \int_0^{\frac{1}{2}} \frac{\operatorname{tg}^{-1}\left(\sqrt{\frac{y}{y+1}}\right)}{\sqrt{1-y^2}} dy = \frac{\pi}{6}\frac{\pi}{6} - \int_0^{\frac{1}{2}} \frac{\operatorname{tg}^{-1}\left(\sqrt{\frac{y}{y+1}}\right)}{\sqrt{1-y^2}} dy$$

$$\boxed{\int_0^{\frac{\sqrt{2}}{2}} \frac{\operatorname{sen}^{-1} x^2}{\sqrt{x^2+1}(2x^2+1)} dx = \frac{\pi^2}{36} - \int_0^{\frac{1}{2}} \frac{\operatorname{tg}^{-1}\left(\sqrt{\frac{y}{y+1}}\right)}{\sqrt{1-y^2}} dy}$$

Vamos agora aplicar o método de Feynman,

seja a função, $F(a) = \int_0^{\frac{1}{2}} \frac{\operatorname{tg}^{-1}\left(a\sqrt{\frac{x}{x+1}}\right)}{\sqrt{1-x^2}} dx$, definida no intervalo [0, 1], assim,

$$F'(a) = \int_0^{\frac{1}{2}} \frac{\sqrt{\frac{x}{1+x}}}{\left(a^2 \frac{x}{1+x} + 1\right)\sqrt{1-x^2}} dx = \int_0^{\frac{1}{2}} \frac{\sqrt{\frac{x}{\cancel{1+x}}}}{\left(\frac{xa^2+1+x}{\cancel{1+x}}\right)\sqrt{(1-x)\cancel{(1+x)}}} dx = \int_0^{\frac{1}{2}} \frac{\sqrt{x}}{(xa^2+x+1)\sqrt{1-x}} dx$$

$$F'(a) = \int_0^{\frac{1}{2}} \frac{x}{(xa^2+x+1)\sqrt{x(1-x)}} dx = \int_0^{\frac{1}{2}} \frac{x+1-1}{(xa^2+x+1)\sqrt{x(1-x)}} dx$$

$$F'(a) = \int_0^{\frac{1}{2}} \frac{1}{(xa^2+x+1)\sqrt{x(1-x)}} \frac{\sqrt{x}}{\sqrt{x}} dx - \int_0^{\frac{1}{2}} \frac{\sqrt{1-x}\,\cancel{\sqrt{1-x}}}{(xa^2+x+1)\sqrt{x\cancel{(1-x)}}} dx$$

$$F'(a) = \int_0^{\frac{1}{2}} \frac{\sqrt{\frac{x}{1-x}}}{x(xa^2+x+1)} dx - \int_0^{\frac{1}{2}} \frac{\sqrt{\frac{1-x}{x}}}{(xa^2+x+1)} dx = \int_0^{\frac{1}{2}} \frac{\sqrt{\frac{x}{1-x}}}{x\left[x(a^2+1)+1\right]} dx - \int_0^{\frac{1}{2}} \frac{\sqrt{\frac{1-x}{x}}}{x(a^2+1)+1} dx$$

Seja $\sqrt{\frac{x}{1-x}} = t \Rightarrow x = \frac{t^2}{1+t^2}$, $dx = \frac{2t}{(1+t^2)^2} dt$ e $\begin{cases} x = \frac{1}{2} \to t = 1 \\ x = 0 \to t = 0 \end{cases}$

$$F'(a)=\int_0^1 \frac{t}{\frac{t^2}{1+t^2}\left[\frac{t^2}{1+t^2}(a^2+1)+1\right]}\frac{2t}{\left(1+t^2\right)^2}dt-\int_0^1 \frac{\frac{1}{t}}{\frac{t^2}{1+t^2}(a^2+1)+1}\frac{2t}{\left(1+t^2\right)^2}dt$$

$$F'(a)=2\int_0^1 \frac{1}{t^2(a^2+2)+1}dt-2\int_0^1 \frac{1}{\left(t^2(a^2+2)+1\right)\left(1+t^2\right)}dt \text{ [91]}$$

$$F'(a)=2\left[\frac{\operatorname{tg}^{-1}\left(\sqrt{a^2+2}\,t\right)}{\sqrt{a^2+2}}\right]_0^1-2\left[\frac{\sqrt{a^2+2}\operatorname{tg}^{-1}\left(\sqrt{a^2+2}\,t\right)-\operatorname{tg}^{-1}t}{a^2+1}\right]_0^1$$

$$F'(a)=\operatorname{tg}^{-1}\left(\sqrt{a^2+2}\right)\left[\frac{2\left(a^2+1\right)-2\left(a^2+2\right)}{\sqrt{a^2+2}\left(a^2+1\right)}\right]+\frac{\pi}{2\left(a^2+1\right)}=\frac{\pi}{2}\frac{1}{a^2+1}-2\frac{\operatorname{tg}^{-1}\left(\sqrt{a^2+2}\right)}{\sqrt{a^2+2}\left(a^2+1\right)}$$, finalmente,

Integrando $F'(a)$, dessa vez no intervalo de [0, 1], uma vez que $F(0)=0$ e $F(1)=\int_0^{\frac{1}{2}}\frac{\operatorname{tg}^{-1}\left(\sqrt{\frac{x}{x+1}}\right)}{\sqrt{1-x^2}}dx$,

$$\int_0^{\frac{\sqrt{2}}{2}}\frac{\operatorname{sen}^{-1}x^2}{\sqrt{x^2+1}\left(2x^2+1\right)}dx=\frac{\pi^2}{36}-\int_0^1 F'(a)da=\frac{\pi^2}{36}-\int_0^1\left[\frac{\pi}{2}\frac{1}{a^2+1}-2\frac{\operatorname{tg}^{-1}\left(\sqrt{a^2+2}\right)}{\sqrt{a^2+2}\left(a^2+1\right)}\right]da$$

$$\int_0^{\frac{\sqrt{2}}{2}}\frac{\operatorname{sen}^{-1}x^2}{\sqrt{x^2+1}\left(2x^2+1\right)}dx=\frac{\pi^2}{36}-\int_0^1\frac{\pi}{2}\frac{1}{a^2+1}da+2\int_0^1\frac{\operatorname{tg}^{-1}\left(\sqrt{a^2+2}\right)}{\sqrt{a^2+2}\left(a^2+1\right)}da$$

$$\int_0^{\frac{\sqrt{2}}{2}}\frac{\operatorname{sen}^{-1}x^2}{\sqrt{x^2+1}\left(2x^2+1\right)}dx=\frac{\pi^2}{36}-\frac{\pi}{2}\left[\operatorname{tg}^{-1}a\right]_0^1+2\int_0^1\frac{\operatorname{tg}^{-1}\left(\sqrt{a^2+2}\right)}{\sqrt{a^2+2}\left(a^2+1\right)}=\frac{\pi^2}{36}-\frac{\pi^2}{8}+2\int_0^1\frac{\operatorname{tg}^{-1}\left(\sqrt{a^2+2}\right)}{\sqrt{a^2+2}\left(a^2+1\right)}$$

$$\int_0^{\frac{\sqrt{2}}{2}}\frac{\operatorname{sen}^{-1}x^2}{\sqrt{x^2+1}\left(2x^2+1\right)}dx=\frac{\pi^2}{36}-\frac{\pi^2}{8}+2\underbrace{\int_0^1\frac{\operatorname{tg}^{-1}\left(\sqrt{a^2+2}\right)}{\sqrt{a^2+2}\left(a^2+1\right)}}_{\text{Integral de Ahmed}}=\frac{\pi^2}{36}-\frac{\pi^2}{8}+2\frac{5\pi^2}{96}=\frac{\pi^2}{144}$$

$$\int_0^{\frac{\sqrt{2}}{2}}\frac{\operatorname{sen}^{-1}x^2}{\sqrt{x^2+1}\left(2x^2+1\right)}dx=\frac{\pi^2}{144}$$

---

[91] Fazendo $a^2+2=b$, basta lembrarmos que $\int\frac{1}{\left(bx^2+1\right)\left(cx^2+1\right)}dx=\frac{\sqrt{b}\operatorname{tg}^{-1}\left(\sqrt{b}x\right)-\sqrt{c}\operatorname{tg}^{-1}\left(\sqrt{c}x\right)}{b-c}+C$

33) Transformada de Laplace

A ideia de aplicar uma transformação em uma função através de uma integral vem sendo estudada desde há muito, já em 1744, Euler estudava a existência de uma dessas integrais aplicadas a uma função, Lagrange no estudo da função densidade também explorou expressões semelhantes. Mas foi Laplace que a partir de 1782, ao estudar um tipo de transformação que o ajudasse na resolução de equações diferenciais que passou considerar a solução da equação transformada e sua relação com a função original, criando uma correspondência entre ambas, estudando transformações de diversas funções e sendo capaz, por comparação, de encontrar o caminho de volta. Nosso objetivo aqui, é o de apenas apresentar a transformada, calcularmos seu valor em algumas funções elementares e utilizá-la para simplificar o cálculo de algumas integrais.

Para uma função $f(t)$, definida nos reais não-negativos, se a integral,

I) $$\mathcal{L}\{f(t)\} = \int_0^\infty f(t)e^{-st}dt$$,

for convergente, ela será denominada transformada de Laplace da função $f(t)$.

Existência da Transformada de Laplace:

II) $$\lim_{t\to\infty} e^{-st}|f(t)| = 0 \Rightarrow \exists \mathcal{L}\{f(t)\}$$

O que ocorre para:

- Funções exponenciais positivas;
- Funções que possuem uma taxa de crescimento menor que a exponencial.

Contraexemplos: as funções $f(t)=e^{t^2}$ e $f(t)=\frac{1}{t}$, não possuem transformada de Laplace.

Teorema de Lerch[92] – "Sejam $f(t)$ e $g(t)$ contínuas nos reais não negativos e tenham ordem exponencial a. Então, se $\mathcal{L}\{f(t)\} = \mathcal{L}\{g(t)\}$, para todo $s > a$, teremos $f(t) = g(t)$, para todo $t \geq 0$".

Em outras palavras, se existir a transformada de Laplace de uma função $f(t)$ nas condições do teorema acima, seja $F(s)$ essa transformada ($\mathcal{L}\{f(t)\} = F(s)$) então a transformada inversa de Laplace dessa função, existirá, será única ($\mathcal{L}^{-1}\{F(s)\} = f(t)$) e será igual a $f(t)$.

A transformada de Laplace é uma **transformação linear**, ou seja,

[92] Mathias Lech (1860-1922) matemático tcheco com grandes contribuições na Teoria dos Números e Análise Matemática

III) $\mathcal{L}\{a\,f(t)+b\,g(t)\}=a\,\mathcal{L}\{f(t)\}+b\,\mathcal{L}\{g(t)\}$, a e b constantes.

Demonstração:

$$\mathcal{L}\{a\,f(t)+b\,g(t)\}=\int_0^\infty\left[a\,f(t)+b\,g(t)\right]e^{-st}dt=\int_0^\infty\left[a\,f(t)\right]e^{-st}dt+\int_0^\infty\left[b\,g(t)\right]e^{-st}dt$$

$$\mathcal{L}\{a\,f(t)+b\,g(t)\}=a\int_0^\infty\left[f(t)\right]e^{-st}dt+b\int_0^\infty\left[g(t)\right]e^{-st}dt$$

$$\mathcal{L}\{a\,f(t)+b\,g(t)\}=a\,\mathcal{L}\{f(t)\}+b\,\mathcal{L}\{g(t)\}$$

□

Vamos calcular a transformada de Laplace para as funções elementares abaixo,

IV) $f(t)=c$, c é uma constante real positiva,

$$\mathcal{L}\{c\}=\lim_{a\to\infty}\int_0^a c\,e^{-st}dt=c\lim_{a\to\infty}\int_0^a e^{-st}dt=c\lim_{a\to\infty}\left[-\frac{e^{-st}}{s}\right]_0^a=c\frac{1}{s},\ s>0$$

$$\boxed{\mathcal{L}\{c\}=c\frac{1}{s},\ s>0}$$

V) $f(t)=t$

$$\mathcal{L}\{t\}=\lim_{a\to\infty}\int_0^a t\,e^{-st}dt$$

	D	I
$+$	t	e^{-st}
$-$	1	$\dfrac{e^{-st}}{-s}$

$$\int_0^a t\,e^{-st}dt=\left[\frac{te^{-st}}{-s}\right]_0^a-\int_0^1\frac{e^{-st}}{-s}dt$$

$$\lim_{a\to\infty}\int_0^a t\,e^{-st}dt=\lim_{a\to\infty}\left[\frac{te^{-st}}{-s}\right]_0^a-\int_0^1\frac{e^{-st}}{-s}dt=\lim_{a\to\infty}\left[\frac{te^{-sa}}{-s}+0\right]-\left[\frac{e^{-st}}{s^2}\right]_0^a=\frac{1}{s^2}$$

$$\boxed{\mathcal{L}\{t\}=\frac{1}{s^2},\ s>0}$$

VI) $f(t)=e^{\alpha t}$

$$\mathcal{L}\{e^{\alpha t}\} = \lim_{a\to\infty}\int_0^a e^{\alpha t}\, e^{-st}\,dt = \lim_{a\to\infty}\int_0^a e^{(\alpha-s)t}\,dt = \lim_{a\to\infty}\left[\frac{e^{(\alpha-s)t}}{\alpha-s}\right]_0^a = \lim_{a\to\infty}\left[\frac{e^{(\alpha-s)a}}{\underbrace{\alpha-s}_{\alpha<s}} - \frac{1}{\alpha-s}\right]$$

$$\boxed{\mathcal{L}\{e^{\alpha t}\} = \frac{1}{s-\alpha},\ s>\alpha}$$

VII) $f(t) = k^{at}$

$$\mathcal{L}\{k^{at}\} = \int_0^\infty e^{-st}k^{at}\,dt = \int_0^\infty e^{-st}e^{at\ln k}\,dt = \int_0^\infty e^{-(s-a\ln k)t}\,dt = \frac{1}{s-a\ln k}$$

$$\boxed{\mathcal{L}\{k^{at}\} = \frac{1}{s-a\ln k},\ s>a\ln k}$$

VIII) $f(t) = t^n$

Lembrando que,

$e^x = \sum_{n=0}^{\infty}\frac{x^n}{n!}$, vem que,

$e^{\alpha t} = \sum_{n=0}^{\infty}\frac{(\alpha t)^n}{n!} = \sum_{n=0}^{\infty}\frac{t^n}{n!}\alpha^n$, ainda,

$$\frac{1}{s-\alpha} = \frac{1}{s}\frac{1}{1-\frac{\alpha}{s}} = \frac{1}{s}\sum_{n=0}^{\infty}\left(\frac{\alpha}{s}\right)^n = \sum_{n=0}^{\infty}\frac{1}{s^{n+1}}\alpha^n,\ \left|\frac{\alpha}{s}\right|<1$$

Como, do item anterior,

$\mathcal{L}\{e^{\alpha t}\} = \frac{1}{s-\alpha},\ s>\alpha$, segue,

$$\mathcal{L}\left\{\sum_{n=0}^{\infty}\frac{t^n}{n!}\alpha^n\right\} = \sum_{n=0}^{\infty}\frac{1}{s^{n+1}}\alpha^n,\ s>\alpha$$

$\sum_{n=0}^{\infty}\left[\frac{1}{n!}\mathcal{L}\{t^n\}a^n\right] = \sum_{n=0}^{\infty}\frac{1}{s^{n+1}}\alpha^n$, por tanto,

$$\frac{1}{n!}\mathcal{L}\{t^n\} = \frac{1}{s^{n+1}}$$

$$\boxed{\mathcal{L}\{t^n\} = \frac{n!}{s^{n+1}} = \frac{\Gamma(n+1)}{s^{n+1}}}$$ [93]

IX) $f(t) = \operatorname{sen} \alpha t$ e $f(t) = \cos \alpha t$

Aplicando a transformada de Laplace na relação de Euler,

$$e^{i\alpha t} = \cos \alpha t + i \operatorname{sen} \alpha t$$

$$\mathcal{L}\{e^{i\alpha t}\} = \mathcal{L}\{\cos \alpha t + i \operatorname{sen} \alpha t\} = \mathcal{L}\{\cos \alpha t\} + i\mathcal{L}\{\operatorname{sen} \alpha t\}$$

Como acabamos de verificar,

$\mathcal{L}\{e^{\alpha t}\} = \dfrac{1}{s-\alpha}$, $s > \alpha$, assim,

$\mathcal{L}\{e^{i\alpha t}\} = \dfrac{1}{s-\alpha i}$, igualando,

$\mathcal{L}\{\cos \alpha t\} + i\mathcal{L}\{\operatorname{sen} \alpha t\} = \dfrac{1}{s-\alpha i}\dfrac{s+\alpha i}{s+\alpha i} = \dfrac{s}{s^2+\alpha^2} + \dfrac{\alpha}{s^2+\alpha^2} i$, por tanto,

$$\boxed{\mathcal{L}\{\cos \alpha t\} = \frac{s}{s^2+\alpha^2}} \quad \text{e} \quad \boxed{\mathcal{L}\{\operatorname{sen} \alpha t\} = \frac{\alpha}{s^2+\alpha^2}}$$

X) $f(t) = \operatorname{senh} \alpha t$

$$\mathcal{L}\{\operatorname{senh} \alpha t\} = \mathcal{L}\left\{\frac{e^{\alpha t} - e^{-\alpha t}}{2}\right\}$$

$$\mathcal{L}\{\operatorname{senh} \alpha t\} = \frac{1}{2}\left[\mathcal{L}\{e^{\alpha t}\} - \mathcal{L}\{e^{-\alpha t}\}\right]$$

$$\mathcal{L}\{\operatorname{senh} \alpha t\} = \frac{1}{2}\left[\underbrace{\frac{1}{s-\alpha}}_{s>\alpha} - \underbrace{\frac{1}{s-(-\alpha)}}_{s>-\alpha}\right]$$

$$\mathcal{L}\{\operatorname{senh} \alpha t\} = \frac{1}{2}\left[\frac{1}{s-\alpha}\frac{s+\alpha}{s+\alpha} - \frac{1}{s+\alpha}\frac{s-\alpha}{s-\alpha}\right]$$

[93] $\Gamma(x)$ é a função Gama, que terá um capítulo inteiro dedicado a ela no 2º volume, por hora, vale a relação $\Gamma(n+1) = n!$

$$\mathcal{L}\{\operatorname{senh}\alpha t\} = \frac{1}{2}\left[\frac{2\alpha}{s^2-\alpha^2}\right]$$

$$\boxed{\mathcal{L}\{\operatorname{senh}\alpha t\} = \frac{\alpha}{s^2-\alpha^2}}$$

XI) $f(t) = \cosh \alpha t$

$$\mathcal{L}\{\cosh \alpha t\} = \mathcal{L}\left\{\frac{e^{\alpha t}+e^{-\alpha t}}{2}\right\}$$

$$\mathcal{L}\{\cosh \alpha t\} = \frac{1}{2}\left[\mathcal{L}\{e^{\alpha t}\} + \mathcal{L}\{e^{-\alpha t}\}\right]$$

$$\mathcal{L}\{\cosh \alpha t\} = \frac{1}{2}\left[\frac{1}{\underbrace{s-\alpha}_{s>\alpha}} + \frac{1}{\underbrace{s-(-\alpha)}_{s>-\alpha}}\right]$$

$$\mathcal{L}\{\cosh \alpha t\} = \frac{1}{2}\left[\frac{1}{s-\alpha}\frac{s+\alpha}{s+\alpha} + \frac{1}{s+\alpha}\frac{s-\alpha}{s-\alpha}\right]$$

$$\mathcal{L}\{\cosh \alpha t\} = \frac{1}{2}\left[\frac{2s}{s^2-\alpha^2}\right]$$

$$\boxed{\mathcal{L}\{\cosh \alpha t\} = \frac{s}{s^2-\alpha^2}}$$

XII) $f(t) = \ln t$

Vamos fazer com que apareça a função $\ln t$, observe,

$$\mathcal{L}\{t^n\} = \int_0^\infty t^n e^{-st}\,dt = \frac{\Gamma(n+1)}{s^{n+1}}$$

$$\frac{d}{dn}\int_0^\infty t^n e^{-st}\,dt = \frac{d}{dn}\frac{\Gamma(n+1)}{s^{n+1}}$$

$$\int_0^\infty \frac{\partial}{\partial n}\left(t^n e^{-st}\right)dt = \frac{s^{n+1}\Gamma'(n+1) - \Gamma(n+1)s^{n+1}\ln s}{\left(s^{n+1}\right)^2}$$

$$\int_0^\infty t^n e^{-st}\ln t\,dt = \frac{s^{n+1}\Gamma'(n+1) - \Gamma(n+1)s^{n+1}\ln s}{\left(s^{n+1}\right)^2}$$

Se fizermos agora, $n = 0$, teremos no 1º membro a transformada de Laplace da função $\ln t$,

$\mathcal{L}\{\ln t\} = \dfrac{s\Gamma'(1) - \Gamma(1)s\ln s}{(s)^2}$, substituindo os valores,

$\Gamma'(1) = \gamma,\ \Gamma(1) = 0! = 1$ [94]

$$\mathcal{L}\{\ln t\} = \frac{s\gamma - s\ln s}{s^2} = \frac{\gamma - \ln s}{s}$$

$$\boxed{\mathcal{L}\{\ln t\} = \frac{\gamma - \ln s}{s}}$$

Na prática, existem tabelas que fornecem a expressão da transformada de Laplace para uma dada função, o que facilita em muito o trabalho.

Transformada de Laplace de uma Derivada,

XIII) $\boxed{\mathcal{L}\{f'(t)\} = s\mathcal{L}\{f(t)\} - f(0)}$

Demonstração:

Seja $f(t)$ contínua e de ordem exponencial e $f'(t)$ contínua por partes para valores não-negativos de t,

$\mathcal{L}\{f'(t)\} = \int_0^\infty f'(t)e^{-st}dt$, integrando por partes,

	D	I
$+$	e^{-st}	$f'(t)$
$-$	$-se^{-st}$	$f(t)$

$$\int_0^\infty f'(t)e^{-st}dt = \left[e^{-st}f(t)\right]_0^\infty + \int_0^\infty se^{-st}f(t)dt$$

$$\int_0^\infty f'(t)e^{-st}dt = -f(0) + s\int_0^\infty e^{-st}f(t)dt$$

$$\int_0^\infty f'(t)e^{-st}dt = s\mathcal{L}\{f(t)\} - f(0)$$

□

[94] γ é a constante de Euler-Mascheroni que será abordada no 2º volume.

Se a função e sua derivada forem contínuas e a segunda derivada for contínua por partes, podemos escrever,

$$\mathcal{L}\{f''(t)\} = s^2\mathcal{L}\{f(t)\} - s\,f(0) - f'(0)$$

Desse modo, se $f(t), f'(t), f''(t), \ldots, f^{(n-1)}(t)$ forem contínuas e $f^{(n)}(t)$ for contínua por partes, teremos,

$$\text{XIV)}\quad \boxed{\mathcal{L}\{f^{(n)}(t)\} = s^n\mathcal{L}\{f(t)\} - s^{n-1}f(0) - s^{n-2}f'(0) - \ldots - s^1 f^{(n-2)}(0) - s^0 f^{(n-1)}(0)}$$

Derivada da Transformada de Laplace

$$\text{XV)}\quad \boxed{\mathcal{L}\{t\,f(t)\} = -\frac{d}{ds}F(s)}$$

Demonstração:

Seja $F(s) = \mathcal{L}\{f(t)\}$, assim,

$\frac{d}{ds}F(s) = \frac{d}{ds}\mathcal{L}\{f(t)\} = \frac{d}{ds}\int_0^\infty e^{-st} f(t)\,dt$, da regra de Leibniz,

$$\frac{d}{ds}F(s) = \int_0^\infty \frac{\partial}{\partial s}e^{-st} f(t)\,dt = \int_0^\infty -t\,e^{-st} f(t)\,dt$$

$$\frac{d}{ds}F(s) = -\int_0^\infty e^{-st}\,t\,f(t)\,dt = -\mathcal{L}\{t\,f(t)\}$$

$$\mathcal{L}\{t\,f(t)\} = -\frac{d}{ds}F(s)$$

□

Se quisermos generalizar o resultado anterior, prova-se que:

$$\text{XVI)}\quad \boxed{\mathcal{L}\{t^n f(t)\} = (-1)^n \frac{d^n}{ds^n}F(s)}$$

Vamos agora ver como calcular a transformada de Laplace de uma integral,

XVII) $$\mathcal{L}\left\{\int_0^t f(u)\,du\right\} = \frac{\mathcal{L}\{f(t)\}}{s}$$

Demonstração:

Seja $g(t) = \int_0^t f(u)\,du$, por tanto, $g'(t) = f(t)$,

Da transformada da derivada sabemos que,

$\mathcal{L}\{g'(t)\} = s\mathcal{L}\{f(t)\} - g(0)$,
Sabemos que $g(0) = 0$,

$$\mathcal{L}\{g'(t)\} = s\mathcal{L}\{g(t)\}$$

$$\mathcal{L}\{g(t)\} = \frac{\mathcal{L}(g'(t))}{s}$$

$$\mathcal{L}\left\{\int_0^t f(u)\,du\right\} = \frac{\mathcal{L}\{f(t)\}}{s}$$

□

Se quisermos executar uma translação no eixo s,

XVIII) $$\mathcal{L}\{e^{at} f(t)\} = F(s-a)$$, para qualquer valor de a real.

Demonstração:

$$\mathcal{L}\{e^{at} f(t)\} = \int_0^\infty e^{at} f(t) e^{-st}\,dt = \int_0^\infty f(t) e^{-(s-a)t}\,dt = F(s-a)$$

□

a) Calcule a integral $\int_0^\infty t^3 e^{-2t}\,dt$.
Solução:

Observe que $\int_0^\infty t^3 e^{-2t}\,dt = \mathcal{L}\{t^3\}$ para $s = 2$, por tanto,

$$\mathcal{L}\{t^3\} = \int_0^\infty t^3 e^{-st}\,dt = \frac{3!}{s^4}$$

Para $s = 2$,

$$\int_0^\infty t^3 e^{-2t}\,dt = \mathcal{L}\{t^3\}_{s=2} = \frac{3!}{2^4}$$

$$\int_0^\infty t^3 e^{-2t}\,dt = \frac{3}{8}$$

b) Calcule a integral $\int_0^\infty e^{-3t}\cos^2 t\,dt$.

Solução:

Da trigonometria,

$\cos 2t = 2\cos^2 t - 1 \Rightarrow \cos^2 t = \dfrac{\cos 2t + 1}{2}$, substituindo,

$$\int_0^\infty e^{-3t}\cos^2 t\,dt = \int_0^\infty e^{-3t}\frac{\cos 2t + 1}{2}dt = 2\int_0^\infty e^{-3t}\cos 2t + e^{-3t}dt$$

Onde,

$$\int_0^\infty e^{-3t}\cos^2 t\,dt = 2\left[\int_0^\infty e^{-3t}\cos 2t\,dt + \int_0^\infty e^{-3t}dt\right] = 2\left[\mathcal{L}\{\cos 2t\}_{s=3} + \mathcal{L}\{1\}_{s=3}\right]$$

$$\int_0^\infty e^{-3t}\cos^2 t\,dt = 2\left[\mathcal{L}\{\cos 2t\}_{s=3} + \mathcal{L}\{1\}_{s=3}\right] = 2\left[\frac{s}{s^2+2^2}\right]_{s=3} + 2\left[\frac{1}{s}\right]_{s=3}$$

$$\int_0^\infty e^{-3t}\cos^2 t\,dt = 2\left[\frac{3}{3^2+2^2}\right] + 2\left[\frac{1}{3}\right] = \frac{6}{13} + \frac{2}{3} = \frac{44}{39}$$

$$\int_0^\infty e^{-3t}\cos^2 t\,dt = \frac{44}{39}$$

c) Calcule a integral $\int_0^\infty e^{-2t}\,\mathrm{senh}\,t\cos 3t\,dt$.

Solução:

$$\int_0^\infty e^{-2t}\,\mathrm{senh}\,t\cos 3t\,dt = \mathcal{L}\{\mathrm{senh}\,t\cos 3t\}_{s=2}$$

$$\int_0^\infty e^{-2t}\,\mathrm{senh}\,t\cos 3t\,dt = \mathcal{L}\left\{\frac{e^t - e^{-t}}{2}\cos 3t\right\}_{s=2} = \frac{1}{2}\mathcal{L}\{e^t\cos 3t - e^{-t}\cos 3t\}_{s=2}$$

$$\int_0^\infty e^{-2t}\,\mathrm{senh}\,t\cos 3t\,dt = \frac{1}{2}\mathcal{L}\{e^t\cos 3t\}_{s=2} - \frac{1}{2}\mathcal{L}\{e^{-t}\cos 3t\}_{s=2}, \text{ onde, } \mathcal{L}\{e^{at}f(t)\} = F(s-a)$$

$$\int_0^\infty e^{-2t}\,\mathrm{senh}\,t\cos 3t\,dt = \frac{1}{2}F(s-1)_{s=2} - \frac{1}{2}F(s+1)_{s=2}$$

$$\int_0^\infty e^{-2t}\,\mathrm{senh}\,t\cos 3t\,dt = \frac{1}{2}\frac{(s-1)}{(s-1)^2+3^2}_{s=2} - \frac{1}{2}\frac{(s+1)}{(s+1)^2+3^2}_{s=2}$$

$$\int_0^\infty e^{-2t}\,\mathrm{senh}\,t\cos 3t\,dt = \frac{1}{2}\frac{2-1}{(2-1)^2+3^2} - \frac{1}{2}\frac{2+1}{(2+1)^2+3^2} = \frac{1}{20} - \frac{3}{36}$$

$$\int_0^\infty e^{-2t}\,\text{senh}\,t\cos 3t\,dt = \frac{1}{20}-\frac{1}{12}=\frac{3-5}{60}=-\frac{1}{30}$$

$$\int_0^\infty e^{-2t}\,\text{senh}\,t\cos 3t\,dt = -\frac{1}{30}$$

d) Calcule a integral $\int_0^\infty e^{-5t}t\cos 2t\,dt$

Solução:

$$\int_0^\infty e^{-5t}t\cos 2t\,dt = \mathcal{L}\{t\cos 2t\}_{s=5}$$

$$\int_0^\infty e^{-5t}t\cos 2t\,dt = \mathcal{L}\{t\cos 2t\}_{s=5} = -\frac{d}{ds}\left[\mathcal{L}\{\cos 2t\}_{s=5}\right]$$

$$\int_0^\infty e^{-5t}t\cos 2t\,dt = -\frac{d}{ds}\left[\mathcal{L}\{\cos 2t\}_{s=5}\right] = -\frac{d}{ds}\left[\frac{s}{s^2+2^2}\right]_{s=5}$$

$$\int_0^\infty e^{-5t}t\cos 2t\,dt = -\frac{d}{ds}\left[\frac{s}{s^2+2^2}\right]_{s=5} = -\left[\frac{1(s^2+4)-s(2s)}{(s^2+4)^2}\right]_{s=5}$$

$$\int_0^\infty e^{-5t}t\cos 2t\,dt = -\left[\frac{1(5^2+4)-5(10)}{(5^2+4)^2}\right] = \frac{21}{841}$$

e) Calcule a integral $\int_0^\infty \frac{t^2\cos t}{e^t}dt$.

Solução:

$$\int_0^\infty \frac{t^2\cos t}{e^t}dt = \int_0^\infty e^{-t}t^2\cos t\,dt = \mathcal{L}\{t^2\cos t\}_{s=1}$$

$$\int_0^\infty \frac{t^2\cos t}{e^t}dt = \mathcal{L}\{t^2\cos t\}_{s=1} = (-1)^2\frac{d^2}{ds^2}F(s)$$

$$\int_0^\infty \frac{t^2\cos t}{e^t}dt = \mathcal{L}\{t^2\cos t\}_{s=1} = (-1)^2\frac{d^2}{ds^2}\left[\mathcal{L}\{\cos t\}_{s=1}\right]$$

$$\int_0^\infty \frac{t^2\cos t}{e^t}dt = \frac{d^2}{ds^2}\left[\frac{s}{s^2+1^2}\right]_{s=1} = \frac{d}{ds}\left[\frac{1(s^2+1)-2s(s)}{(s^2+1)^2}\right]_{s=1}$$

$$\int_0^\infty \frac{t^2\cos t}{e^t}dt = \frac{d}{ds}\left[\frac{-s^2+1}{(s^2+1)^2}\right]_{s=1} = \left[\frac{-2s(s^2+1)^2-2(s^2+1)2s(-s^2+1)}{(s^2+1)^4}\right]_{s=1}$$

$$\int_0^\infty \frac{t^2\cos t}{e^t}dt = \frac{-2(2)^2-2(2)2s(0)}{(2)^4} = -\frac{1}{2}$$

f) Calcule a integral $\int_0^\infty \frac{\cos xt}{1+x^2}dx$.

Solução:

$$\mathcal{L}\left\{\int_0^\infty \frac{\cos xt}{1+x^2}dx\right\} = \int_0^\infty e^{-st}\int_0^\infty \frac{\cos xt}{1+x^2}dx\,dt$$, pelo teorema da convergência dominada,

$$\mathcal{L}\left\{\int_0^\infty \frac{\cos xt}{1+x^2}dx\right\} = \int_0^\infty\int_0^\infty e^{-st}\frac{\cos xt}{1+x^2}dt\,dx$$

$$\mathcal{L}\left\{\int_0^\infty \frac{\cos xt}{1+x^2}dx\right\} = \int_0^\infty \frac{1}{1+x^2}\frac{s}{s^2+x^2}dx$$

Onde, $\frac{1}{(1+x^2)(s^2+x^2)} = \frac{1}{(1-s^2)(s^2+x^2)} - \frac{1}{(1-s^2)(1+x^2)}$

Substituindo,

$$\mathcal{L}\left\{\int_0^\infty \frac{\cos xt}{1+x^2}dx\right\} = \left(\frac{s}{1-s^2}\right)\int_0^\infty \frac{1}{s^2+x^2} - \frac{1}{1+x^2}dx$$

$$\mathcal{L}\left\{\int_0^\infty \frac{\cos xt}{1+x^2}dx\right\} = \left(\frac{s}{1-s^2}\right)\left[\frac{1}{s}\text{tg}^{-1}\left(\frac{x}{s}\right)\Big|_0^\infty - \text{tg}^{-1}(x)\Big|_0^\infty\right]$$

$$\mathcal{L}\left\{\int_0^\infty \frac{\cos xt}{1+x^2}dx\right\} = \left(\frac{s}{1-s^2}\right)\left[\frac{1}{s}\left(\frac{\pi}{2}\right) - \frac{\pi}{2}\right] = \frac{\pi}{2}\left(\frac{s}{1-s^2}\right)\left(\frac{1}{s}-1\right)$$

$$\mathcal{L}\left\{\int_0^\infty \frac{\cos xt}{1+x^2}dx\right\} = \frac{\pi}{2}\left(\frac{1}{1+s}\right)$$

pela unicidade da transformada de Laplace (teorema de Lerch),

$$\int_0^\infty \frac{\cos xt}{1+x^2}dx = \frac{\pi}{2}e^{-|t|}$$

g) Calcule a integral $\int_0^\infty \frac{1-\cos t}{e^{st}t}dt$.

Solução:
Reescrevendo a integral,

$$\int_0^\infty \frac{1-\cos t}{e^{st}t}dt = \int_0^\infty e^{-st}dt = \mathcal{L}\left\{\frac{1-\cos t}{t}\right\}$$, mas

Da propriedade, $\mathcal{L}\left\{\frac{f(t)}{t}\right\} = \int_s^\infty F(u)\,du$, temos,

$$\int_0^\infty \frac{1-\cos t}{e^{st}t}dt = \mathcal{L}\left\{\frac{1-\cos t}{t}\right\} = \int_s^\infty F(u)\,du$$

$$F(u)=\mathcal{L}\{1-\cos t\}=\mathcal{L}\{1\}-\mathcal{L}\{\cos t\}=\frac{1}{u}-\frac{u}{u^2+1}$$

$F(u)=\dfrac{1}{u^3+u}$, substituindo,

$$\int_0^{\infty}\frac{1-\cos t}{e^{st}t}dt=\int_s^{\infty}F(u)du=\int_s^{\infty}\frac{1}{u^3+u}du$$

$$\int_0^{\infty}\frac{1-\cos t}{e^{st}t}dt=\int_s^{\infty}\frac{u^{-3}}{1+u^{-2}}du=-\frac{1}{2}\int_s^{\infty}\frac{-2u^{-3}}{1+u^{-2}}du=-\frac{1}{2}\left[\ln\left(1+u^{-2}\right)\right]_s^{\infty}=\frac{\ln\left(1+s^{-2}\right)}{2}$$

$$\int_0^{\infty}\frac{1-\cos t}{e^{st}t}dt=\frac{\ln\left(1+s^{-2}\right)}{2}$$

h) Calcule a integral $\displaystyle\int_0^{\infty}\frac{e^{-at}-e^{-bt}}{t}dt$ [95]

Solução:

$$\int_0^{\infty}\frac{e^{-at}-e^{-bt}}{t}dt=\int_0^{\infty}e^{-st}\,\frac{e^{-(a-s)t}-e^{-(b-s)t}}{t}dt=\mathcal{L}\left\{\frac{e^{-(a-s)t}-e^{-(b-s)t}}{t}\right\}=\int_s^{\infty}\mathcal{L}\left\{e^{(s-a)t}-e^{(s-b)t}\right\}du$$

$$\int_0^{\infty}\frac{e^{-at}-e^{-bt}}{t}dt=\int_s^{\infty}\frac{1}{u-a}-\frac{1}{u-b}du=\ln\left(\frac{s-b}{s-a}\right)$$

$\displaystyle\int_0^{\infty}\frac{e^{-at}-e^{-bt}}{t}dt=\ln\left(\frac{s-b}{s-a}\right)$, fazendo $s=0$,

$$\int_0^{\infty}\frac{e^{-at}-e^{-bt}}{t}dt=\ln\left(\frac{b}{a}\right)$$

i) Calcule a integral $\displaystyle\int_0^{\infty}\frac{e^{-2t}\cos(3t)-e^{-4t}\cos(2t)}{t}dt$.

Solução:

$$\int_0^{\infty}\frac{e^{-2t}\cos(3t)-e^{-4t}\cos(2t)}{t}dt=\int_0^{\infty}e^{-st}\,\frac{e^{(s-2)t}\cos(3t)-e^{(s-4)t}\cos(2t)}{t}dt$$

$$\int_0^{\infty}\frac{e^{-2t}\cos(3t)-e^{-4t}\cos(2t)}{t}dt=\int_s^{\infty}\mathcal{L}\left\{e^{(s-2)t}\cos(3t)-e^{(s-4)t}\cos(2t)\right\}du$$

$$\int_0^{\infty}\frac{e^{-2t}\cos(3t)-e^{-4t}\cos(2t)}{t}dt=\int_s^{\infty}\mathcal{L}\left\{e^{(s-2)t}\cos(3t)\right\}du-\int_s^{\infty}\mathcal{L}\left\{e^{(s-4)t}\cos(2t)\right\}du$$

---

[95] Essa mesma integral foi resolvida no capítulo Integral de Froullani.

$$\int_0^\infty \frac{e^{-2t}\cos(3t)-e^{-4t}\cos(2t)}{t}dt=\int_s^\infty F(u+2)du-\int_s^\infty F(u+4)du$$

$$\int_0^\infty \frac{e^{-2t}\cos(3t)-e^{-4t}\cos(2t)}{t}dt=\int_s^\infty \frac{u+2}{(u+2)^2+3^2}du-\int_s^\infty \frac{u+4}{(u+4)^2+2^2}du$$

$$\int_0^\infty \frac{e^{-2t}\cos(3t)-e^{-4t}\cos(2t)}{t}dt=\frac{1}{2}\ln\left[\frac{(s+2)^2+9}{(s+4)^2+4}\right]$$, fazendo $s=0$,

$$\int_0^\infty \frac{e^{-2t}\cos(3t)-e^{-4t}\cos(2t)}{t}dt=\frac{1}{2}\ln\left(\frac{13}{20}\right)$$

j) Calcule a integral $\int_0^\infty \frac{\operatorname{sen} t}{t}dt$ [96].

Solução:

Seja a integral, $\int_0^\infty e^{-st}\frac{\operatorname{sen} t}{t}dt$, temos,

$$\int_0^\infty e^{-st}\frac{\operatorname{sen} t}{t}dt=\mathcal{L}\left\{\frac{\operatorname{sen} t}{t}\right\}=\int_s^\infty \mathcal{L}\{\operatorname{sen} t\}du$$

$$\int_0^\infty e^{-st}\frac{\operatorname{sen} t}{t}dt=\int_s^\infty \mathcal{L}\{\operatorname{sen} t\}du=\int_s^\infty \frac{1}{u^2+1}du=\operatorname{tg}^{-1}(u)\Big|_s^\infty=\frac{\pi}{2}-\operatorname{tg}^{-1}(s)$$

Para $s=0$,

$$\int_0^\infty \frac{\operatorname{sen} t}{t}dt=\frac{\pi}{2}$$

[96] Essa é apenas mais uma forma de calcularmos essa integral.

APÊNDICE

A) Teoremas de Base

Seja A um conjunto de números reais. O maior elemento de A quando existe, denomina-se **máximo** de A e o menor, quando existe, denomina-se **mínimo** de A. Dizemos ainda que m é **cota superior (cota inferior)** de A se m for máximo (mínimo) de A, ou se for estritamente maior (menor) que qualquer elemento de A. A menor (maior) cota superior (inferior) de A, quando existe denomina-se **supremo** de A (**ínfimo** de A).

Propriedade do Supremo: Todo conjunto de números reais, não vazio e limitado superiormente admite supremo.

Propriedade dos Intervalos Encaixantes: " Seja a sequência de intervalos $[a_0, b_0]$, $[a_1, b_1]$, ... , $[a_n, b_n]$, ... que satisfazem as condições:

1) $[a_0,b_0]\supset[a_1,b_1]\supset\ldots\supset[a_n,b_n]\supset\ldots$
2) para todo $r > 0$, existe um número natural n, tal que $b_n - a_n < r$

Então existe e é único, um número real α que pertence a todos os intervalos da sequência".

Demonstração:
Seja $A = \{a_0, a_1, a_2, \ldots, a_n, \ldots\}$ um conjunto não vazio e limitado superiormente, uma vez que b_n é cota superior de A. Assim, A admite supremo e como α é a menor cota superior de A, teremos para todo o natural n que $a_n \leq \alpha \leq b_n$,

Seja agora β um outro real tal que para todo n segue $a_n \leq \beta \leq b_n$. Assim, é valido dizer que para todo n teremos que $|\alpha - \beta| \leq b_n - a_n$ mas da condição (2), segue que $|\alpha - \beta| < r$, logo $\alpha=\beta$.

□

□

Teorema de Bolzano ou do Anulamento: "Se uma função f for contínua em um intervalo [a, b] e se $f(a).f(b) < 0$, então existirá pelo menos uma raiz c em [a, b] tal que $f(c) = 0$".

Demonstração:
Sem perda de generalidade, vamos supor $f(a) < 0$ e $f(b) > 0$, assim, seja $a = a_0$ e $b = b_0$ e c_0 o ponto médio do segmento formado pelo intervalo $[a_0, b_0]$, temos que $f(c_0) < 0$ ou $f(c_0) \geq 0$.
Suponhamos que $f(c_0) < 0$ e façamos agora $c_0 = a_1$ e $b_0 = b_1$, ficamos com $f(a_1) < 0$ e $f(b_1) > 0$. Seja c_1 o ponto médio do segmento formado pelo intervalo $[a_1, b_1]$, temos que $f(c_1) < 0$ ou $f(c_1) \geq 0$.
Suponhamos agora que $f(c_1) > 0$ e façamos, dessa vez, $a_1 = a_2$ e $c_1 = b_2$. Seguindo esse mesmo procedimento, construiremos uma sequência de intervalos:

$$[a_0,b_0]\supset[a_1,b_1]\supset\ldots\supset[a_n,b_n]\supset\ldots$$

Que satisfaz as condições da propriedade dos intervalos encaixantes, tal que para todo n, $f(a_n) < 0$ e $f(b_n) \geq 0$, assim, seja c o único real tal que para todo n, $a_n \leq c \leq b_n$, então as sequências de termos gerais a_n e b_n convergem para c. Da continuidade da função f vem que:
$\lim_{n\to\infty} f(a_n) = f(c)$ e $\lim_{n\to\infty} f(b_n) = f(c)$, onde $f(c) \leq 0$ e $f(c) \geq 0$, por tanto, $f(c) = 0$.

□

Teorema do Valor Intermediário: "Seja f uma função contínua no intervalo fechado [a, b] e seja γ um real compreendido entre $f(a)$ e $f(b)$, então existirá pelo menos um real $c \in [a, b]$ tal que $f(c) = \gamma$ ".

Demonstração:
Nas condições da hipótese, seja $f(a) < \gamma < f(b)$,
seja ainda a função $g(x) = f(x) - \gamma$, $x \in [a, b]$, também contínua, uma vez que $f(x)$ o é,
ficamos com $g(a) = f(a) - \gamma < 0$ e $g(b) = f(b) - \gamma > 0$,
onde Teorema de Bolzano, podemos então afirmar que existe um real c em [a, b] tal que $g(c) = 0$, ou seja, $f(c) = \gamma$.

□

Teorema da Limitação: "Se f for uma função contínua no intervalo [a, b], então f será limitada nesse intervalo".

Demonstração:
Por absurdo, vamos supor que f não seja limitada no intervalo [a, b].
Seja então $a = a_1$ e $b = b_1$, existirá por tanto x_1 em $[a_1, b_1]$ tal que $|f(x_1)| > 1$, seja agora c_1 o ponto médio do intervalo $[a_1, b_1]$, então f não será limitada em um dos intervalos $[a_1, c_1]$ ou $[c_1, b_1]$. Vamos supor então, que f não seja limitada em $[c_1, b_1]$ e façamos $a_2 = c_1$ e $b_2 = b_1$, novamente, f não sendo limitada em $[a_2, b_2]$, existirá um $x_2 \in [a_2, b_2]$, tal que $|f(x_2)| = 2$. Ao prosseguirmos com procedimento, construiremos uma sequência de intervalos encaixantes:
$[a_1, b_1] \supset [a_2, b_2] \supset ... \supset [a_n, b_n] \supset ...$ que satisfazem as propriedades dos intervalos encaixantes, de modo que para todo o natural $n > 0$ existe um $x_n \in [a_n, b_n]$ com $|f(x_n)| > n$, que no limite significa, $\lim_{n \to \infty} |f(x_n)| = \infty$.
Seja agora, c o único real tal que, para todo $n > 0$, $c \in [a_n, b_n]$, como, da hipótese, a função é contínua e a sequência x_n converge para c, temos que $\lim_{n \to \infty} |f(x_n)| = |f(c)|$ o que nos leva a uma contradição, significando que a nossa suposição de que f não é limitada é falsa, portanto f é limitada no intervalo [a, b].

□

Teorema de Weierstrass: "Seja f uma função contínua em um intervalo [a, b], então existirão x_1 e x_2, reais, no intervalo tais que $f(x_1) \le f(x) \le f(x_2)$ para todo $x \in [a, b]$".

Demonstração:
Seja f uma função contínua em [a, b], o Teorema da Limitação nos permite afirmar que f será limitada no intervalo [a, b] de onde podemos afirmar que um conjunto $A = \{f(x) / x \in [a, b]\}$ por conseguinte admitirá supremo e ínfimo.
Sejam,
$M = \sup\{f(x) / x \in [a, b]\}$
$m = \inf\{f(x) / x \in [a, b]\}$
Assim, para todo o $x \in [a, b]$, $m \le f(x) \le M$.
Seja agora uma função $g(x)$ dada por $g(x) = \frac{1}{M - f(x)}$, $x \in [a, b]$, observe que $g(x)$ seria contínua em [a, b], mas não limitada no intervalo, o que é uma contradição. De onde concluímos que $f(x)$ não poderá ser menor do que M em [a, b], assim, devemos ter para algum $x = x_2 \in [a, b]$ que $f(x_2) = M$. De maneira análoga é possível concluir também que existe um $x = x_1$, $x_1 \in [a, b]$ tal que $f(x_1) = m$.

□

Teorema de Rolle: "Seja f uma função contínua em um intervalo [a, b], derivável em]a, b[e ainda que $f(a) = f(b)$, então existirá pelo menos um c em]a, b[tal que $f'(c) = 0$".

Demonstração:
Se a função f for constante no intervalo [a, b], então $f'(x) = 0$ em]a, b[, por tanto, existirá c em]a, b[tal que $f'(c) = 0$.

Vamos agora supor que f não seja constante no intervalo [a, b], como da hipótese, sabemos que ela é contínua nesse intervalo, o Teorema de Weierstrass nos garante que existem x_1 e x_2 em [a, b] tais que $f(x_1)$ e $f(x_2)$ são respectivamente, os valores máximo e mínimo da função em [a, b]. Da nossa suposição de uma f não constante no intervalo [a, b], temos que $f(x_1) \neq f(x_2)$, na hipótese de que $f(a) = f(b)$, temos que x_1 ou x_2 pertencem a]a, b[, por tanto, $f'(x_1) = 0$ ou $f'(x_2) = 0$ assim, existe c em]a, b[tal que satisfaz a tese.

□

Teorema do Valor Médio: "Seja f uma função contínua definida em um intervalo [a, b] e derivável em]a, b[, então existirá pelo menos um c no intervalo]a, b[tal que $f(b) - f(a) = f'(c)\,(b-a)$".

Demonstração:
Seja $y(x)$ a função[97] que representa os pontos da reta que contêm os pontos $(a, f(a))$ e $(b, f(b))$. A função $y(x)$ será dada por:

$$y(x) = f(a) + \frac{f(b) - f(a)}{b-a}(x-a)$$

Seja agora a função $g(x)$ definida no intervalo [a, b] por:

$$g(x) = f(x) - y(x)$$

A função calcula a distância vertical dos pontos de $f(x)$ até a reta $y(x)$. Desse modo, é fácil notar que $g(a) = g(b) = 0$.
A função g é contínua em [a,b] e derivável em]a, b[, assim, pelo Teorema de Rolle, sabemos que existe c $\in$]a, b[tal que $g'(c) = 0$. Desse modo,

$g'(x) = f'(x) - y'(x)$, ainda, $y'(x) = \dfrac{f(b)-f(a)}{b-a}$

Substituindo o valor de $y'(x)$ em $g'(x)$, vem que,

$g'(x) = f'(x) - \dfrac{f(b)-f(a)}{b-a}$, para x = c, temos,

$g'(c) = f'(c) - \dfrac{f(b)-f(a)}{b-a} = 0$, por tanto,

$$f(b) - f(a) = f'(c)(b-a)$$

□

Teorema de Cauchy: "Sejam f e g duas funções contínuas em [a, b] e deriváveis em]a, b[, então podemos afirmar que existe pelo menos um c em]a, b[tal que

$[f(b) - f(a)]g'(c) = [g(b) - g(a)]f'(c)$, ou

$\dfrac{f(b)-f(a)}{g(b)-g(a)} = \dfrac{f'(c)}{g'(c)}$, $se\ g(a) \neq g(b)\ e\ g'(c) \neq 0$"

Demonstração:
Seja a função

$h(x) = [f(b) - f(a)]g'(x) - [g(b) - g(a)]f'(x)$, $x \in [a,b]$, onde,

h é contínua em [a, b] e derivável em]a, b[, e ainda $h(a) = h(b)$.

[97] Conhecida como "Função de Bonet" – Pierre Ossian Bonet (1819-1892) matemático francês.

Pelo Teorema de Rolle, podemos afirmar que existe um $c \in]a,b[$ tal que $h'(c) = 0$, ou seja,

$$\left[f(b)-f(a)\right]g'(c)=\left[g(b)-g(a)\right]f'(c)$$

□

B) Números Complexos - Complementos

Algumas relações importantes observadas nos números complexos:

- $z.\bar{z}=|z|^2$
- $z^{-1}=\dfrac{\bar{z}}{|z|^2}$
- $\operatorname{Re}(z)\leq|\operatorname{Re}(z)|\leq|z| \ e \ \operatorname{Im}(z)\leq|\operatorname{Im}(z)|\leq|z|$

Vale mencionar que a norma ou módulo de um número complexo pode e deve ser interpretada com distância entre dois pontos, por exemplo, $z=3+4i$, $|z|=\sqrt{(3)^2+(4)^2}=5$, 5 é a distância no plano complexo do afixo de z até a origem, observe, $|z|=|z-O|=|(3+4i)-(0+0i)|$ ou simplesmente, $|z|=|(3,4)-(0,0)|$.

<u>Desigualdade Triangular:</u>
$|z_1+z_2|\leq|z_1|+|z_2|$

Demonstração:

$$|z_1+z_2|^2=|(x_1+x_2)+(y_1+y_2)i|^2=(x_1+x_2)^2+(y_1+y_2)^2$$

$$|z_1+z_2|^2=x_1^2+2x_1x_2+x_2^2+y_1^2+2y_1y_2+y_2^2=x_1^2+y_1^2+x_2^2+y_2^2+2(x_1x_2+y_1y_2)$$

$$|z_1+z_2|^2=|z_1|^2+|z_2|^2+2(x_1x_2+y_1y_2)$$

$$onde \ z_1\bar{z}_2=(x_1+y_1i)(x_2-y_2i)=(x_1x_2+y_1y_2)+(y_1x_2-x_1y_2)i, \ assim,$$

$$|z_1+z_2|^2=|z_1|^2+|z_2|^2+2\operatorname{Re}(z_1\bar{z}_2), \ mas,$$

$$|\operatorname{Re}(z_1\bar{z}_2)|\leq|z_1\bar{z}_2|=|z_1z_2|=|z_1||z_2|\Rightarrow|\operatorname{Re}(z_1\bar{z}_2)|\leq|z_1||z_2|, \ substituindo,$$

$$|z_1+z_2|^2\leq|z_1|^2+|z_2|^2+2|z_1||z_2|=(|z_1|+|z_2|)^2, \ finalmente,$$

$$|z_1+z_2|\leq|z_1|+|z_2|$$

□

Obs.:

$$|z_1+z_2|\geq||z_1|-|z_2|| \ e \ |z_1-z_2|\geq|z_1|-|z_2|$$

Forma Polar de um Número Complexo:

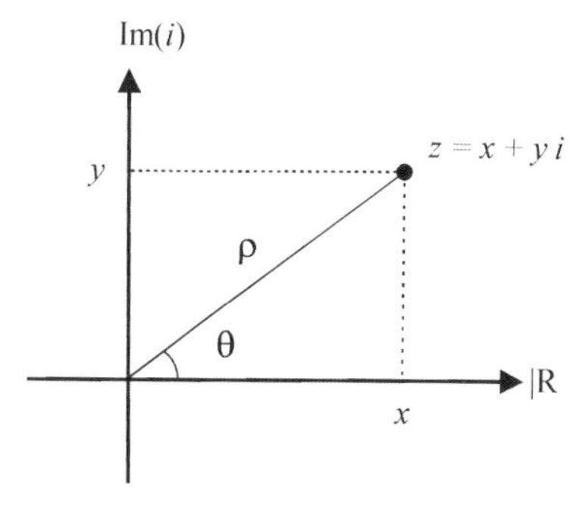

$$z=\rho\left(\cos\theta+i\,\mathrm{sen}\,\theta\right)$$

$$\begin{cases}\rho=|z|=\sqrt{(x)^2+(y)^2}\\ \theta=\mathrm{tg}^{-1}\left(\dfrac{y}{x}\right)\end{cases}\Leftrightarrow\begin{cases}x=\rho\cos\theta\\ y=\rho\,\mathrm{sen}\,\theta\end{cases}$$

Mas, uma vez que a função $\mathrm{tg}^{-1}x$ varia no intervalo $\left]-\dfrac{\pi}{2},\dfrac{\pi}{2}\right[$, o cálculo de θ, como apresentado acima não seria capaz de diferenciar ângulos que estão no 1º quadrante de ângulos do 3º quadrante assim como ângulos do 4º quadrante de ângulos do 2º quadrante, devemos então definir nosso θ como,

$$\theta=\begin{cases}\mathrm{tg}^{-1}\left(\dfrac{y}{x}\right),\ se\ x>0\\ \mathrm{tg}^{-1}\left(\dfrac{y}{x}\right)+\pi,\ se\ x<0\ e\ y\geq 0\\ \mathrm{tg}^{-1}\left(\dfrac{y}{x}\right)-\pi,\ se\ x<0\ e\ y<0\\ \dfrac{\pi}{2},\ se\ x=0\ e\ y>0\\ -\dfrac{\pi}{2},\ se\ x=0\ e\ y<0\end{cases}$$

$\theta=\mathrm{Arg}(z),\ -\pi<\mathrm{Arg}(z)<\pi$,

Arg (z) é denominado de valor principal de arg (z).

Desse modo o nosso ângulo estará sempre no intervalo de $-\pi$ *à* π. Vamos denominar o ângulo θ de argumento do número complexo z, $\theta=\mathrm{Arg}(z),\ -\pi<\mathrm{Arg}(z)\leq\pi$.

Mas dada a periodicidade das funções trigonométricas, sabemos que,
$z=\rho\left(\cos\theta+i\,\mathrm{sen}\,\theta\right)=\rho\left(\cos\left(\theta+2k\pi\right)+i\,\mathrm{sen}\left(\theta+2k\pi\right)\right),\ k\in\mathbb{Z}$,
desse modo, o menor valor não negativo de θ será denominado de valor principal do argumento de z e será escrito com a primeira letra em maiúscula, ou seja, para

$$z=\rho\left(\cos\underbrace{\left(\underbrace{\theta}_{\mathrm{Arg}\theta}+2k\pi\right)}_{\arg\theta}+i\,\mathrm{sen}\underbrace{\left(\underbrace{\theta}_{\mathrm{Arg}\theta}+2k\pi\right)}_{\arg\theta}\right)$$

Arg (z) é denominado de valor principal de arg (z), ou seja, é o valor do arg (z) quando $k=0$.

Fórmula de Euler: $e^{i\theta} = \cos\theta + i\,\text{sen}\,\theta$

A Fórmula de Euler pode ser deduzida facilmente ao observarmos as expansões individuais das funções acima em série de MacLaurin e nos permite reescrever a forma polar com notação exponencial, observe:

$$z = \rho\underbrace{(\cos\theta + i\,\text{sen}\,\theta)}_{e^{i\theta}} = \rho e^{i\theta}$$

Operações na Fórmula Polar:

Seja $z_1 = \rho_1 e^{i\theta_1}$ e $z_2 = \rho_2 e^{i\theta_2}$, temos,

$z_1 . z_2 = \rho_1 e^{i\theta_1} . \rho_2 e^{i\theta_2} = \rho_1 \rho_2 e^{i(\theta_1 + \theta_2)}$

$\frac{z_1}{z_2} = \frac{\rho_1}{\rho_2} e^{i(\theta_1 - \theta_2)}$

$\overline{z}_1 = \rho_1 e^{-i\theta_1}$, $\overline{z}_2 = \rho_2 e^{-i\theta_2}$

$z_1^n = \rho_1^n e^{in\theta_1}$

Das operações explicitadas acima, vale dizer que:

$\arg(z_1 z_2) = \arg(z_1) + \arg(z_2)$, ou seja, existe um valor de k que torna a igualdade verdadeira.

Raízes enésimas da unidade:

São os valores de z que satisfazem a equação $z^n = 1$. Das operações em forma polar, podemos deduzir que,

$$z = \cos\left(\frac{2k\pi}{n}\right) + i\,\text{sen}\left(\frac{2k\pi}{n}\right),\quad 0 \le k \le n-1$$

É costume sintetizarmos a expressão $\cos\theta + i\,\text{sen}\,\theta$ por $\text{cis}\,\theta$, assim, substituindo os valores de θ, podemos escrever,

$$z^n - 1 = (z-1)\left(z - \text{cis}\frac{2\pi}{n}\right)\left(z - \text{cis}\frac{4\pi}{n}\right)\ldots\left(z - \text{cis}\frac{2(n-1)\pi}{n}\right)$$

Ainda da representação do número complexo no plano, podemos interpretar z, como a ponta de um vetor com origem na origem do sistema cartesiano. Desse modo, é importante relembrarmos as definições e propriedades dos vetores para que possamos tirar o máximo proveito dessa interpretação:

C) Funções Hiperbólicas

As funções trigonométricas estão definidas em função da medida de um ângulo associado a um ponto tomado sobre a circunferência trigonométrica, ao substituirmos a circunferência trigonométrica por um ramo de hipérbole de equação $x^2 - y^2 = 1$, tal que $x \ge 1$, redefiniremos essas funções, mas notaremos semelhanças importantes entre elas.

A primeira coisa que observamos é que para um mesmo ângulo, θ, tanto do setor circular, quanto do setor hiperbólico, as áreas de ambos os setores serão iguais entre si e iguais a $\frac{\theta}{2}$ unidades de área.

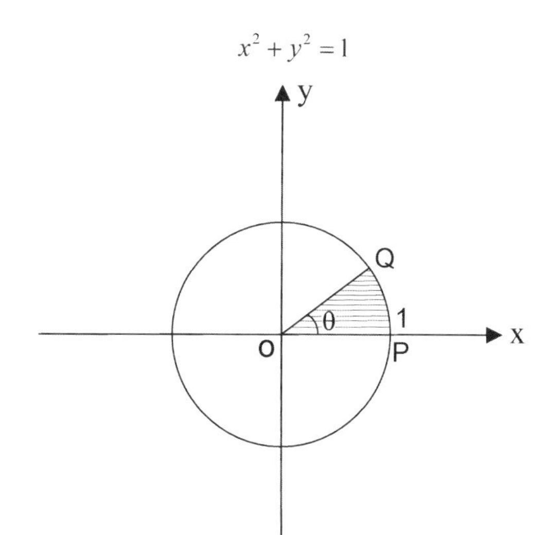

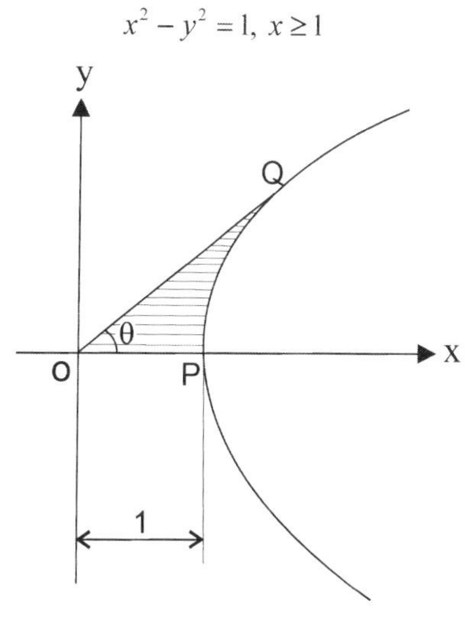

A demonstração dessa propriedade será vista nos exercícios, vamos as definições:

Seja Q um ponto do ramo da hipérbole, $x^2 - y^2 = 1$, tal que $x \geq 1$, e θ o ângulo do setor hiperbólico mostrado na figura ao lado, definimos:

Cosseno hiperbólico de θ : $\cosh\theta = OP$
Seno hiperbólico de θ : $\operatorname{senh}\theta = PQ$
Tangente hiperbólica de θ : $\operatorname{tgh}\theta = AB$

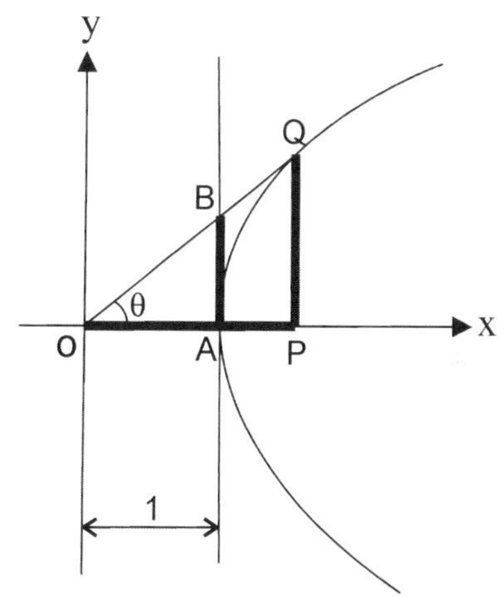

Como o ponto Q é um ponto da hipérbole em questão, podemos escrever

$Q \in H \Leftrightarrow Q(x, y) = Q(\cosh x, \operatorname{senh} x)$, por tanto,

$$\cosh^2 x - \operatorname{senh}^2 x = 1$$

Fórmulas para o Cálculo das Identidades Hiperbólicas:

$$\cosh x = \frac{e^x + e^{-x}}{2}$$
$$\operatorname{senh} x = \frac{e^x - e^{-x}}{2}$$
$$\operatorname{tgh} x = \frac{e^x - e^{-x}}{e^x + e^{-x}}$$

note que $\begin{cases} \operatorname{senh}(-x) = -\operatorname{senh} x \\ \cosh(-x) = \cosh x \end{cases}$

Definimos ainda,

$$\operatorname{sech} x = \frac{2}{e^x + e^{-x}}$$
$$\operatorname{cossech} x = \frac{2}{e^x - e^{-x}}$$
$$\operatorname{cotgh} x = \frac{\cosh x}{\operatorname{senh} x} = \frac{e^x + e^{-x}}{e^x - e^{-x}}$$

Se dividirmos a Relação Fundamental por $\cosh^2 x$ e $\operatorname{senh}^2 x$, respectivamente, teremos as relações:

$$\operatorname{sech}^2 x = \operatorname{tgh}^2 x + 1$$
$$\operatorname{cossec}^2 x = \operatorname{cotgh}^2 x - 1$$

Das relações acima ainda podemos demonstrar:

$\operatorname{senh}(x+y) = \operatorname{senh} x \cosh y + \operatorname{senh} y \cosh x$, de onde, $\operatorname{senh} 2x = 2 \operatorname{senh} x \cosh y$,

$\cosh(x+y) = \cosh x \cosh y + \operatorname{senh} y \operatorname{senh} x$, de onde, $\cosh 2x = \cosh^2 x + \operatorname{senh}^2 x$

$$\operatorname{senh} x = -i \operatorname{sen}(ix)$$
$$\cosh x = \cos(ix)$$
$$\operatorname{tgh} x = -i \operatorname{tg}(ix)$$

Prove que a área dos setores circulares e hiperbólicos de ângulo θ são iguais.

Demonstração:

Das regiões hachuradas nas figuras abaixo,

$x^2 + y^2 = 1$ $\qquad$ $x^2 - y^2 = 1,\ x \geq 1$

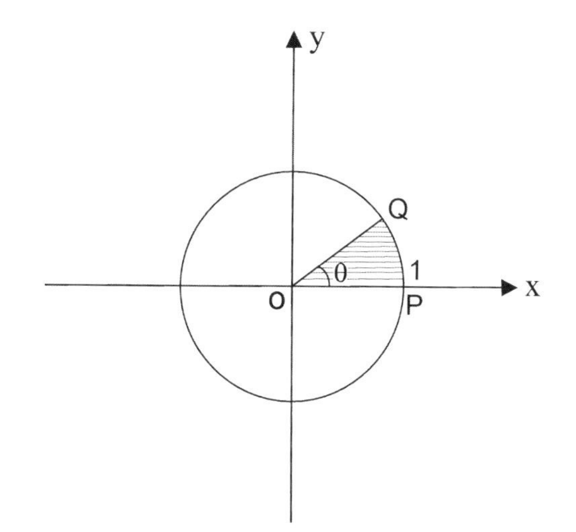

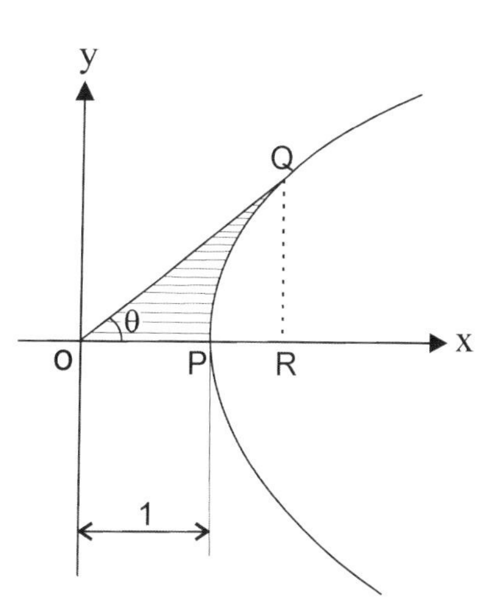

Área do Setor Circular:

$$A = \frac{\theta}{2\pi}\pi r^2 = \frac{\theta}{2}1^2 = \frac{\theta}{2}$$

Área do Setor Hiperbólico:

$$A = A_{Triângulo\ OQR} - A_{sobre\ a\ hipérbole\ PQR}$$

$$A = \frac{1}{2}x_Q.y_Q - \int y_Q\,dx$$

$$x = x(\theta) \Rightarrow dx = x'(\theta)d\theta \Rightarrow dx = \left(\frac{e^{\theta} - e^{-\theta}}{2}\right)d\theta$$

$$A = \frac{1}{2}(\cosh\theta)(\operatorname{senh}\theta) - \int_{P=0}^{R=\theta} \operatorname{senh}\theta\left(\frac{e^{\theta} + e^{-\theta}}{2}\right)' d\theta$$

$$A = \frac{1}{2}\left(\frac{e^{\theta} + e^{-\theta}}{2}\right)\left(\frac{e^{\theta} - e^{-\theta}}{2}\right) - \int_{P=0}^{R=\theta}\left(\frac{e^{\theta} - e^{-\theta}}{2}\right)\left(\frac{e^{\theta} - e^{-\theta}}{2}\right)d\theta$$

$$A = \frac{1}{8}\left(e^{2\theta} - e^{-2\theta}\right) - \frac{1}{4}\int_{P=0}^{R=\theta}\left(e^{2\theta} - 2e^{\theta}e^{-\theta} + e^{-2\theta}\right)d\theta$$

$$A = \frac{1}{8}\left(e^{2\theta} - e^{-2\theta}\right) - \frac{1}{4}\left[\frac{1}{2}e^{2x} - 2x - \frac{1}{2}e^{-2x}\right]_0^{\theta}$$

$$A = \frac{1}{8}\left(e^{2\theta} - e^{-2\theta}\right) - \left(\frac{1}{8}e^{2\theta} - \frac{\theta}{2} - \frac{1}{8}e^{-2\theta}\right) = \frac{\theta}{2}$$

$$A = \frac{\theta}{2}$$

□

a) Prove as relações entre as funções trigonométricas circulares e as hiperbólicas.

$$\begin{cases} \cosh x = \cos(ix) \\ \operatorname{senh} x = -i\operatorname{sen}(ix) \end{cases}$$

Demonstração:

Como sabemos, $\cos x = \dfrac{e^{ix} + e^{-ix}}{2}$ e $\operatorname{sen} x = \dfrac{e^{ix} - e^{-ix}}{2i}$, assim,

$$\cos ix = \frac{e^{i(ix)} + e^{-i(ix)}}{2} = \frac{e^{-x} + e^{x}}{2} = \cosh x,$$

$$-i \operatorname{sen} ix = -i\left(\frac{e^{i(ix)} - e^{-i(ix)}}{2i}\right) = \frac{e^{x} - e^{-x}}{2} = \operatorname{senh} x$$

□

b) Calcule o sen(a + bi).

$$\operatorname{sen}(a+bi) = \operatorname{sen} a \cos bi + \operatorname{sen} bi \cos a$$

$$\operatorname{sen}(a+bi) = \operatorname{sen} a \cosh b + \frac{i}{i}\left(\frac{e^{i(bi)} - e^{-i(bi)}}{2i}\right)\cos a$$

$$\operatorname{sen}(a+bi) = \operatorname{sen} a \cosh b - i\left(\frac{e^{-b} - e^{b}}{2}\right)\cos a$$

$$\operatorname{sen}(a+bi) = \operatorname{sen} a \cosh b + i \operatorname{senh} b \cos a$$

c) Encontre z, que satisfaça sen(z) = 3.

$$\operatorname{sen}(z) = 3$$

$$\frac{e^{zi} - e^{-zi}}{2i} = 3$$

$$e^{zi} - e^{-zi} = 6i$$

Multiplicando tudo por e^{z}, segue,

$(e^{zi})^2 - 6i(e^{zi}) - 1 = 0$, assim,

$$e^{zi} = \frac{6i \pm \sqrt{-36+4}}{2} = 3i \pm 2\sqrt{2}i = \left(3 \pm 2\sqrt{2}\right)i$$

$$\ln e^{zi} = \ln\left[\left(3 \pm 2\sqrt{2}\right)i\right] = \ln(i) + \ln(3 \pm 2\sqrt{2})$$

Onde, $\ln(i) = \ln\left(e^{\frac{\pi}{2}i}\right) = \dfrac{\pi}{2}i$,

$$zi = \frac{\pi}{2}i + \ln(3 \pm 2\sqrt{2})$$

$$z = \frac{\pi}{2} + i\ln\left(3 \pm 2\sqrt{2}\right)$$

d) Mostre que $\operatorname{tgh}\left(\dfrac{x}{2}\right)=\coth x-\operatorname{cossech} x$.

Demonstração:

$$\coth x-\operatorname{cossech} x=\frac{\cosh x}{\operatorname{senh} x}-\frac{1}{\operatorname{senh} x}=\frac{\dfrac{e^{x}+e^{-x}}{2}}{\dfrac{e^{x}-e^{x}}{2}}-\frac{2}{e^{x}-e^{x}}=\frac{e^{x}-2+e^{-x}}{e^{x}-e^{x}}=$$

$$=\frac{\left(e^{\frac{x}{2}}+e^{\frac{-x}{2}}\right)^{2}}{\left(e^{\frac{x}{2}}+e^{\frac{x}{2}}\right)\left(e^{\frac{x}{2}}-e^{\frac{x}{2}}\right)}=\frac{e^{\frac{x}{2}}+e^{\frac{-x}{2}}}{e^{\frac{x}{2}}-e^{\frac{x}{2}}}=\operatorname{tgh}\left(\frac{x}{2}\right)$$

□

e) Calcule o valor de $\dfrac{1+\operatorname{tgh} x}{1-\operatorname{tgh} x}$.

$$\frac{1+\operatorname{tgh} x}{1-\operatorname{tgh} x}=\frac{1+\dfrac{\operatorname{senh} x}{\cosh x}}{1+\dfrac{\operatorname{senh} x}{\cosh x}}=\frac{\dfrac{\operatorname{senh} x+\cosh x}{\cosh x}}{\dfrac{\cosh x-\operatorname{senh} x}{\cosh x}}=\frac{\cosh x+\operatorname{senh} x}{\cosh x-\operatorname{senh} x}=\frac{e^{x}+e^{-x}+e^{x}-e^{-x}}{e^{x}+e^{-x}-e^{x}+e^{-x}}=\frac{2e^{x}}{2e^{-x}}=e^{2x}$$

f) Mostre que $\operatorname{tgh} x=-i\operatorname{tgh}(ix)$.

Demonstração:

$$-i\operatorname{tg}(ix)=\frac{-i\operatorname{sen}(ix)}{\cos(ix)}=\frac{i\dfrac{e^{-i(ix)}-e^{i(ix)}}{2i}}{\dfrac{e^{i(ix)}+e^{-i(ix)}}{2}}=\frac{e^{x}-e^{-x}}{e^{-x}+e^{x}}=\operatorname{tgh} x$$

□

g) De acordo com o site "Careercup.com" em uma entrevista para a vaga de Engenheiro de Software/Desenvolvedor, a Amazon.com propôs a seguinte questão[98]:

"Existem dois postes de igual altura, 15 m. Um cabo com comprimento de 16 m está dependurado entre os dois postes. A altura do centro do cabo até chão é de 7 m, então, quanto é a distância entre os postes? Como resolver este problema?"

Solução:

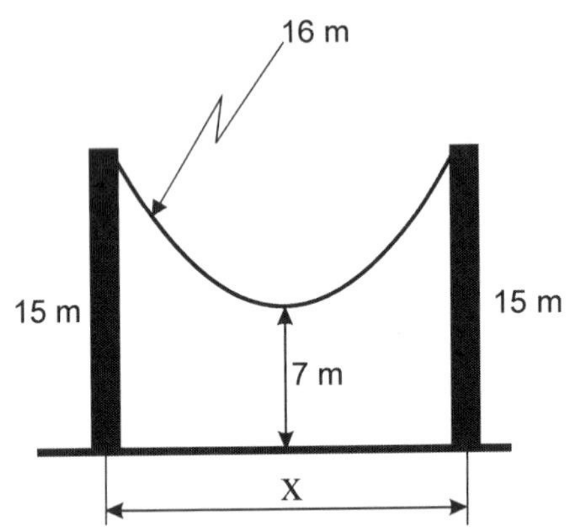

O Tipo de curva formada por um cabo flexível submetido apenas ao seu próprio peso é chamada Catenária, do latim, Catena (corrente), pois essa era forma pela qual eram construídas algumas abóbodas e arcos desde a idade média. Suspendia-se uma corrente entre dois pontos e se fazia-se um molde em madeira do arco a ser construído.

Vamos redefinir o sistema de coordenadas para que possamos visualizar o problema de modo mais eficiente, para isso, vamos estabelecer a origem do sistema no vértice da curva. O novo sistema se encontra representado na figura ao lado, e nos permite dar uma resposta imediata, x = 0 m! Uma vez que a metade do comprimento do cabo é igual a parte positiva do poste!

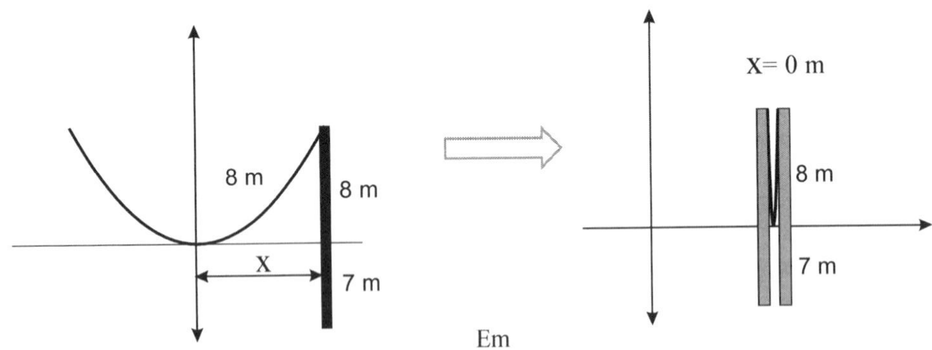

Em princípio, o problema proposto foi resolvido, bastava que o candidato tivesse iniciativa, no entanto se a resposta não fosse x = 0 m, o problema seria bem mais complexo. Vamos então mudar o comprimento do cabo para 24 m. Dessa forma com o novo sistema de coordenadas já estabelecido, teríamos:

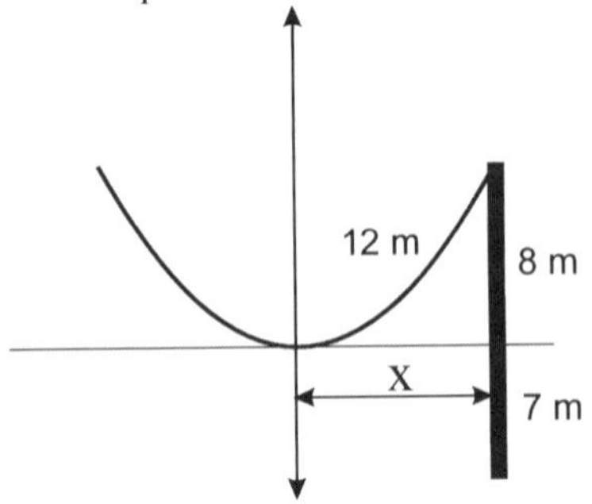

Para a solução desse problema, faremos uso de duas equações[99], uma delas a função que nos dá o contorno da curva (cosseno hiperbólico) e a outra que nos diz o comprimento do cabo (seno hiperbólico):

$y = a\cosh\left(\dfrac{x}{a}\right) - a$, função da Catenária,

$a\,\mathrm{senh}\left(\dfrac{x}{a}\right) = 12$, o comprimento da metade do cabo,

[98] https://www.careercup.com/question?id=7949664

[99] As fórmulas utilizadas foram extraídas do artigo: Chatterjee, Neil, and Bogdan G. Nita. "The hanging cable problem or pratical applications." Atlantic Electronic Journal of Mathematics 4.1 (2010). https://www.researchgate.net/publication/265827269_The_hanging_cable_problem_for_practical_applications

onde a representa a razão entre a componente horizontal de tensão e o peso do cabo por unidade de comprimento. Quando o parâmetro a é dado, se faz conhecida a forma da catenária.
Para utilizarmos a primeira equação, basta pegarmos um ponto conhecido do gráfico, no caso, o ponto mais alto do poste, de coordenadas (x, 8) e substituí-lo na expressão:

$$8 = a\cosh\left(\frac{x}{a}\right) - a \Rightarrow \cosh\left(\frac{x}{a}\right) = \frac{8+a}{a}$$

Da expressão que nos fornece o comprimento do cabo (metade):

$$a\,\text{senh}\left(\frac{x}{a}\right) = 12 \Rightarrow \text{senh}\left(\frac{x}{a}\right) = \frac{12}{a}$$

Conhecidas agora a expressão do seno e cosseno hiperbólicos, $\text{senh}\left(\frac{x}{a}\right) = \frac{12}{a}$ e $\cosh\left(\frac{x}{a}\right) = \frac{8+a}{a}$,

Basta utilizarmos a relação fundamental: $\cosh^2\left(\frac{x}{a}\right) - \text{senh}^2\left(\frac{x}{a}\right) = 1$, daí vem que:

$$\left(\frac{8+a}{a}\right)^2 - \left(\frac{12}{a}\right)^2 = 1 \Rightarrow \frac{a^2+16a-80}{a^2} = 1 \Rightarrow a = 5$$

$$a = 5 \Rightarrow \text{senh}\left(\frac{x}{5}\right) = \frac{12}{5} \Rightarrow \text{senh}^{-1}(2,4) = \frac{x}{5} = 1,60944 \Rightarrow x \cong 8,04m,$$

Por tanto, a distância entre os postes deverá ser de aproximadamente: 16,08 m.

h) Nas condições do problema anterior, vamos agora supor a altura dos postes com tamanhos diferentes, conforme a figura abaixo. Determine x_1, x_2, y_1 e y_2.

Solução:

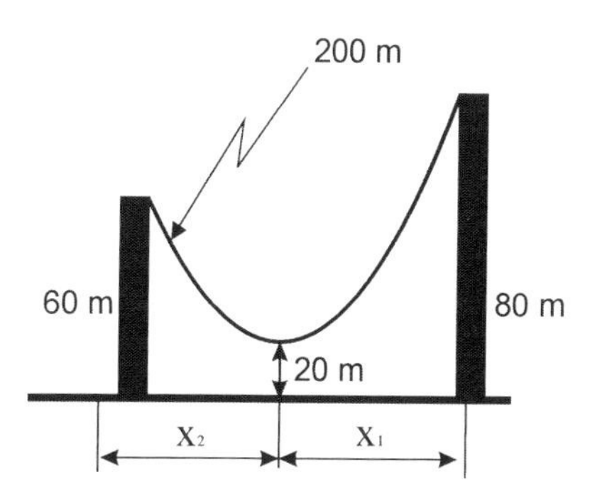

Antes de mais nada, localizar o sistema de coordenadas de modo a podermos utilizar as equações apresentadas anteriormente, ou seja:

80 – 20 = 60 m

60 – 20 = 40 m

$y_1 + y_2 = 200$ m

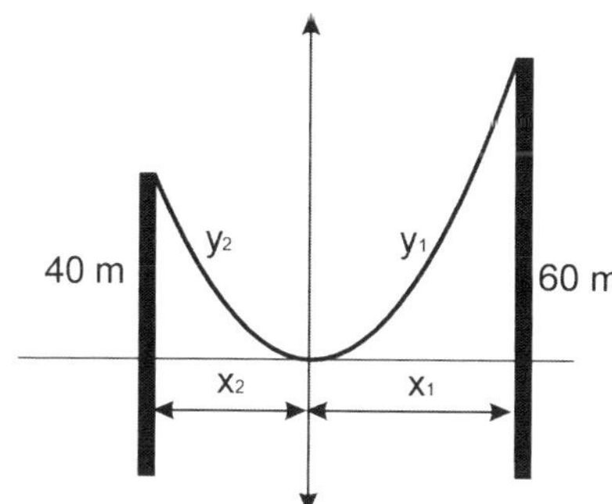

$$y = a\cosh\left(\frac{x_1}{a}\right) - a \Rightarrow a\cosh\left(\frac{x_1}{a}\right) - a = 60$$

$$\cosh\left(\frac{x_1}{a}\right) = \frac{60+a}{a}$$

$$a\,\text{senh}\left(\frac{x_1}{a}\right) = y_1 \Rightarrow \text{senh}\left(\frac{x_1}{a}\right) = \frac{y_1}{a}$$

da relação fundamental,

$$\left(\frac{60+a}{a}\right)^2 - \left(\frac{y_1}{a}\right)^2 = 1 \Rightarrow y_1 = a\sqrt{\left(\frac{60+a}{a}\right)^2 - 1}$$

$$y = a\cosh\left(\frac{x_2}{a}\right) - a \Rightarrow a\cosh\left(\frac{x_2}{a}\right) - a = 40$$

$$\cosh\left(\frac{x_2}{a}\right) = \frac{40+a}{a}$$

$a\,\text{senh}\left(\frac{x_2}{a}\right) = y_2$ da relação fundamental,

$$\left(\frac{40+a}{a}\right)^2 - \left(\frac{y_2}{a}\right)^2 = 1 \Rightarrow y_2 = a\sqrt{\left(\frac{40+a}{a}\right)^2 - 1}$$

Como $y_1 + y_2 = 200$ m,

$$\sqrt{\left(\frac{60+a}{a}\right)^2 - 1} + \sqrt{\left(\frac{40+a}{a}\right)^2 - 1} = \frac{200}{a}$$

$\sqrt{3600+120a} + \sqrt{1600+80a} = 200$, quadrando duas vezes, vem $a = 4950 - 600\sqrt{66} \cong 75{,}577$

$$\cosh\left(\frac{x_1}{75{,}577}\right) = \frac{60+75{,}577}{75{,}577} = 1{,}793 \Rightarrow \cosh^{-1}(1{,}793) = \left(\frac{x_1}{75{,}577}\right) = 1{,}188$$

$x_1 = 89{,}78$ m

$$\text{senh}\left(\frac{x_1}{a}\right) = \frac{y_1}{a} \Rightarrow \text{senh}\left(\frac{89{,}847}{75{,}577}\right) = \frac{y_1}{75{,}577} \Rightarrow \frac{y_1}{75{,}577} = 1{,}489$$

$y_1 = 112{,}53$ m

$$\cosh\left(\frac{x_2}{75{,}577}\right) = \frac{40+75{,}577}{75{,}577} = 1{,}529 \Rightarrow \cosh^{-1}(1{,}529) = \left(\frac{x_2}{75{,}577}\right) = 0{,}988$$

$x_2 = 74{,}67$ m

$$\text{senh}\left(\frac{x_2}{a}\right) = \frac{y_2}{a} \Rightarrow \text{senh}\left(\frac{74{,}670}{75{,}577}\right) = \frac{y_2}{75{,}577} \Rightarrow \text{senh}(0{,}987) = \frac{y_2}{75{,}577} = 1{,}155$$

$y_2 = 87{,}29$ m .

D) Derivadas das Funções Hiperbólicas

Sejam as funções hiperbólicas listadas abaixo,

$$\cosh x = \frac{e^x + e^{-x}}{2},\ D_f = \mathbb{R},\ \text{Im}_f = [1, \infty[$$

$$\text{senh}\, x = \frac{e^x - e^{-x}}{2},\ D_f = \mathbb{R},\ \text{Im}_f = \mathbb{R}$$

$$\text{tgh}\, x = \frac{e^x - e^{-x}}{e^x + e^{-x}},\ D_f = \mathbb{R},\ \text{Im}_f =]-1, 1[$$

$$\text{tgh}\, x = \frac{e^x - e^{-x}}{e^x + e^{-x}},\ D_f = \mathbb{R},\ \text{Im}_f =]-1, 1[$$

$$\text{sech}\, x = \frac{2}{e^x - e^{-x}},\ D_f = \mathbb{R},\ \text{Im}_f =]-1, 1[$$

$$\text{cosech}\, x = \frac{2}{e^x + e^{-x}},\ D_f = \mathbb{R}^*,\ \text{Im}_f = \mathbb{R}^*$$

$$\text{cotgh}\, x = \frac{e^x + e^{-x}}{e^x - e^{-x}},\ D_f = \mathbb{R}^*,\ \text{Im}_f =]-\infty, -1[\cup]1, \infty[$$

Suas derivadas serão dadas por:

$$\text{senh}\, x' = \cosh x$$

$$\cosh x' = \text{senh}\, x$$

$$\text{tgh}\, x' = \text{sech}^2 x$$

$$\text{sech}\, x' = -\text{sech}\, x\, \text{tgh}\, x$$

$$\text{cossech}\, x' = -\text{cossech}\, x\, \text{cotgh}\, x$$

$$\text{cotgh}\, x' = -\text{cossech}^2 x$$

As demonstrações, ficam por conta do leitor, uma vez que bastam aplicar as derivadas das funções escritas como potências de e^x.

Apresentaremos a seguir, sem desenvolver, as fórmulas e as derivadas das funções hiperbólicas inversas:

$$\text{senh}^{-1} x = \ln\left(x + \sqrt{x^2 + 1}\right),\ D_f = \mathbb{R}, \text{Im}_f = \mathbb{R}$$

$$\cosh^{-1} x = \ln\left(x + \sqrt{x^2 - 1}\right),\ D_f = [1, \infty[,\ \text{Im}_f = \mathbb{R}$$

$$\text{tgh}^{-1} x = \frac{1}{2}\ln\left(\frac{1+x}{1-x}\right),\ D_f =]-1, 1[,\ \text{Im}_f = \mathbb{R}$$

$$\text{sech}^{-1} x = \ln\left(\frac{1 + \sqrt{1 - x^2}}{x}\right),\ D_f =]-1, 1[,\ \text{Im}_f = \mathbb{R}$$

$$\text{cossech}^{-1} x = \ln\left(\frac{1 + \sqrt{1 + x^2}}{x}\right),\ D_f = \mathbb{R}^*,\ \text{Im}_f = \mathbb{R}$$

$$\text{cotgh}^{-1} x = \frac{1}{2}\ln\left(\frac{x+1}{x-1}\right),\ D_f =]-\infty, -1[\cup]-1, \infty[,\ \text{Im}_f = \mathbb{R}^*$$

$\Rightarrow$

$$\text{senh}^{-1} x' = \frac{1}{\sqrt{x^2 + 1}}$$

$$\cosh^{-1} x' = \frac{\pm 1}{\sqrt{x^2 - 1}}$$

$$\text{tgh}^{-1} x' = \frac{\pm 1}{1 - x^2},\ |x| < 1$$

$$\text{sech}^{-1} x' = \frac{\pm 1}{|x|\sqrt{1 - x^2}}$$

$$\text{cossech}^{-1} x' = \frac{-1}{|x|\sqrt{1 + x^2}}$$

$$\text{cotgh}^{-1} x' = \frac{1}{1 - x^2},\ |x| > 1$$

Observação: Outra notação para as funções hiperbólicas inversas é o uso do prefixo *ar* (de área e não de arco, diferente das funções trigonométricas inversas), ex. $\operatorname{senh}^{-1} x = ar\operatorname{senh} x$.

a) Sabendo que $\operatorname{senh} x = \dfrac{e^x - e^{-x}}{2}$, mostre que $\operatorname{senh}^{-1} x = \ln\left(x + \sqrt{x^2+1}\right)$.

$$\operatorname{senh} x = \frac{e^x - e^{-x}}{2} \Rightarrow x = \frac{e^y - e^{-y}}{2} \Leftrightarrow e^y - e^{-y} = 2x \Leftrightarrow \left(e^y\right)^2 - 2x\left(e^y\right) - 1 = 0$$

$$e^y = \frac{2x \pm \sqrt{4x^2+4}}{2} \Rightarrow e^y = x + \sqrt{x^2+1} \Rightarrow y = \ln\left(x + \sqrt{x^2+1}\right)$$ [100]

b) Sabendo que $\operatorname{tgh} x = \dfrac{e^x - e^{-x}}{e^x + e^{-x}}$, mostre que $\operatorname{tgh}^{-1} x = \dfrac{1}{2}\ln\left(\dfrac{1+x}{1-x}\right)$.

$$\operatorname{tgh} x = \frac{e^x - e^{-x}}{e^x + e^{-x}} \Rightarrow x = \frac{e^y - e^{-y}}{e^y + e^y} = \frac{e^y - e^{-y}}{e^y + e^y}\frac{e^y}{e^y} = \frac{\left(e^y\right)^2 - 1}{\left(e^y\right)^2 + 1} \Rightarrow (x-1)\left(e^y\right)^2 = -1 - x \Rightarrow e^y = \sqrt{\frac{1+x}{1-x}}$$

$$e^y = \sqrt{\frac{1+x}{1-x}} \Rightarrow \ln\left(e^y\right) = \ln\left(\sqrt{\frac{1+x}{1-x}}\right) \Rightarrow y = \frac{1}{2}\ln\left(\frac{1+x}{1-x}\right)$$

E) Diferenciação pelo Método de Feynman ou Método da Derivada Logarítmica.

A técnica apresentada a seguir, rearranja a forma da diferenciação de um produto de funções, facilitando seu cálculo, sem, no entanto, alterar seu conteúdo.

Seja $y(x) = k\left[u(x)\right]^a\left[v(x)\right]^b\left[w(x)\right]^c\left[z(x)\right]^d \ldots$ onde k é uma constante e y é uma função composta pelo produto de várias funções de x, cada uma elevada a uma determinada potência, aplicando o logaritmo natural em ambos os lados, temos:

$$\ln y(x) = \ln k\left[u(x)\right]^a\left[v(x)\right]^b\left[w(x)\right]^c\left[z(x)\right]^d \ldots$$

$$\ln y(x) = \ln k + \ln\left[u(x)\right]^a + \ln\left[v(x)\right]^b + \ln\left[w(x)\right]^c + \ln\left[z(x)\right]^d + \ldots$$

$$\ln y(x) = \ln k + a\ln u(x) + b\ln v(x) + c\ln w(x) + d\ln z(x) + \ldots$$

Derivando em relação a *x*,

$$\frac{d}{dx}\ln y(x) = \frac{d}{dx}\ln k + a\frac{d}{dx}\ln u(x) + b\frac{d}{dx}\ln v(x) + c\frac{d}{dx}\ln w(x) + d\frac{d}{dx}\ln z(x) + \ldots$$

$$\frac{y'(x)}{y(x)} = a\frac{u'(x)}{u(x)} + b\frac{v'(x)}{v(x)} + c\frac{w'(x)}{w(x)} + d\frac{z'(x)}{z(x)} + \ldots$$

---

[100] $e^y = x - \sqrt{x^2+1} < 0$, por isso foi desconsiderado.

Reorganizando,

$$\frac{dy}{dx}=y(x).\left[a\left(\frac{\frac{du}{dx}}{u(x)}\right)+b\left(\frac{\frac{dv}{dx}}{v(x)}\right)+c\left(\frac{\frac{dw}{dx}}{w(x)}\right)+d\left(\frac{\frac{dz}{dx}}{z(x)}\right)+\ldots\right]$$

F) Diferenciação pelo Método de Leibniz

A técnica a seguir, nos permite o cálculo da enésima derivada de um produto de duas funções:

$$\left[f(x)g(x)\right]^{(n)}=\sum_{k=0}^{n}\binom{n}{k}f^{(k)}(x)g^{(n-k)}(x),\ n\geq 0$$

Onde,

$$\binom{n}{k}=\frac{n!}{k!(n-k)!},\text{ para } k=0,\ 1,\ 2,\ \ldots,\ n,\ k \text{ e } n \text{ inteiros não negativos.}$$

Obs.:

$$f^{(0)}(x)=f(x),\ f^{(1)}(x)=f'(x)\text{ e assim por diante.}$$

G) A função Harmônica:

A função Harmônica é uma série divergente que é definida como:

$$H_n=\frac{1}{1}+\frac{1}{2}+\frac{1}{3}+\ldots+\frac{1}{n}=\sum_{k=1}^{n}\frac{1}{k}$$

Pode ainda ser representada de diversas maneiras, observe,

$\int_0^1 x^{k-1}dx=\frac{1}{k}$, assim, podemos escrever, $H_n=\sum_{k=1}^{n}\frac{1}{k}=\sum_{k=1}^{n}\int_0^1 x^{k-1}dx$ e em sendo uma soma finita, podemos permutar o sinal de integração com a somatória, assim,

$H_n=\sum_{k=1}^{n}\int_0^1 x^{k-1}dx=\int_0^1\sum_{k=1}^{n}x^{k-1}dx$, o que nos deixa com uma soma finita de PG, $\sum_{k=1}^{n}x^{k-1}=\frac{1-x^n}{1-x}$, assim,

$$H_n=\int_0^1\frac{1-x^n}{1-x}dx$$

Ou ainda, como veremos ao estudar sobre a função Gama, no segundo volume,

$$H_p = \sum_{n=1}^{\infty}\left(\frac{1}{n} - \frac{1}{n+p}\right) = p\sum_{n=1}^{\infty}\frac{1}{n(n+p)}$$

H) Teorema: "Sejam $f(x)$ e $g(y)$ integráveis, então: $\int_a^b\int_c^d f(x)g(y)\,dy\,dx = \left(\int_a^b f(x)dx\right)\left(\int_c^d g(y)dy\right)$".

Demonstração:

Para $g(y)$ independente de x, temos $\int_a^b g(y)f(x)dx = g(y)\int_a^b f(x)dx$, temos ainda que,

$$\int_a^b\int_c^d f(x)g(y)\,dy\,dx = \int_a^b\left(\int_c^d f(x)g(y)dy\right)dx = \int_a^b f(x)\underbrace{\left(\int_c^d g(y)dy\right)}_{\text{não depende de } x}dx$$

Por tanto, $\int_a^b\int_c^d f(x)g(y)\,dy\,dx = \left(\int_a^b f(x)dx\right)\left(\int_c^d g(y)dy\right)$.

I) Teorema de Tonelli:

"Seja $f(x,y) \geq 0$ sobre o domínio $E \times F = \{(x,y) \in \mathbb{R}^{m+n} : x \in E, y \in F\}$, nessas condições podemos afirmar que $\int_E\int_F f(x,y)\,dy\,dx = \int_F\int_E f(x,y)\,dx\,dy$".

Corolário: "Seja dado $E \subseteq R^d$ e suponha que $f_n : E \to [0,\infty[$ para todo $n \in \mathbb{N}$. Então, para integrais e séries com convergência absoluta $\int_E\sum_{n=1}^{\infty} f_n = \sum_{n=1}^{\infty}\int_E f_n$".

Bibliografia

Livros:

ABEL, N. H.,	*Oeuvres Complètes de N. H. ABEL, TOME SECOND.* Christiania, 1839.
ABLOWITZ, Mark J., FOKAS, Athanassios S.,	*Complex Variables – Introduction and Applications – Second Edition.* 2nd Edition, Cambridge University Press, 2003.
ABRAMOWITZ, Milton, STEGUN, Irene,	*Handbook of Mathematical Functions – with Formulas, Graphs, and Mathematical Tables.* 1970.
AGARWAL, Amit M.,	*Integral Calculus – Be Prepared for JEE Main & Advanced.* Arihant Prakashan, Meerut, 2018.
AHLFORS, Lars V.,	*Complex Analysis.* 3rd Edition, McGraw-Hill, 1979.
ALSAMRAEE, Hamza E.,	*Advanced Calculus Explores with Applications in Physics, Chemistry and Beyond.* Curiousmath.publications@gmail.com , 2019.
ANDREESCU, Titu, ANDRICA, Dorin,	*Complex Number from A to ... Z.* Birkhäuser, 2006.
ANDREESCU, Titu, GELCA, Razvan,	*PUTNAM and BEYOND.* Springer, 2007.
ANDREWS, George E., ASKEY, Richard, ROY, Ranjan,	*Special Functions.* Cambridge University Press, 1999.
ANDREWS, Larry C.,	*Special Functions for Engineers and Applied Mathematicians.* Macmillan, 1985.
ARAKAWA, Tsuneo, IBUKIYAMA, Tomoyoshi, KANEKO, Masanobu,	*Bernoulli Numbers and Zeta Functions.* Springer Japan, 2014.

ARTIN, Emil, *The Gamma Function.* Trad. Michael Butler, Holt, Rinehart and Winston, 1964.

ASMAR, Nakhlé H., GRAFAKOS, Loukas, *Complex Analysis with Applications.* Springer, 2018.

ÁVILA, Geraldo, *Variáveis Complexas e Aplicações.* 3a Edição, LTC, 2008.

BACHMAN, David, *Advanced Calculus DeMystified – Self-Teaching Guide.* McGraw-Hill, 2007.

BACHMAN, David, *A Geometric Approach to Differential Forms.* Birkhauser, 2006.

BAILEY, W. N., *Generalized Hypergeometric Series.* Stechert-Hafner Service Agency, 1964.

BAK, Joseph, Newman, Donald J., *Complex Analysis.* 3rd Edition, Springer, 2010.

BARTLE, Robert G., *A Modern Theory of Integration.* American Mathematical Society, 2001.

BATEMAN, Harry, *Higher Transcendental Functions, volume 1 – based, in part, on notes left by Harry Bateman.* McGraw-Hill, 1953.

BATEMAN, Harry, *Higher Transcendental Functions, volume 2 – based, in part, on notes left by Harry Bateman.* McGraw-Hill, 1953.

BATEMAN, Harry, *Higher Transcendental Functions, volume 3 – based, in part, on notes left by Harry Bateman.* McGraw-Hill, 1953.

BELL, W. W., *Special Functions for Scientists and Engineers.* D. Van Nostrand Company LTD, 1968.

BERNOULLI, Jacobi, *Ars Conjectandi.* Opus Posthumum, Basilea, 1721.

BOROS, George, MOLL, Victor H., *Irresistible Integrals – Symbolics, Analysis and Experiments in the Evaluation of Integrals.* Cambridge University Press, 2004.

BORTOLAN, Matheus Cheque, *Notas de Aula: Cálculo.* Departamento de matemática – MTM, Universidade Federal de Santa Catarina – UFSC, Florianópolis, 2015.

BOURBAKI, Nicolas, *Elements of the History of Mathematics.* 2nd Edition, Springer, 1999.

BOURBAKI, Nicolas, *Elements of Mathematics – Algebra I – Chapters 1 – 3.* Springer Verlag, 1970.

BOURBAKI, Nicolas, *Elements of Mathematics – Algebra II – Chapters 4 – 7.* Springer Verlag, 1970.

BOURBAKI, Nicolas, *Elements of Mathematics – Functions of a Real Variable.* Springer Verlag, 2004.

BOYER, Carl B., MERZBACH, Uta C., *História da Matemática.* Tradução da 3ª Edição, Editora Edgard Blücher, 2018.

BOYER, Carl B., *The History of the Calculus and its Conceptual Development.* Dover, 1959.

BROWN, James Ward, CHURCHILL, Ruel V., *Variáveis Complexas e Aplicações.* 9ª Edição, McGraw-Hill, 2015.

BRYCHKOV, Yury A., *Handbook of Special Functions – Derivatives, Integrals, Series and other Formulas.* CRC Press, 2008

BURDEN, Richard L., FAIRES, Douglas J., BURDEN, Annette M., *Numerical Analysis.* 10th Edition, CENGAGE Learning, 2016.

BUTKOV, Eugene, *Mathematical Physics.* Addison-Wesley, 1973.

CABRAL, Marco A. P., *Introdução à Teoria da Medida e Integral de Lebesgue.* 3ª Edição, Instituto de Matemática, Universidade Federal do Rio de Janeiro, 2016.

CAMPBELL, Robert, *Les Intégrales Eulériennes et leurs Applications – Étude Approfondie de la Fonction Gamma.* Dunod, Paris, 1966.

CANDELPERGHER, B., *Ramanujan Summation of Divergent Series. Lectures notes in mathematics*, 2185, 2017. Hal-01150208v2.

CANUTO, Claudio, TABACCO, Anita, *Mathematical Analysis II.* Springer, 2010.

CARATHÉODORY, C., *Theory of Functions of a Complex Variable – Volume I.* Chelsea Publishing Company, New York, 1954.

CARATHÉODORY, C., *Theory of Functions of a Complex Variable – Volume II.* Chelsea Publishing Company, New York, 1954.

CARSLAW, H. S., *Introduction to the theory of Fourier's series and Integrals.* 3rd Edition, Dover, 1930.

CORRÊA, Francisco Júlio Sobreira de Araújo, *Introdução à Análise Real.*

COURANT, Richard, *Differential & Integral Calculus – Volume I.* 2nd Edition, Blackie & Son Limited, 1937.

COURANT, Richard, *Differential & Integral Calculus – Volume II.* 2nd Edition, Blackie & Son Limited, 1937.

COURANT, Richard, HILBERT, D., *Methods of Mathematical Physics.* Interscience Publishers, 1953.

COURANT, Richard, HILBERT, D., *Methods of Mathematical Physics – Volume II – Partial Differential Equations.* Wiley-VCH Verlag, 1962.

COURANT, Richard, ROBBINS, Herbert, *What is Mathematics?(revised by Ian Stewart).* 2nd Edition, Oxford University Press, 1996.

CUNHA, Haroldo Lisbôa da, *Pontos de Álgebra Complementar – Teoria das Equações.* Rio de Janeiro, 1939.

DEMIDOVITCH, B., *5000 Problemas de Análisis Matemático.* 9a Edición, Thomson, 2003.

DEMIDOVITCH, B., *Problemas e Exercícios de Análise Matemática.* 4ª Edição, Mir, U.R.S.S., 1984.

DEVRIES, Paul L., *A First Course in Computatonal Physics.* John Wiley & Sons, Inc., 1994.

DOOB, J.L., Heinz, E., HIRZEBRUCH, F., HOPF, E., HOPF, H., MAAK, W., MAGNUS, W., SCHMIDT, F.K., STEIN, K., *Mathematischen Wissenschaften in Einzeldarstellungen mit Besonderer Berucksichtigung der Anwendungsgebiete.* Band 2, Springer Verlag, 1964.

DUNHAM, William, *Euler, The Master of Us All.* The Mathematical Society of America.

EDAWADS, Harold M., *Advanced Calculus – A Differential Forms Approach.* Birkhäuser, 1969.

EDWARDS, Joseph, *A Treatise on the Integral Calculus – with applications, examples and problems.* Volume II, Macmillan and Co., London, 1922.

EDWARDS, Joseph, *A Treatise on the Integral Calculus – with Applications, Examples and Problems – Volume II.* Macmilland and Co., 1922.

EPPERSON, James F., *An Introduction to Numerical Methods and Analysis.* 2nd Edition, Wiley, 2013.

FERREIRA, J. Campos, *Introdução à Análise em R^n.* 2004

FIGUEIREDO, Djairo Guedes de, *Equações Diferenciais Aplicadas.* IMPA.

GARRITY, Thomas A., *Eletricity and Magnetism for Mathematicians.* Cambridge University Press, 2015.

GARRITY, Thomas A., *All the Mathematics You Missed.* Cambridge University Press, 2002.

GASPER, George, RAHMAN, Mizan, *Basic Hypergeometric Series – Second Edition.* Cambridge University Press, 2004.

GIRARD, Albert, *Invention nouvelle en L'Algebre.* A Amsterdam. Chez Guillaume Iansson Blaeuw, 1629.

GRAY, Jeremy, *The Real and The Complex: A History of Analysis in the 19th Century.* Springer, 2015.

GUIDORIZZI, Hamilton Luiz, *Um Curso de Cálculo – Volume 1.* 5ª Edição, LTC, 2001.

GUIDORIZZI, Hamilton Luiz, *Um Curso de Cálculo – Volume 2.* 5ª Edição, LTC, 2001.

GUIDORIZZI, Hamilton Luiz, *Um Curso de Cálculo – Volume 3.* 5ª Edição, LTC, 2001.

GUIDORIZZI, Hamilton Luiz, *Um Curso de Cálculo – Volume 4.* 5ª Edição, LTC, 2001.

GUIMARÃES, Caio dos Santos, *Números Complexos e Poliômios. Vestseller.*

GUZMÁN, Miguel de, *Real Variable Methods in Fourier Analysis.* North-Holland, 1981.

GUZMÁN, Miguel de, *Lecture Notes in Mathematics – Differentiation of Integrals in R^n.* Springer Verlag, 1975.

HARDY, G. H., *Divergent Series.* Oxford, 1949.

HARDY, G. H., AIYAR, P.V. Seshu, WILSON, B.M., *Collected Papers of SRINIVASA RAMANUJAN.* Cambridge University Press, 1927.

HARDY, G. H., *The Integration of Functions of a Single Variable.* 2nd Edition, Cambridge University Press, 1916.

HAVIL, Julian, *GAMMA – Exploring Euler's Constant.* Princeton University Press, 2003.

HENRICI, Peter, *Applied And Computational Complex Analysis, vol.3 – Discrete Fourier Analysis – Cauchy Integrals – Construction of Conformal Maps – Univalent Functions.* John Wiley & Sons, 1986.

HOLZNER, Steven, *Differential Equation for Dummies.* Wiley, 2008.

HOLZNER, Steven, *Differential Equation Workbook for Dummies.* Wiley, 2009.

HUNTER, John K., *An Introduction to Real Analysis.* Department of Mathematics, University of California at Davis.

ISAACSON, Eugene, KELLER, Herbert Bishop, *Analysis of Numerical Methods.* John Wiley & Sons, 1966.

JAMES, J. F., *A Student's Guide to Fourier Transforms – with Applications in Physics and Engineering.* 3rd Edition, Cambridge University Press, 2011.

KALMAN, Dan, *Uncommon Mathematical Excursions – Polynomia and Related Realms.* The Mathematical Association of America, 2009.

KNOPP, Konrad, *Theory and Application of Infinite Series.* From 2nd German Edition, Blackie & Son, 1954.

KRANTZ, Steven G., PARKS, Harold R. *A Mathematical Odyssey – Journey from the Real to the Complex.* Springer, New York, 2014.

KRANTZ, Steven G., *Complex Variables – A Physical Approach with Applications – Second Edition.* 2nd Edition, CRC Press, 2019.

KRANTZ, Steven G., *Elementary Introduction to the Lesbegue Integral.* CRC Press, 2018.

KRANTZ, Steven G., *The Theory and Practice of Conformal Geometry.* Dover, 2016.

KRANTZ, Steven, *Handbook of Complex Variables.* Springer Science+Business Media, 1999.

KUMMER, Ernst Eduard *Collected Papers, Volume I – Contributions to Number Theory.* Springer Verlag, 1975.

LEBEDEV, N. N., *Special Functions and their Applications.* Prentice-Hall, 1965.

LEVI, Mark, *The Mathematical Mechanic.* Princeton University Press, 2009.

LEWIN, Leonard, *Polylogarithms and Associated Functions.* North Holland, 1981.

LIDSKI, V. B., OVSIANIKOV, L. V., *Problemas de Matematicas Elementales.* MIR, Moscou, 1972.

TULAIKOV, A. N.,

SHABUNIN, M. I.,

LIMA, Elon Lages, *Curso de Análise – volume 1.* IMPA, 2009.

LIMA, Elon Lages, *Curso de Análise – volume 2.* IMPA, 2009.

LIMA, Elon Lages, *Análise no Espaço R^n.* IMPA, 2014.

LOCKWOOD, E. H., *A Book of CURVES.* Cambridge University Press, 1961.

MARKUSHEVICH, A. I., *Theory of Functions of a Complex Variable – Volume I.* Prentice-Hall, 1965.

MARKUSHEVICH, A. I., *Theory of Functions of a Complex Variable – Volume III.* Prentice-Hall, 1965.

MATHAI, A. M., *Special Functions for Appleid Scientists.* Springer, 2008.

HAUBOLD, Hans J.,

MATHEWS, John H., *Complex Analysis for Mathematics and Engineering.* Jones and

HOWELL, Russel W., Bartlett Publishers, 1997.

MITRINOVIC, Dragoslav S., *The Cauchy Method of Residues – Theory and Applications.* D.

KECKIÉ, Jovan D., Reidel Publishing Company, 1984.

NAHIN, Paul J., *Inside Interesting Integrals – with an introduction to contour integration.* Springer, 2015.

NEEDHAM, Tristan, *Visual Complex Analysis.* Clarendon Press, 1997.

NIELSEN, Niels, *Handbuch der Theorie der GAMMAFUNKTION.* Druck und Verlag von B. G. Teubner, Leipzig, 1906.

PENROSE, Roger, *The Road to Reality. A Complete guide to the Laws of the Universe.* Jonathan Cape, London, 2004.

PINEDO, Christian Q., *Cálculo Diferencial em R.* Editora da Universidade Federal do Acre (EDUFAC), 2016.

PISKUNOV, N., *Differential and Integral Calculus.* Mir Publishers, Moscow, 1969.

POLCHINSKI, Joseph, *String Theory – An Introduction to the Bosonic String - Volume 1.* Cambridge University Press, 2005.

RAHMAN, Mizan, *Theory and Applicantions of Special Functions – A volume dedicated to Mizan Rahman – Edited by Mourad E. H. Ismail and Erik Koelink.* Springer, 2005.

RAINVILLE, Earl D., *Special Functions.* The Macmillan Company, New York, 1960.

RAMANUJAN, S., BERNDT, Bruce C., *Ramanujan's Notebooks Part 1.* Springer Verlag, 1985.

RITT, Joseph Fels, *Integration in Finite Terms – Lioville's Theory of Elementary Methods.* Columbia University Press, 1948.

ROY, Ranjan, *Elliptic and Modular Functions from Gauss to Dedekind to Hecke* Cambridge University Press, 2017.

RUDIN, Walter, *Real and Complex Analysis.* 3rd Edition, McGraw-Hill, 1987.

SAFF, Edward B., SNIDER, Arthur David, *Fundamentals of Complex Analysis with applications to Engineering and Science – Third Edition.* 3rd Edition, Pearson Education, 2014.

SASANE, Sara Maad, SASANE, Amol, *A Friendly Approach to Complex Analysis.* World Scientific Publishing Co. Pte. Ltd., 2014.

SIMMONS, George F., *Cálculo com Geometria Analítica – Volume 1.* McGraw-Hill.

SIMMONS, George F., *Cálculo com Geometria Analítica – Volume 2.* McGraw-Hill.

SIMPSON, Thomas, *Miscellaneous Tracts on Some Curious, and very interesting Subjects in Mechanics, Physical-Astronomy, and Speculative Mathematics.* London, 1757.

SLATER, Lucy Joan, *Generalized Hypergeometric Functions.* Cambridge University Press, 1966.

SLAVÍK, Antonín, *Product Integration, Its History and Applications.* Matfyzpress, Prague, 2007.

SMIRNOV, Gueorgui V., *Análise Complexa e Aplicações.* Escolar Editora, 2003.

SMITH, David Eugene, *A Source Book in Mathematics.* Volume One, Dover, New York, 1959.

SMITH, David Eugene, *A Source Book in Mathematics.* Volume Two, Dover, New York, 1959.

SOARES, Marcio G., *Cálculo em uma Variável Complexa.* IMPA, 2014.

SPIEGEL, Murray R., *Theory and Problems of Complex Variables with an introduction to Conformal Mapping and its application.* McGraw-Hill, 1981.

SPIEGEN, Murray R., LIPSCHUTZ, Seymour, SCHILLER, John J., SPELLMAN, Dennis, *Complex Variables with an introduction to Conformal Mapping and its Applications.* 2nd Edition, McGraw-Hill, 2009.

STALKER, John, *Complex Analysis – Fundamentals of the Classical Theory of Functions.* Springer, 1998.

STEIN, Elias M., SHAKARCHI, Rami, *Complex Analysis.* Princeton University Press, 2003.

STEIN, Elias M., SHAKARCHI, Rami, *Fourier Analysis – An Introduction.* Princeton University Press, 2003.

STEIN, Elias M., SHAKARCHI, Rami, *Functional Analysis – Introduction to Further Topics in Analysis.* Princeton University Press. 2011.

STEIN, Elias M., SHAKARCHI, Rami, *Real Analysis – Mesure Theory, Integration, and Hilbert Spaces.* Princeton University Press, 2005.

STEWART, James, *Cálculo – Volume 1.* 5a Edição, 2006.

STEWART, James, *Cálculo – Volume 2.* 5a Edição, 2006.

TAO, Terence, *An Introduction to Measure Theory.* American Mathematical Society.

TEMME, Nico M., *Special Functions – An introduction to the Classical Functions of Mathematical Physics.* John Wiley & Sons, 1996.

TITCHMARSH, E. C., *The Theory of Functions.* 2nd Edition, Oxford University Press, 1939.

TITCHMARSH, E. C., *The Theory of the RIEMANN ZETA-FUNCTION.* 2nd Edition, Clarendon Press, 1986.

VALEAN, Cornel Ioan, *(Almost) Impossible Integrals, Sums, and Series.* Springer Verlag, 2019.

VOLKOVYSKII, L. I., LUNTS, G.L., ARAMANOVICH, I. G., *A Collection of Problems on COMPLEX ANALYSIS.* Pergamon Press, Oxford, 1965.

WARNER, Steve, *Mathematics for Beginners.* GET 800, 2018.

WEINHOLTZ, A. Bivar, *Integral de Riemann e de Lebesgue em R^n.* 4ª Edição, Universidade de Lisboa, Departamento de Matemática, 2006.

WHITTAKER, E. T., WATSON, G.N., *A Course of Modern Analysis.* Cambridge University Press, 5th Edition, 2021.

WILF, Herbert S., *Mathematics for the Physical Sciences.* Dover, New York, 1962.

WOODS, Frederick S., *Advanced Calculus.* New Edition, Ginn and Company, 1934.

WUNSCH, A. David, *Complex Variables with Applications – Third Edition.* 3nd Edition, Pearson Education, 2003.

ZEGARELLI, Mark, *Calculus II for Dummies.* Wiley Publishing Inc, 2008.

ZILL, Dennis G., SHANAHAN, Patrik D., *Curso Introdutório à Análise Complexa com Aplicações.* 2ª Edição, LTC, 2011.

Artigos e Trabalhos Acadêmicos:

AGUILERA-NAVARRO, Maria Cecília K., AGUILERA-NAVARRO, Valdir C., FERREIRA, Ricardo C., TERAMON, Neuza, *A função zeta de Riemann.*

AHMED, Zafar, *Ahmed's Integral: The Maiden Solution.* Bhabha Atomic Research Centre (BARC) Newsletter, Issue no.342, nov-dec 2014.

AHMED, Zafar, *Ahmed's Integral: The Maiden Solution.* Nuclear Physics Division, Bhabha Atomic Research Centre, Mumbai, India. arXiv:1411.5169v2 [math.HO] 1 Dec 2014. **http://arxiv.org/abs/1411.5169v2**.

AMDEBERHAN, T., GLASSER, M. L., JONES, M. C., MOLL, V. H., POSEY, R., VARELA, D., *The Cauchy-Schlömilch Transformation.* arXiv:1004.2445v1 [math.CA] 14 Apr 2010. http://arxiv.org/abs/1004.2445v1

AMDEBERHAN, Tewodros, COFFEY, Mark W., ESPINOSA, Olivier, KOUTSCHAN, Christoph, MANNA, Dante V., MOLL, Victor H., *Integrals of Powers of Loggamma.* Proceedings of the American mathematical Society. Volume 139, Number 2, February 2011, Pages 535-545. American Mathematical Society.

AMDEBERHAN, Tewodros, ESPINOSA, Olivier, GONZALEZ, Ivan, HARRISON, Marshall, MOLL, Victor H., STRAUB, Armin, *Ramanujan's Master Theorem.*

ANDRADE, Lenimar N., *Funções de uma variável complexa. Resumo e Exercícios.* Universidade Federal da Paraíba, João Pessoa, setembro de 2009.

ANDRADE, Doherty, *Teorema de Taylor.*

APLELBLAT, Alexander, CONSIGLIO, Armando, MAINARDI, Francesco, *The Bateman Functions Revisited after 90 years – A Survey of Old and New Results.* Mathematics 2021, 9, 1273. https://doi.org/10.3390/math9111273

APOSTOL, Tom M., *An Elementary View of Euler's Summation Formula.* The American Mathematical Monthly, Vol.106, No.5 (May, 1999), pp. 409-418. Mathematical Association of America. http://www.jstor.org/stable/2589145?origin=JSTOR-pdf

APOSTOL, Tom M., *Another Elementary Proof of Euler's Formula for z(2n).* The American Mathematical Monthly, Vol.80, No.4, April 1973, pp. 425-431. Mathematical Association of America. **http://www.jstor.org/stable/2319093**

ARIAS-DE-REYNA, Juan, *On the theorem of Frullani.* Proceedings of the American Mathematical Society, Volume 109, Number 1, May 1990.

ÁVILA, Geraldo, *Evolução dos Conceitos de Função e de Integral.* Departamento de Matemática da Universidade de Brasília.

AYCOCK, Alexander, *Euler and the Gamma Function.* arXiv:1908.01571v5 [math.HO] 3 May 2020.

AYCOCK, Alexander, *Euler and the Multiplication Formula for the Γ-Function.* arXiv:1901.03400v1 [math.HO] 10 Jan 2019. **http://arxiv.org/abs/1901.03400v1**

AYCOCK, Alexander, *Note on Malmstèn's paper De Integralibus quibusdam definitis seriebusque infinitis.* arXiv:1306.4225v1 [math.HO] 16 Jun 2013. **http://arxiv.org/abs/1306.4225v1**

AYCOCK, Alexander, *Translation of C. J. Malmstèn's paper "De Integralibus quibusdam definitis seriebusque infinitis".* arXiv:1309.3824v1 [math.HO] 16 Sep 2013. **http://arxiv.org/abs/1309.3824v1**.

BAILEY, David H., BORWEIN, David, BORWEIN, Jonathan M., *On Eulerian Log-Gamma Integrals and Tornheim-Witten Zeta Functions.* July 28, 2012.

BASHIROV, Agamirza E., KURPINAR, Emine Misirli, Özyapici, Ali, *Multiplicative calculus and its applications.* Journal of Mathematical Analysis and Applications, 337 (2008) pp. 36-48. Elsevier.

BELOQUI, Jorge Adrian, *Teoremas de Fubini e Tonelli.* IME-USP. MAT0234 Medida e Integração.

BERDT, Bruce C., *The Gamma Function and the Hurwitz Zeta-Function.* The American Mathematical Monthly, Vol.92, No.2, February 1985, pp. 126-130.

BERGAMO, José Vinícius Zapte, *Teoria de Funções Elípticas e Aplicações em Soluções de Sistemas Periódicos em Mecânica.* Dissertação de Mestrado. Instituto de Geociências e Ciências Exatas da Universidade Estadual Paulista. Rio Claro, 2018.

BHATNAGAR, Shobhit, *Integral and Series – Fourier Series of the Log-Gamma Function and Vardi's Integral.* June 1, 2020.

BHATNAGAR, Shobhit, *Integrals and Series – Bernoulli numbers and a related integral.* April 19, 2020.

BIANCONI, Ricardo, *Séries de Fourier*. Novembro 2016.

BLAGOUCHINE, Iaroslav V., *Rediscovery of Malmsten's integrals, their evaluation by contour integration methods and some related results*. The Ramanujan Journal. January 2014. Springer.

BONGARTI, Marcelo, LOZADA-CRUZ, German, *Alguns Teoremas do Tipo Valor Médio: De Lagrange a Malesevic*. Revista Matemática Universitária, vol.1, 2021. Sociedade Brasileira de Matemática.

BYTSKO, Andrei G., *Two-term dilogarithm identities related to conformal field theory*. Steklov Mathematics Institue, Fontanka 27, St. Petersburg 191011, Russia. November 1999. arXiv:math-ph/9911012v2 10 Nov 1999 http://arxiv.org/abs/math-ph/9911012v2

CABRAL, Marco A. P., *Introdução à Teoria da Medida e Integral de Lebesgue*. Departamento de Matemática Aplicada da Universidade Federal do Rio de Janeiro. Rio de Janeiro, setembro de 2009.

CANDELPERGHER, B., *Ramanujan summation of divergent series*. Lectures notes in mathematics, 2185, 2017. Hal-01150208v2. https://hal.univ-cotedazur.fr/hal-01150208v2

CARRILLO, Sergio A., *Where did the examples of Abel's continuity theorem go?* Programa de Matemáticas, Universidad Sergio Arboleda, Bogotá, Colombia. arXiv:2010.10290v1 [math.HO] 19 Oct 2020. http://arxiv.org/abs/2010.10290v1

CAVALHEIRO, Albo Carlos, *Integrais Impróprias*. Departamento de Matemática da Universidade Estadual de Maringá.

CHATTERJEE, Neil, NITA, Bogdan G., *The Hanging Cable Problem for Practical Applications*. Atlantic Eletronic, Journal of Mathematics, Volume 4, Number 1, Winter 2010.

CHOI, Junesang, SRIVASTAVA, Harl Mohan, *Integral Representations for the Euler-Mascheroni Constant.* East Asian Mathematical Journal, Integral Transforms and Special Functions, Vol.21, No.9, September 2010, pp. 675-690.

COELHO, Emanuela Régia de Souza, *Introdução à Integral de Lebesgue.* Centro de Ciências e Tecnologia da Universidade Estadual da Paraíba, Campina Grande, julho de 2012.

COLOMBO, Jones, *Conexões entre Curvas e Integrais Elípticas.* 4º Colóquio da Região Centro-Oeste Universidade Federal Fluminense, novembro 2015.

CONNON, Donal, *Fourier Series representations of the logarithms of the Euler gamma function and the Barnes multiple gamma.* 25 March 2009. https://www.researchgate.net/publication/24166964

CONNON, Donal, *New proofs of the duplication and multiplication formulae for the gamma and the Barnes double gamma functions.* April 2009. https://www.researchgate.net/publication/24167180.

CONRAD, Keith, *Boudary Behavior of Power Series: Abel's Theorem.*

CONRAD, Keith, *The Gaussian Integral.*

COUTO, Roberto Toscano, *Comentários sobre integrais impróprias que representam grandezas fisicas.* Revista Brasileira de Ensino de Fìsica, v. 29, n. 3, p. 313-324 (2007). Sociedade Brasileira de Física.

CRANDALL, Richard E., BUHLER, Joe P., *On the Evaluations of Euler Sums.* Experimental Mathematics, Vol.3 (1994), no.4. A K Peters.

DAVIS, Philip J., *Leonard Euler's Integral: A Historical Profile of the Gamma Function: In Memoriam: Milton Abramowitz.* The American Mathematical Monthly, Vol.66, no.10, December 1959, pgs 849-869. The Mathematical Association of America.

DURAN, Franciéli, *Transformações de Moebius e Inversões.* Dissertação de Mestrado Profissionalizante. Instituto de Geociências e Ciências Exatas da Universidade Estadual Paulista. Rio Claro 2013.

EREMENKO, A., *Abel's Theorem.* October 24, 2020.

FEHLAU, Jens, *The Fractional Derivatives of the Riemann Zeta and Dirichlet Eta Function.* Dissertação de Mestrado. Institute of Mathematics and Science, University of Potsdam. 02.03.2020.

FERNANDES, Rui Loja, *O Integral de Lebesgue.* Departamento de Matemática do Instituto Superior Técnico. Lisboa, Outubro de 2004.

FRIEDMANN, Tamar, HAGEN, C. R., *Quantum Mechanical Derivation of the Wallis Formula for* π. arXiv:1510.07813v2 [math-ph] 21 Dec 2015. http://arxiv.org/abs/1510.07813v2

GAELZER, Rudi, *Física-Matemática.* Apostila preparada para as disciplinas de Física-Matemática ministradas para os cursos de Física da Universidade Federal do Rio Grande do Sul, Porto Alegre. Maio de 2021.

GESSEL, Ira M., *Lagrange Inversion.* Department of Mathematics, Brandeis University, Waltham, MA, 2016.

GLASSER, M. L., *A Remarkable Property of Definite Integrals.* Mathematics of Computations, Volume 40, Number 162, April 1983.

GRIGOLETTO, E. Contharteze, OLIVEIRA, E. Capelas, *A note on the inverse Laplace Transform.* Cadernos do IME – Série Matemática, no.12, 2018. https://doi.org/10.12957/cadmat.2018.34026

GUALBERTO, Mateus Medeiros, *Teorema dos Resíduos e Aplicações.* Centro de Ciências Exatas e Sociais Aplicadas da Universidade Estadual da Paraíba. Patos, 2018.

GUIDORIZZI, Hamilton Luiz, *Sobre os Três Primeiros Critérios, da Hierarquia de De Morgan, para Convergência ou Divergência de Séries de Termos Positivos.* Matemática Universitária no.13, junho de 1991, pgs. 95-104.

HANNAH, Julie Patricia, *Identities for the gamma and hypergeometric functions: an overview from Euler to the present.* Dissertação de Mestrado. South Africa, School of Mathematics, University of the Witwatersrand, Johannesburg, 2013.

HENRICI, Peter, *An Algebraic Proof of the Lagrange-Burmann Formula.* Journal of Mathematical Analysis and Applications 8, pp. 218-224, 1964.

JENSEN, J. L. W. V., GRONWALL, T. H., *An Elementary Expositon of the Theory of the Gamma Function.* Annals of Mathematics, Mars 1916, Second Series, Vol.17, no.3, pp. 124-166. Mathematics Department, Princeton University. **https://www.jstor.org/stable/2007272**

JOLEVSKA-TUNESKA, Biljana, FISHER, Brian, ÖZÇAG, Emin, *On the dilogarithm integral.* January 2011. https://www.researchgate.net/publication/266860797

KARLSSON, H. T., BJERLE, I., *A Simple Approximation of the Error Function.* Computers and Chemical Enginneering Vol.4, pp 67-68. Perganon Press Ltd, 1980.

KASPER, Toni, *Integration in Finite Terms: The Liouville Theory.* ACM SIGSAM Bulletin, september 1980.

KIRILLOV, Anatol, *Dilogarithm Identities.* Progress of Theoretical Physics Supplement, No.118, pp. 61-142, 1995.

KOYAMA, Shin-ya, KUROKAWA, Nobushige, *Kummer's Formula for Multiple Gamma Functions.* Presented at the conference on "Zetas and Trace Formulas" in Okinawa, November 2002.

KUMMER, E. E., *Beitrag zur Theorie der Function Γ(x).*

LAGARIAS, Jeffrey C., *Euler's Constant: Euler's work and modern developments.* Bulletin of the American Mathematical Society, Volume 50, Number 4, October 2013, Pages 527-628.

LARSON, Nathaniel, *The Bernoulli Numbers: A Brief Primer. May 10, 2019.*

LAUREANO, Rosário, SOARES, Helena, MENDES, Diana, *Caderno: Análise Complexa.* Engenharia de Telecomunicações e Informática – Engenharia de Informática 1º ano – Análise Matemática II, Departamento de Métodos Quantitativos, Maio de 2001.

LEITE, Amarildo de Paula, *Funções Elementares de Primitiva não Elementar.* Dissertação de Mestrado Profissional. Departamento de Matemática da Universidade Estadual de Maringá. Maringá 2013.

LERCH, M., *Sur un point de la Théorie des Fonctions Génératrices d'Abel.* Acta mathematica 27, 22 janvier 1903.

LUCAS, Stephen K., *Integral Proofs that 355/113 > π.* School of Mathematics and Statistics, university of South Australia, Mawson Lakes SA 5095. March 2005.

MARCHISOTTO, Elena, ZAKERI, Gholam-Ali, *An Invitation to Integration in Finite Terms.* The College Mathematics Journal, Vol.25 no.4, september 1994. Mathematical Association of America.
https://www.researchgate.net/publication/262047949

MEDEIROS, Luis Adauto, MELLO, Eliel Amancio de, *A Integral de Lebesgue.* 6ª Edição. Instituto de Matemática da Universidade Federal do Rio de Janeiro. Rio de Janeiro, 2008.

MEDEIROS, Paulo Adauto, *Centenário da Integral de Lebesgue.* Texto de conferências ministradas no Instituto de Matemática – UFF e outros. Primeira versão publicada na Revista Uniandrade, Vol.3, xi.2 (2002) pp. 1-5. Instituto de Matemática – UFRJ. Rio de Janeiro, 2002.

MEDINA, Luis A., MOLL, Victor H., *The integrals in Gradshteyn and Ryzhik. Part 23: Combination of logarithms and rational functions.* Mathematical Sciences, Vol.23 (2012), 1-18. Universidad Técnica Federico Santa María, Valparaíso, Chile.

MENKEN, Hamza, ÇOLAKOGLU, Özge, *Gauss Legendre Multiplication Formula for p-Adic Beta Function.* Palestine Journal of Mathematics, vol.4 (Spec.1), 2015. Palestine Polytechnic University – PPU 2015.

MILLS, Stella, *The Independent Derivations by Leonhard Euler and Colin MacLaurin of the Euler-MacLaurin Summation Formula.*

MIRKOSKI, Maikon Luiz, *Números e Polinômios de Bernoulli.* Dissertação de Mestrado Profissional. Universidade Estadual de Ponta Grossa. Ponta Grossa, 2018.

MONÇÃO, Ariel de Oliveira, *Algumas Propriedades da Função Complexa Gama.* Faculdade de Matemática da Universidade Federal de Uberlândia, Uberlândia, 2019.

MORAIS FILHO, Daniel Cordeiro de, *"Professor, qual a primitiva de* e^x/x*?!"(O problema de integração em termos finitos).* Matemática Universitária, no.31 – dezembro 2001 – pp. 143-161.

MUTHUKUMAR, T., *Bernoulli Numbers and Polynomials.* 17 Jun 2014.

NEMES, Gergö, *New asymptotic expansion for the Gamma function.* Archiv der Mathematik 95 (2010), pp. 161-169. Springer Basel AG.

NIJIMBERE, Victor, *Evaluation of the Non-Elementary Integral* $\int e^{\lambda x^\alpha} dx,\ \alpha \geq 2$ *and other related integrals.* Ural Mathematical Journal, Vol.3, No.2, 2017.

NUNES, Euderley de Castro, *A esfera de Riemann: Projeção Estereográfica e aplicações, uma abordagem para o ensino médio.* Dissertação de Mestrado Técnico. Instituto de Ciências Exatas da Universidade Federal do Amazonas. Manaus, 2015.

OLIVEIRA, Gustavo, SANTOS, Elisa R., *Aplicações da Teoria dos Resíduos no Cálculo de Integrais Reais.* Universidade Federal de Uberlândia.

OLIVEIRA, Oswaldo Rio Branco de, *Fórmulas de Taylor com resto integral, infinitesimal, de Lagrange e de Cauchy.* IME, Universidade de São Paulo.

OLIVEIRA, Oswaldo Rio Branco de, *Integral na Reta.* IME, Universidade de São Paulo, São Paulo 2019.

PATIN, Jean-Marc, *A Very Short Proof of Stirling's Formula.* The American Mathematical Monthly, February 1989. https://www.researchgate.net/publication/237571154

PATKOWSKI, Alexander E., WOLF, Marek, *Some Remarks on Glaisher-Ramanujan Type Integrals.* Computational Methods in Science and Technology, January 2016.

PAZ, Leandro Barbosa, *Caracterização das Isometrias no Plano através do estudo das transformações de Möbius.* Dissertação de Mestrado Profissional. Centro de Ciências e Tecnologia da Universidade Estadual do Ceará. Fortaleza, 2013.

PÉREZ-MARCO, Ricardo, *On the definition of Euler Gamma Function.* 2021. https://hal.archives-ouvertes.fr/hal-02437549v2

PISKE, Alessandra, *Integração: Riemann e Lebesgue, um estudo comparativo.* Centro de Ciências Tecnológicas da Universidade do Estado de Santa Catarina. Joenville, 2013.

POLLICOTT, Mark, *Dynamical Zeta Functions.*

QI, Feng, ZHAO, Jiao-Lian, *Some Properties of the Bernoulli Numbers of The Second Kind and Their Generating Function.*

RAMPANELLI, Débora, *O Teorema de Liouville sobre Integrais Elementares.* Dissertação de Mestrado. Instituto Nacional de Matemática Pura e Aplicada. Rio de Janeiro, 2009.

ROGERS, L. J., *On Functions Sum Theorems Connected with the Series.* 1906.

ROSSATO, Rafael Antônio, FERREIRA, Vitor Vieira, *Lei dos Expoentes Envolvendo Derivadas e Integrais Fracionárias segundo Riemann-Liouville.* Artigo de Iniciação Científica. Revista

Eletrônica Matemática e Estatística em Foco, vol.7, no.2, dezembro 2020.

RUSTICK, Andressa, *Funções Elípticas de Jacobi.* Universidade Tecnológica Federal do Paraná, Toledo, 2015.

SÁNDOR, J., *A Bibliography on Gamma Functions: Inequalities and Applications.* Babes-Bolyai University of Cluj, Romania.

SANTOS Jr., Guataçara dos, *Utilização da Integral Elíptica para a solução dos problemas direto e inverso da Geodésia.* Dissertação de Mestrado. Departamento de Geomática, Setor de Ciências da Terra, Universidade Federal do Paraná. Curitiba, 2002.

SANTOS, José Carlos de Sousa Oliveira, *Introdução à Análise Funcional.* Departamento de Matemática Pura, Faculdade de Ciências da Universidade do Porto. Porto, julho de 2010.

SANTOS, José Manuel dos, BREDA, Ana Maria D'Azevedo, *A projeção estereográfica no GeoGebra.* 1ª Conferência Latino Americana de GeoGebra ISSN 2237 – 9657, pp. AA-BB, 2011.

SANTOS, Leandro Nunes dos, *As Integrais de Riemann, Riemann-Stieltjes e Lebesgue.* Dissertação de Mestrado Profissional. Instituto de Geociências e Ciências Exatas da Universidade Estadual Paulista. 2013.

SANTOS, Marcus Vinicio de Jesus, *Transformação de Möbius.* Dissertação de Mestrado Profissional. Universidade Federal de Sergipe. São Cristóvão, 2016.

SANTOS, Wagner Luiz Moreira dos, *A Integral de Riemann Generalizada.* Dissertação de Mestrado. Instituto de Ciências Exatas e Biológicas, Universidade Federal de Ouro Preto. Ouro Preto, abril de 2019.

SASVARI, Zoltan, *An Elementary Proof of Binet's Formula for the Gamma Function.* The American Mathematical Monthly, Vol.106, No.2, Feb. 1999, pp. 156-158. Mathematical Association of America.

SEBAH, Pascal, GOURDON, Xavier, *Introduction on Bernoulli's numbers.* June 12, 2002. numbers.computation.free.fr/Constants/constants.html.

SEBAH, Pascal, GOURDON, Xavier, *Introduction to the Gamma Function.* Fevereiro 4, 2002. numbers.computation.free.fr/Constants/constants.html

SILVA, Brendha Montes, *A Integral de Lebesgue na Reta e Teoremas de Convergência.* Faculdade de Matemática da Universidade Federal de Uberlândia, 2017.

SILVA, Marcela Ferreira da, ALVES, Marcos Teixeira, *Transformações de Möebius.* SIGMAT – Simpósio Integrado de Matemática. Ponta Grossa, 16 a 19 de outubro de 2018. UEPG.

SILVA, Mônica Soares da, *Teorema de Liouville: Uma aplicação na Integração de Funções.* Unidade Acadêmica de Física e Matemática da Universidade Federal de Campina Grande. Cuité, 2019.

SIMÃO, Cleonice Salateski, *Uma Introdução ao Estudo das Funções Elípticas de Jacobi.* Dissertação de Mestrado Técnico. Universidade Estadual de Maringá, Maringá 2013.

SOUSA, Fernanda Maria Dias, *A transmissão de conceitos matemáticos para Portugal – Integrais e Funções Elípticas. Dissertação de Mestrado. Departamento de Matemática da Universidade de Aveiro. 2004.*

TAVARES, Américo, *Problemas | Teoremas – Caderno do Blogue.* 6 de junho, 2009.

TSIGANOV, A. V., Leonard Euler: addition theorems and superintegrable systems. Regular and Chaotic Dynamics, October 2008. arXiv:0810.1100v2 [nlin.SI] 18 Oct 2008. http://arxiv.org/abs/0810.1100v2.

VALDEBENITO, Edgar, *Serret Integral, 1844. Algunas Fórmulas Relacionadas con la Integral de Serret.* Março 5, 2010.

VARDI, Ilan, *Integrals, an Introduction to Analytic Number Theory.* The American Mathematical Monthly, April 1988, Vol.95, No.4, pp. 308-315.

VARDI, Ilan, *Integrals, an Introduction to Analytic Number Theory.* The American Mathematical Monthly, Vol.95, No.4, April, 1988, pp. 308-315. Mathematical Association of America.

VELLOSO, Clarice, HAMMER, Daniel, LAVOYER, Leonardo, NASCIMENTO, Lucas, BATISTEL, Thiago, *Teorema da Integral de Cauchy ou Teorema de Cauchy-Goursat.* Universidade Estadual de Campinas. Campinas, novembro 2019.

VIDUNAS, Raimundas, *A Generalization of Kummer's Identity.* Journal of Mathematics, Volume 32, Number 2, Summer 2002. Rocky Mountain.

VIDUNAS, Raimundas, *Expressions for values of the gamma function.* Kyushu University, February 1, 2008. arXiv:math/0403510v1 [math.CA] 30 Mar 2004. **http://arxiv.org/abs/math/0403510v1**

VILLANUEVA, Jay, *Elliptc Integrals and some applications.* Florida Memorial University, Miami, FL 33054.

VILLARINO, Mark B., *Ramanujan's Perimeter of na Ellipse.* Escuela de Matemática, Universidad de Costa Rica, San José, February 1, 2008. arXiv:math/0506384v1 [math.CA] 20 Jun 2005. http://arxiv.org/abs/math/0506384v1

WIDGER Jr., W. K., WOODALL, M. P., *Integration of the Planck Blackbody Radiation function.* Bulletin American Meteorological Society, Vol.57, no.10, October 1976.

WILHELM, Volmir Eugênio, *Apostila de Cálculo IV – Complexos e Séries de Fourier.* Curitiba, 2005.

WILLIAMS, Dana P., *Nonelementary Antiderivatives.* Department of Mathematics, Bradley Hall, Dartmouth College, Hanover, NH, 1 December 1993, USA.

WOON, S. C., *Analytic Continuation of Bernoulli Numbers, a New Formula for the Riemann Zeta Function, and the Phenomenon of Scattering of Zeros.* arXiv:physics/9705021v2 [math-ph] 31 Jul 1997. **http://arxiv.org/abs/physics/9705021v2**

YAKOVENKO, Sergei, *Exponencials, Their Origins and Destiny.* Revista Matemática Universitária, vol.2, 2020. Sociedade Brasileira de Matemática.

ZANINOTTO, João Manuel R., SOARES, Maria Zoraide M. C., *Séries de Fourier (Uma aplicação da Trigonometria na Engenharia de Telecomunicações).* Laboratório de Ensino de Matemática. Unicamp.

ZHAO, Yifei, *Weierstrass Theorems and Rings of Holomorphic Functions.*

ANOTAÇÕES

ANOTAÇÕES

Impresso na Prime Graph
em papel offset 75 g/m²
março / 2024

IN◊TE◊GRA◊IS

VOLUME 1

TÉCNICAS DE INTEGRAÇÃO